U0166699

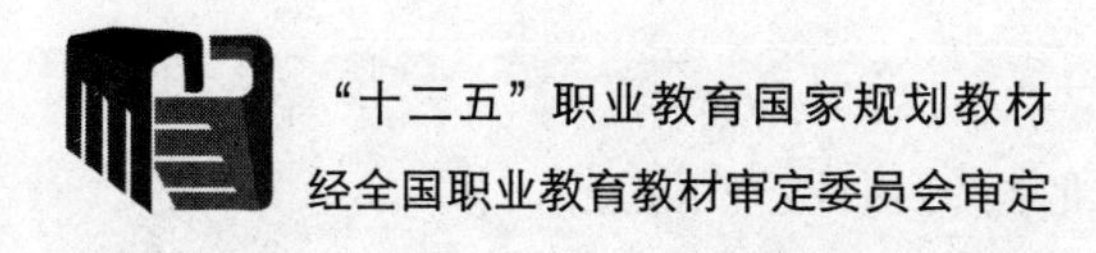

"十二五"职业教育国家规划教材

经全国职业教育教材审定委员会审定

全国优秀教材二等奖

乳制品加工技术

（第二版）

主编　罗红霞

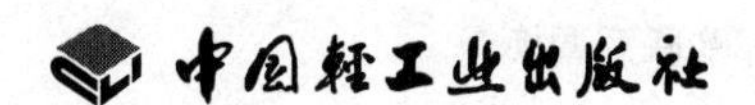

中国轻工业出版社

图书在版编目（CIP）数据

乳制品加工技术/罗红霞主编. —2版. —北京：中国轻工业出版社，2022.1

“十二五”职业教育国家规划教材

ISBN 978-7-5019-9969-9

Ⅰ. ①乳…　Ⅱ. ①罗…　Ⅲ. ①乳制品－食品加工—高等职业教育—教材　Ⅳ. ①TS252.4

中国版本图书馆CIP数据核字（2014）第237891号

责任编辑：张　靓　　责任终审：劳国强　　封面设计：锋尚设计
版式设计：王超男　　责任校对：晋　洁　　责任监印：张京华

出版发行：中国轻工业出版社（北京东长安街6号，邮编：100740）
印　　刷：三河市万龙印装有限公司
经　　销：各地新华书店
版　　次：2022年1月第2版第7次印刷
开　　本：720×1000　1/16　印张：17
字　　数：340千字
书　　号：ISBN 978-7-5019-9969-9　定价：42.00元　（含光盘）
邮购电话：010-65241695
发行电话：010-85119835　传真：85113293
网　　址：http://www.chlip.com.cn
Email：club@chlip.com.cn

220006J2C207ZBW

本书编委会

主　编　罗红霞（北京农业职业学院）

副主编　隋欣（北京三元食品股份有限公司）

吴威（长春职业技术学院）

许文涛（农业部农产品质量监督检验测试中心）

参　编　王芳（中北大学）

黄广学（北京农业职业学院）

王建（北京农业职业学院）

马长路（北京农业职业学院）

王丽（北京农业职业学院）

主　审　任发政（中国农业大学）

陈历俊（北京三元食品股份有限公司）

前　言

在我国大力发展高等职业教育的今天，深化对高职高专课程体系和教学内容体系的改革与创新，是实现人才培养目标的核心内容。本教材针对食品类相关专业的高职高专教育要求，本着力求适应社会行业需求，在阐述基本理论的同时重点突出以实践、实训教学和技能培养为主导方向的特点，并增加了学生综合知识和技能的拓展，力求做到精简、精练、实用和可操作性。

乳制品加工技术是农产品加工专业或食品科学与工程专业的主干专业课程，与众多学科相互渗透，并在实际应用中不断创新和发展，其广度和深度也不断得到拓展。本教材以项目型的方式，介绍了液态乳、酸乳和固态乳制品的工艺原理、加工技术、产品贮藏保鲜以及产品的质量控制等知识，内容体现了实践性、应用性和先进性，相比市面上已有的教材，本教材增加了岗前培训、HACCP体系建立和乳制品库管、物流与营销三个项目。在原料乳的验收、液态乳、酸乳制品、干酪等方面均增加了内容，体现了新的技术、知识和实践技能操作。例如：乳中细菌总数测定，鲜乳中抗生素残留的检验，酸乳生产技术综合实训，干酪品质鉴定和制作，乳粉的质量检验综合实训等。

《乳制品加工技术》（第一版）自出版以来，已经有多所高职院校的食品加工技术、绿色食品生产与检验、食品营养与检测、食品质量与安全监管等专业使用，大家对于教材给予了高度的评价。同时，《乳制品加工技术》（第一版）获得北京市精品课程、全国高职高专食品类专业精品课程（课程网址：http://jpkc.bvca.edu.cn:8080/skills/solver/classView.do?classKey=67410）。为了更好的适应乳制品企业行业的发展，本教材在原有基础上，增加了“术语表”、“新闻摘录”及“乳品加工行业最新动态”等几部分内容，使教材得到更进一步的完善。

《乳制品加工技术》（第二版）在编写过程中贯穿了以下指导思想：

第一，根据真实的乳制品生产企业工作岗位重组教学结构单元，实现学做一体。改变传统学科体系教学内容的组织和安排，使教学过程与企业真实的工作过程保持一致；与传统的乳制品加工技术课程相比，增加了岗前培训、成品检验和乳制品流通及销售环节的学习和训练；强化学生对于乳制品相关的国家法律、法规及标准的认识和掌握。

第二，结构设计突出“项目”与“问题”引导。各部分学习内容以“项目”形式组织，每一项目以案例开篇，由案例引导出“问题”，以引导学生对学习内容相关的现实问题进行思考，并由此认识到所要学习内容的应用场合。然后将整个学习项目分解成一个个独立的“工作任务”，首先是基础知识的学习任务，之后是实际操作的任务。每完成一项任务就像穿一颗珍珠，所有任务完成后所获得的基础知识和技能串联起来，支撑起项目学习这整串项链的完成。这样的设计让学生在学习过程中感受到工作的成就感与学习的乐趣，不仅可以提高学习效率，而且为以后的实际工作打下理论和实践的基础。

除了任务中的基础知识和技能外，几乎每一个项目还有“拓展学习”部分，内容主要是相关的前沿知识或相关的标准、法规等，为有兴趣深入学习的同学提供资料，也可以作为将来实际工作的参考资料。

第三，结合乳制品出现的安全问题，将国家对食品安全的要求和规定引入教学过程，突出加工过程的“标准”。食品质量安全是食品加工的灵魂，乳制品的加工尤其如此。从事乳品加工的人必须熟悉乳品加工的质量控制标准以及最终产品的“标准”，才能保证产品的质量安全。本教材引用的各项标准都出自目前为止最新版的相关“国家标准”和规定。并且根据乳制品企业的特点和近年来乳制品出现的安全问题，如“三聚氰胺”等事件，本课程增加了《原料乳与乳制品中三聚氰胺检测检测方法》（GB/T 22388—2008）和《原料乳中三聚氰胺快速检测液相色谱法》（GB/T 22400—2008）；并根据国家对乳制品安全的要求和规定，增加了相关检测指标和仪器的使用。在确保权威性的同时也让学生意识到“国家标准”等相关法律、法规、标准的重要性，培养学生以后工作中随时紧跟最新“标准”的意识。

第四，校企合作共同编写，实现学习内容与实际的结合。教材编写过程中力求工作任务与实际工作情景一致。为此，邀请企业一线专家共同编写，如乳品企业车间生产人员、质控人员、研发人员等，并引入最新的加工及检测方法与手段。

第五，教材配备了教学光盘，包括课程标准、学习指南、教案库、案例库、技能库、学生成果、教学ppt、习题库、教学方法、教学视频等，相关的内容也已上传至网络，方便学生学习。

《乳制品加工技术》（第二版）从内容到形式上均力求体现我国职业教育最新发展方向，反映乳制品加工课程体系的最新成果。全书凝聚了众多专业人士的智慧与经验，同时也得到了北京农业职业学院、北京三元食品股份有限公司等单位领导的关怀和悉心指导。

本教材由北京农业职业学院罗红霞教授组织编写，并对全稿进行了统稿。编写分工如下：本书前言、项目五、项目六和项目七由罗红霞（北京农业职业学院）、隋欣（北京三元食品股份有限公司）编写；项目三和项目四由吴威（长春职业技术学院）、许文涛（农业部农产品质量监督检验测试中心）编写；项目二和项目八由王芳（中北大学）、王建（北京农业职业学院）编写；项目一、项目九和项目十由黄广学、马长路和王丽（北京农业职业学院）编写。北京三元食品股份有限公司总工程师陈历俊、中国农业大学任发政教授对本书进行了审读，并提出了宝贵意见。在此表示衷心感谢。

由于编者的水平有限，不妥之处，希望兄弟院校及广大读者在使用中多提宝贵意见，以便再版时予以修改完善。

编者

目 录

CONTENTS

项目一　岗前培训

学习目标

1. 认识乳品及乳品加工。
2. 掌握乳品及乳制品生产相关的法律法规（法律、条例、乳品生产操作规范）。
3. 掌握乳品及乳制品从业人员个人卫生控制方法。
4. 掌握乳品及乳制品从业人员进入车间的流程。
5. 掌握正确的洗手消毒程序。

学习任务描述

1. 通过对不同乳制品的认知，理解乳制品生产是一个“良心”的工作。
2. 通过乳制品相关法律法规的学习，培养学生守法意识。
3. 通过乳品及乳制品从业人员卫生意识和卫生操作的培养，使学生掌握乳品及乳制品生产卫生操作的基本做法。

关键技能点：洗手消毒等。

对应工种：无。

案例分析

某小型乳制品公司2011年3月生产旺季从河北某地紧急招聘54名员工，但是2011年下半年违反公司管理规定和卫生操作规程的事件涉及该批员工37人，另有10人离职，请谈谈你认为该公司管理可能存在的问题？

新闻摘录

恒天然在位于 Taranaki（塔拉纳基区，新西兰的一个岛）的 Hawera 牛乳加工厂发现总量 1 ~2kg 的泥巴和碎石进入了加工厂的奶罐车清洗系统，奶罐车可能被污染。而这些沙石来源可能是一辆承包商的卡车。在问题被发现之前，共有 14 辆奶罐车接受了清洗系统的清洁，因此存在被污染的可能。受此影响，其中 6 辆奶罐车装载的 150000L 原料乳全部作倾倒处理。

问　题

1. 谈谈你对这种现象的看法。
2. 试述奶罐车清洗系统定期维护的必要性。

任务一　乳品及乳制品加工特点的认知

相关资料

乳制品定义与分类

乳制品是指以生鲜牛（羊）乳及其制品为主要原料，经加工而制成的各种产品。

乳制品分以下七大类：

(1) 液体乳类　主要包括：杀菌乳、灭菌乳、酸牛乳、配方乳。

(2) 乳粉类　主要包括：全脂乳粉、脱脂乳粉、全脂加糖乳粉、调味乳粉、婴幼儿乳粉、其他配方乳粉。

(3) 炼乳类　主要包括：全脂无糖炼乳、全脂加糖炼乳、调味炼乳、配方炼乳等。

(4) 乳脂肪类　主要包括：稀奶油、奶油、无水奶油等。

(5) 干酪类　主要包括：原干酪、再制干酪等。

(6) 乳冰淇淋类　主要包括：乳冰淇淋、乳冰等。

(7) 其他乳制品类　主要包括：干酪素；乳糖、乳清粉；浓缩乳清蛋白等。

一、学习准备

试分析乳制品的特点是什么？并与酱腌菜产品的特点进行比较。

二、计划与实施

（一）教学材料、工具（表1-1）

表1-1 教学所需材料、工具

种类						
乳制品	酸乳	巴氏乳	乳粉	奶油	干酪	冰淇淋
玻璃杯						
玻璃盘						

（二）教学安排

1. 观察不同乳制品的颜色，总结出乳制品与其他产品的特殊之处。

分组：每5人一组讨论观察不同乳制品后，自己对乳制品的认识。

2. 总结出生产乳制品的特别之处。

分组：根据乳制品的特点，讨论乳制品生产的特殊要求有哪些？

3. 每组将讨论结果在黑板上进行汇报，教师引导总结出乳制品行业与其他行业的不同。

问题1：乳制品的颜色为（　　），给人一种（　　）的感觉。

问题2：乳制品生产要能够保证乳制品本来的特点，在生产上应该做到什么（　　）、（　　）、（　　）、（　　）等。

三、评价与反馈

1. 学完本工作任务后，自己都掌握了哪些技能。

自我评价　　　　　　　　　　　　　　　　年　　月　　日

2. 请认真填写工作页，并将填写情况提交小组进行评价。

小组意见　　　　　　　　　　　　　　　　年　　月　　日

任务二 乳品生产相关的法律法规培训

相关资料

1.《中华人民共和国食品安全法》目录（表1－2）

表1－2 《中华人民共和国食品安全法》目录

章节	标题	学习索引
第一章	总则	1. 目的 2. 使用范围 3. 监管部门分工和职责 4. 行业、公众的义务
第二章	食品安全风险监测和评估	1. 食品安全风险监测和评估制度 2. 食品安全风险监测和评估开展工作的职责和权限
第三章	食品安全标准	1. 食品安全标准的目的和要求 2. 食品安全标准的内容 3. 食品安全标准的归口部门 4. 食品安全标准与食品卫生标准、食品质量标准等的区别与不同 5. 食品安全地方标准和企业标准制定
第四章	食品生产经营	1. 食品生产经营应当符合食品安全标准及必须符合的要求 2. 禁止生产经营的食品 3. 国家对食品生产经营实行许可制度 4. 食品生产经营监管分工 5. 食品生产经营必须建立食品安全管理制度 6. 食品生产企业应当建立食品原料、食品添加剂、食品相关产品进货查验记录制度 7. 食品生产企业应当建立食品出厂检验记录制度 8. 预包装食品的包装上标签内容 9. 国家对食品添加剂的生产实行许可制度 10. 食品添加剂的使用原则 11. 保健食品的要求 12. 国家建立食品召回制度 13. 食品广告要求
第五章	食品检验	1. 食品检验机构资质的取得 2. 食品检验实行食品检验机构与检验人负责制 3. 食品安全监督管理部门对食品不得实施免检

续表

章节	标题	学习索引
第六章	食品进出口	1. 进出口食品执行的标准 2. 进出口食品主管部门和程序 3. 进口的预包装食品应当有中文标签、中文说明书 4. 进口商应当建立食品进口和销售记录制度
第七章	食品安全事故处置	1. 食品安全事故主管部门的责任 2. 食品安全事故发生后企业的责任
第八章	监督管理	1. 分段监督管理 2. 食品安全信息统一公布制度 3. 食品安全事故报告制度
第九章	法律责任	违反本法的处理规定
第十章	附则	术语

2. 乳品质量安全监督管理条例（中华人民共和国国务院令第536号，表1-3）

表1-3　　乳品质量安全监督管理条例

章节	标题	学习索引
第一章	总则	1. 目的 2. 术语定义 3. 监管部门分工和职责 4. 协会的义务
第二章	奶畜养殖	1. 奶畜养殖场、养殖小区应当具备条件 2. 食品安全风险监测和评估开展工作的职责和权限
第三章	生鲜乳收购	1. 食品安全标准的目的和要求 2. 食品安全标准的内容 3. 食品安全标准的归口部门 4. 食品安全标准与食品卫生标准、食品质量标准等的区别与不同 5. 食品安全地方标准和企业标准制定
第四章	乳制品生产	1. 食品生产经营应当符合食品安全标准及必须符合的要求 2. 禁止生产经营的食品 3. 国家对食品生产经营实行许可制度 4. 食品生产经营监管分工 5. 食品生产经营必须建立食品安全管理制度 6. 食品生产企业应当建立食品原料、食品添加剂、食品相关产品进货查验记录制度 7. 食品生产企业应当建立食品出厂检验记录制度 8. 预包装食品的包装上标签内容 9. 国家对食品添加剂的生产实行许可制度 10. 食品添加剂的使用原则

续表

章节	标题	学习索引
第四章	乳制品生产	11. 保健食品的要求 12. 国家建立食品召回制度 13. 食品广告要求
第五章	乳制品销售	1. 食品检验机构资质的取得 2. 食品检验实行食品检验机构与检验人负责制 3. 食品安全监督管理部门对食品不得实施免检
第六章	监督检查	1. 进出口食品执行的标准 2. 进出口食品主管部门和程序 3. 进口的预包装食品应当有中文标签、中文说明书 4. 进口商应当建立食品进口和销售记录制度
第七章	法律责任	1. 食品安全事故主管部门的责任 2. 食品安全事故发生后企业的责任
第八章	附则	1. 分段监督管理 2. 食品安全信息统一公布制度 3. 食品安全事故报告制度

3. 食品生产许可审查通则（2010 版）（国家质检总局 2010 年第 88 号，表 1－4）

表 1－4　食品生产许可审查通则（2010 版）

章节	标题	学习索引
1	总则	目的
2	适用范围	本通则适用于对申请人生产许可规定条件的审查工作，包括审核资料、核查现场和检验食品
3	使用要求	本通则应当与《食品生产许可管理办法》、相应食品生产许可审查细则结合使用
4	审查工作程序及要点	4.1　申请受理 4.2　组成审查组 4.3　制定审查计划 4.4　审核申请资料 4.5　实施现场核查 4.6　形成初步审查意见和判定结果 4.7　与申请人交流沟通 4.8　审查组应当填写对设立食品生产企业的申请人规定条件审查记录表 4.9　判定原则及决定 4.10　形成审查结论 4.11　报告和通知 4.12　意见反馈

续表

章节	标题	学习索引
5	生产许可检验工作程序及要点	5.1 通知检验事项 5.2 样品抽取 5.3 选择检验机构 5.4 样品送达 5.5 样品接收 5.6 实施检验 5.7 检验结果送达 5.8 许可检验复检
6	已设立食品企业、食品生产许可证延续换证，审查工作和许可检验工作可同时进行	
7	本通则由国家质量监督检验检疫总局负责解释	
8	本通则自公布之日起施行，《食品质量安全市场准入审查通则（2004版）》同时废止	

4. 企业生产乳制品许可条件审查细则（2010 版）（表 1－5）

表 1－5　企业生产乳制品许可条件审查细则（2010 版）

章节	标题	学习索引
一	适用范围	乳制品的分类 申证单元
二	生产许可条件审查	（一）管理制度审查 （二）场所核查 （三）设备核查 （四）基本设备布局、工艺流程及记录系统核查 （五）人员核查
三	生产许可检验	（一）抽样和封样 （二）检验项目
四	其他要求	附件 1　乳制品生产企业应当执行标准明细表 附件 2　乳制品生产企业检验项目表

一、学习准备

【案例分析】

“三鹿事件”

2008年6月国家质检总局食品生产监管司网站收到消费者投诉：婴儿吃三鹿乳粉后患肾结石（编号为20080630-1622-25262），生产监管司7月2日回复：“请你提供问题乳粉的详细信息，以便我们调查处理。”9月6日、9日在监管司网站的留言里，均有消费者向国家质检总局反映有婴儿因长期服食乳粉而患肾结石内容，“强烈希望你们能检验此品牌乳粉的质量，以免更多的孩子再受其害!”国家质检总局回复称，该局正在严重关注此事，联合有关部门积极调查处理。

6月28日至9月8日，甘肃兰州的中国人民解放军第一医院，连续收治了14名患有“双肾多发性结石”和“输尿管结石”病症的婴儿，这些婴儿均来自甘肃农村，不满周岁，长期食用某品牌乳粉。

9月11日，甘肃上报病例59例，死亡1例。另，西安交通大学医学院两个月内收治6名患有“双肾多发性结石”和“输尿管结石”病症婴儿。陕、甘、宁、豫、鲁、湘、鄂、苏、皖、赣等地都发现有患有肾病的婴儿。家长及医生们发现这些不足周岁的婴儿都在食用三鹿牌乳粉，他们怀疑婴儿肾病的罪魁祸首是三鹿牌乳粉。

9月11日下午，三鹿集团对此回应称：作为具有60多年历史的国家知名企业，三鹿几乎成了我国乳粉的代名词，因此我们具有极高的社会责任感，婴儿乳粉是专门为婴儿生产的，在生产中对理化、生物、卫生等标准也是完全按照国家配方乳粉的标准执行并全面检测的。我们希望消费者能够去检测，也希望国家权威检测部门能够尽快给出一个有力的检测报告，我们肯定地说，我们所有的产品都是没有问题的。

9月11日晚卫生部指出，经相关部门调查，高度怀疑三鹿牌婴幼儿配方乳粉受到三聚氰胺污染，三聚氰胺可导致人体泌尿系统产生结石。

之后，三鹿集团承认：经公司自检发现2008年8月6日前出厂的部分批次三鹿婴幼儿乳粉受到三聚氰胺的污染，市场上大约有700t。

9月12日上午，卫生部要求各地统计上报医疗机构接诊患结石病婴幼儿的有关情况。卫生部牵头的联合调查组已赶赴乳粉生产企业所在地，会同当地政府查明原因，查清责任。

9月12日下午两点，三鹿集团发布消息称：此事件是由于不法奶农为获取更多的利润向鲜牛乳中掺入三聚氰胺。通过对产品大量深入检测排查，在8月1日就得出结论：是不法奶农向鲜牛乳中掺入三聚氰胺造成婴儿患肾结石，不法奶农是事件的真凶。并说他们已上报卫生部，召回婴幼儿乳粉。

9月12日下午四点，河北省石家庄市政府发布消息：三鹿集团经过多层次、多批次的检验，在8月初查出了乳粉中含有三聚氰胺物质。三聚氰胺是一种化工原料，作为添加剂，可以使原奶在掺入清水后，仍然符合收购标准，所以被不法分子用来增加交奶量以获利。“问题乳粉”是不法分子在原奶收购过程中添加了三聚氰胺所致。市委、市政府要求立即收回全部可疑产品，对产品进行全面检测，确保新上市产品批批合格，绝不能再含有三聚氰胺成分，同时各有关部门展开调查工作，确定事件性质。

1. 试分析三鹿事件产生的原因。
2. 三鹿事件说明食品企业应该如何应用法律法规进行生产活动?

二、计划与实施

根据以上信息回答以下问题：

1. QS审查酸乳出厂检验项目有多少项?
2. 乳制品的申证单元有哪些？包括哪些产品类别?

三、评价与反馈

1. 学完本工作任务后，自己都掌握了哪些技能。

自我评价　　　　　　　　　　　　　　年　　月　日

2. 请认真填写工作页，并将填写情况提交小组进行评价。

小组意见　　　　　　　　　　　　　　年　　月　日

任务三　卫生知识培训

相关资料

《乳品企业员工卫生知识培训手册》

（一）入车间前的注意事项

1. 健康检查

食品生产经营者应当建立并执行从业人员健康管理制度。患有痢疾、伤寒、病毒性肝炎等消化道传染病的人员，以及患有活动性肺结核、化脓性或者渗出性皮肤病等有碍食品安全的疾病的人员，不得从事接触直接入口食品的工作。

食品生产经营人员每年应当进行健康检查，取得健康证明后方可参加工作。

——《食品安全法》第34条

当身体不适时，如：感冒、咳嗽、呕吐、腹泻等，要向车间负责人报告，并根据负责人的指示行事。

当手部受伤时要马上汇报车间负责人，处理相应的产品和机械、工器具，并根据情况看是否可以继续工作。

2. 个人卫生管理

(1) 要注意身体的清洁卫生，勤洗澡，勤理发，勤剪指甲，勤换衣服和被褥。

(2) 不要把个人的物品带进车间，工作时不要佩戴手表、项链、饰针和其他的装饰品，不得化妆。

(3) 上班前严禁喝酒，上班时严禁在车间或更衣室吸烟、饮食，或做其他有碍食品卫生的活动。

(4) 在车间内（包括车间周围）严禁吐痰、对着食品或食品接触面打喷嚏或咳嗽。

(5) 不得穿工作服、鞋外出车间、如厕等。

(6) 如厕严格按照规定的程序进行，换下工作服、鞋→换如厕拖鞋→如厕→洗手消毒→换工作服。

(7) 具体遵守《乳制品员工个人卫生规范》。

3. 工作服的管理

(1) 进入车间要穿着干净的工作服。

(2) 更衣室内工作服和便服分开放置；脏的工作服和干净的工作服分开放置。

(3) 脏的工作服要送到指定的场所进行洗涤，穿戴前要进行消毒。

(4) 要按照指定的方法佩戴工作帽、口罩和工作服、水鞋。

(5) 水鞋要保持清洁，并放在更衣室中。

(6) 入车间前洗手同时，水鞋在200mg/kg次氯酸钠中浸泡消毒。

更衣流程（图1－1）：

更衣流程：整理好头发—戴发网—戴工作帽—穿工作服—换工作鞋—除掉工作服上的毛发和灰尘—洗手—工作鞋消毒

洗手消毒：

(1) 洗手消毒时机　入车间前；食品处理工作开始时；去卫生间后；工作

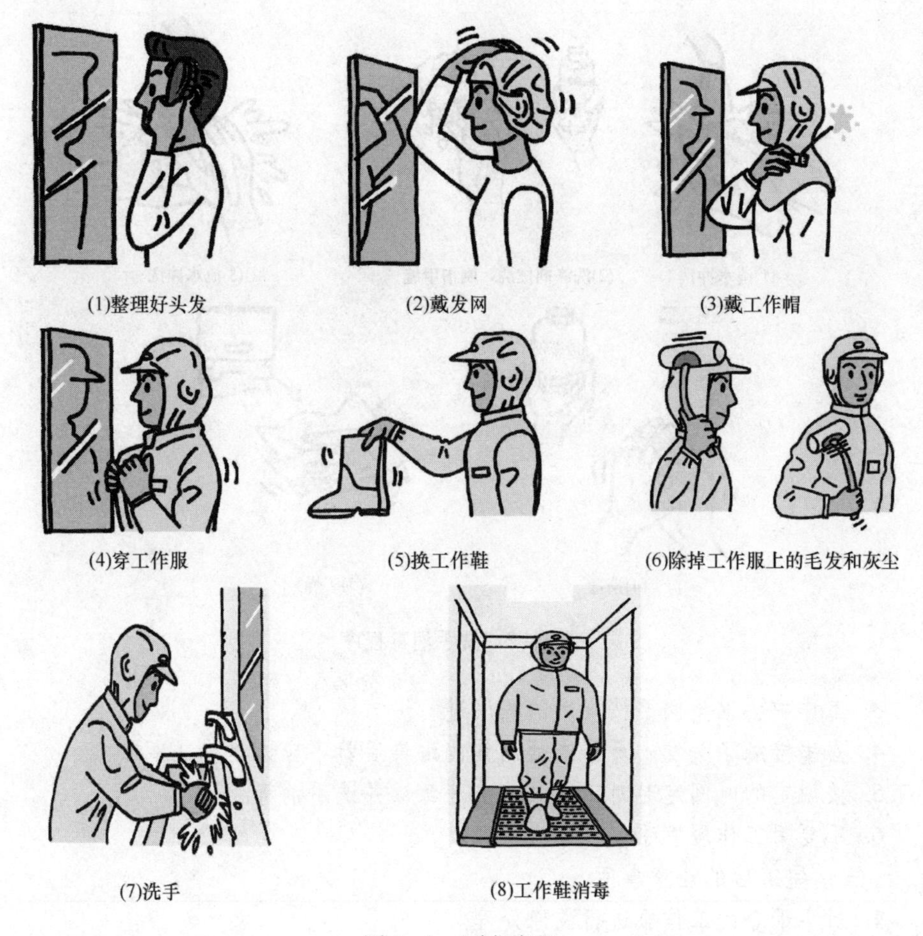

(1)整理好头发 (2)戴发网 (3)戴工作帽

(4)穿工作服 (5)换工作鞋 (6)除掉工作服上的毛发和灰尘

(7)洗手 (8)工作鞋消毒

图1－1 更衣流程

期间定时洗手消毒；在处理食品原料或其他任何被污染的材料后。

此时若不及时洗手，就可能会污染其他食品。

(2) 洗手消毒程序（图1－2)

①清水冲洗；

②洗涤剂搓洗、刷指甲缝；

③流水冲洗洗涤剂彻底冲干净，防止残留；

④浸泡消毒（50mg/kg 次氯酸钠，30s)；消毒后再次用流水冲洗冲净消毒液，防止残留；

⑤干手洁净的纸巾或强风干手器；

⑥75%酒精喷洒消毒（防止干手过程的再次污染)。

(二) 工作中的注意事项

1. 充分了解污染区和非污染区的区别。

2. 设备、工器具受到污染，要清洗消毒处理后才能继续使用。

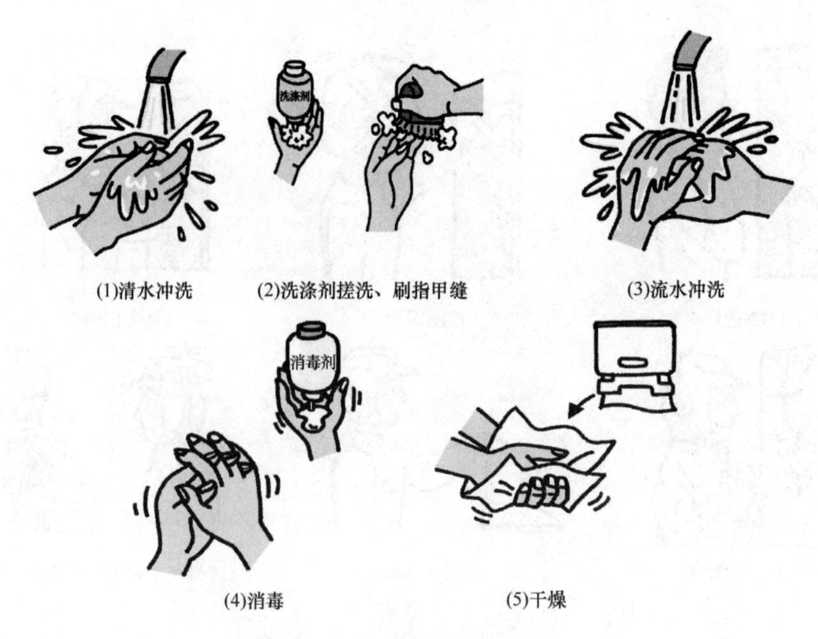

图1-2　洗手消毒程序

3. 工作中去卫生间要按规定的程序进行。
4. 当手接触了头发、鼻子或受到其他污染后就不应该继续从事工作。
5. 按规定的时间定时对工器具清洗消毒，并洗手消毒。
6. 不要用工作服擦手。

（三）完工后的注意事项

1. 对不干净的工作服进行洗涤处理。
2. 对不干净的靴子进行洗净和干燥处理。
3. 更衣室保持清洁。
4. 对车间、更衣室空气进行臭氧杀菌。

一、学习准备

1. 更衣流程是什么？
2. 洗手消毒程序是什么？

二、计划与实施

（一）教学条件

准备工作服等、洗手消毒设施、教室。

（二）教学安排

1. 每两人一组，进行更衣流程训练。
2. 每组的每个同学进行洗手消毒等操作。

3. 每组进行汇报，总结出更衣和洗手消毒中存在的问题。

三、评价与反馈

1. 学完本工作任务后，评价自己都掌握了哪些技能。

自我评价　　　　　　　　　　　　　　　　　　　年　　月　日

2. 请认真填写工作页，并将填写情况提交小组进行评价。

小组意见　　　　　　　　　　　　　　　　　　　年　　月　日

3. 学完本工作任务后，请参阅有关资料，回答下面问题。整个操作过程中应注意的问题：

（1）入车间流程。

（2）洗手消毒流程。

（3）工作服如何管理。

（4）个人卫生如何管理。

（5）何时应该进行洗手消毒。

教师意见　　　　　　　　　　　　　　　　　　　年　　月　日

任务四　乳制品从业职业素养训练

相关资料

1. 什么是职业素养

职业素养是个很大的概念，专业是第一位的，但是除了专业，敬业的精神和道德是必备的，体现到职场上的就是职业素养；体现在生活中的就是个人素质或者道德修养。

职业素养是人类在社会活动中需要遵守的行为规范。个体行为的总合构成了自身的职业素养，职业素养是内涵，个体行为是外在表象。

所以，职业素养是一个人职业生涯成败的关键因素。职业素养经量化而成

“职商”（career quotient，简称 CQ）。也可以说一生成败看职商。

2. 职业素养包含哪些方面

职业素养概括地说包含四个方面：职业道德；职业思想（意识）；职业行为习惯；职业技能。

前三项是职业素养中最根基的部分。而职业技能是支撑职业人生的表象内容。

在衡量一个人的时候，企业通常将二者的比例以 6.5∶3.5 进行划分。

前三项属世界观、价值观、人生观范畴的产物。从出生到退休或至死亡逐步形成，逐渐完善。而后一项，通过学习、培训比较容易获得。例如，计算机、英语、建筑等属职业技能范畴的技能，可以通过三年左右的时间令我们掌握入门技术，在实践运用中日渐成熟而成专家。可企业更认同的道理是，如果一个人基本的职业素养不够，比如说忠诚度不够，那么技能越高的人，其隐含的危险越大。

那当然做好自己最本职的工作，也就是具备了最好的职业素养。

所以，用大树理论来描述两者的关系比较直接。

每个人都是一棵树，原本都可以成为大树，而根系就是一个人的职业素养。枝、干、叶、型就是其显现出来的职业素养的表象。要想枝繁叶茂，首先必须根系发达。

从事乳制品生产的人员除了具有通用的职业素养外，还应该怀着对乳品业的敬仰和对广大消费者的满腔热忱从事工作。

一、学习准备

请收集有关职业素养的知识。

二、计划与实施

分组讨论：乳制品生产从业人员应该具备的职业素养有（　　）、（　　）、（　　）、（　　）等。

每个小组进行汇报，总结出乳制品生产从业人员应该具备的素养。

三、评价与反馈

1. 学完本工作任务后，自己都掌握了哪些技能。

自我评价　　　　年　　月　日

2. 请认真填写工作页，并将填写情况提交小组进行评价。

小组意见　　　　年　　月　日

拓展学习

我国乳制品加工业发展现状

2005—2010年中国乳制品企业的复合年均增长率为6.6%，2010年，中国乳制品工业总产值为177亿美元，比2009年增长9.7%；乳制品的产品结构也有了一定的变化，更具有健康营养概念的高端液态乳和酸乳销量快速上升，2010年液态乳总产值为89亿美元，约占乳制品工业总产值的50%，其次是酸乳及酸乳饮料，约69亿美元。目前，我国处在前3位的产品分别为液态乳、酸乳（包括乳酸饮料）和涂抹奶油。

虽然我国是一个食用牛乳较早的国家，但是乳业对于我国来说，并不是一个传统的工业，而是一个新兴的发展较快的行业。2007年我国乳品加工企业有1600多家，其中年销售额500万元以上的有700家，上亿元的有12家，乳品年产量约800万t，产品品类涉及液态乳（包括超高温灭菌乳和花色乳等）、低温乳（巴氏杀菌乳和酸乳）、乳粉、冰淇淋、奶油、炼乳、干酪、干酪素、乳酸菌素、地方特色乳制品及含有益生菌的含乳饮料等，品牌达上千个，包括蒙牛、光明、伊利、三元等一批国内知名品牌。

目前我国乳制品工业主要有如下特点。

（1）品种多元化　经过十几年的快速发展，乳品市场已由“乳粉”为主、低温“巴氏灭菌乳”为辅的市场转变为以液态乳为主的多品种、多口味的局面，有的产品里还添加各种维生素、钙、磷等矿物质以及双歧杆菌增殖因子；有的还添加了不同功能因子（如有益于提高免疫力等）做成功能产品；同时，针对不同消费人群对产品也进行了细分，如针对老年人、孕妇和儿童的不同产品。

（2）研发科技化　为了开发对人体更有益、更营养、更健康的产品，各大乳品企业均利用自身的科技实力将产品开发与科技进步相结合，如采用陶瓷膜除菌的方法除去牛乳中的细菌，通过这种方式加工的产品与传统的以高温灭菌加工的牛乳相比，低温处理极大地保留了牛乳中的有益活性成分。

（3）设备国产化　伴随着乳制品生产技术的成熟，设备更新速度加快，部分被外企垄断的设备也已能被我国设备厂商生产。20世纪50年代仅有上海饮料机械厂、黑龙江安达乳品机械厂等几家乳品机械生产企业，现在已发展到30多家乳品机械制造企业。

但是，也存在着一些比较突出的问题。首先，传统的单一乳品加工工艺和生产技术已难以适应现代乳品工业的发展，不能满足开发新产品和新技术的要求。当前我国乳制品工业发展较快，但是奶源基地发展却相对滞后，我国奶源的增长速度与乳品加工能力不适应，乳品加工能力每年以大于30%的速度增长，而奶源的增长速度最高也不超过15%。没有奶源，乳品加工就是“无源之水、无本之木、无米之炊”，就更谈不上发展。比如乳业的上游发展跟不上加工的发展速度，造成奶源严重不足；加工企业为了提高生产总值，只能采取生产含乳少的产品，如含乳饮料，或者利用进口乳粉作为原料生产相关的乳制品。其次，原料乳质量在当前乳业发展过程中问题突出。乳制品行业质量安全检测体系不健全，我国大多数的个体散养户仍采用手工挤乳，在原料乳的主产区采用机械挤奶设备，但却存在管理水平低、设备不能及时保洁等问题，致使我国原料乳生产卫生条件差、细菌数量偏高、杂质较多、在奶牛疫病防治方面存在滥用抗生素等现象，使得原料乳中药物残留超标、体细胞数过高。再次，乳制品加工类型少、产品同质化程度较高，高附加值产品较少。2010 年，中国乳制品新产品数约 600 个，位居全球第 2，零售额为 1200 亿元（约合 177 亿美元），位居全球第 6，比 2009 年增长 9.7%。新产品开发主要集中在液态乳，约占 45%；其次是大豆产品，约占 20%；然后是酸乳，约占 15%。2010 年中国乳制品新产品的包装材料主要以塑料为主，其中有 63.1% 的新产品采用了塑料包装，其次是卡纸包装。包装形式以袋装为主，其次为盒装。在新产品的标签中宣称以“无防腐剂添加”为最多，其次是“无糖、高钙、高蛋白、低脂肪”等。这些宣传主流也反映了消费者对食品安全的日益关注，而且更偏爱进口产品。风味方面，2010 年在中国乳制品市场启动了 100 个以上独特风味的新产品。其中草莓风味最受消费者欢迎，占新推出产品的 13.2%，其次是巧克力口味和桃味产品。价格方面，大多数新产品推出的价格范围为 0～19 元（约合 0～2.80 美元）（摘自：陈力水，《我国乳制品发展现状及趋势》）。

项目二　原料乳的验收

学习目标

1. 了解原料乳的基础知识。
2. 叙述原料乳的验收流程。
3. 独立完成原料乳的酒精阳性乳、酸度、脂肪等验收指标的检测。

学习任务描述

原料乳的验收。
关键技能点：原料乳的现场检验、理化检验、卫生检验。
对应工种：乳品检验工。
拓展项目：原料乳中三聚氰胺的检验。

案例分析

某乳品加工厂在对所收购的原料乳进行热处理时，发现牛乳发生了凝集结块的现象，导致成吨的牛乳不能加工使用，造成了大量的经济损失。追溯原因，发现是化验室的一名化验员在对某供奶户的500kg原料乳进行验收时没有按常规进行热稳定性的检验。

问　题

1. 为什么需要对原料乳进行检验？(为什么做)
2. 原料乳检验都需要进行哪些项目？(做什么)
3. 原料乳检验项目如何进行？(怎么做)

新闻摘录

央视记者调查发现，荷兰原装进口的美素丽儿奶粉竟然是在玺乐丽儿进出口（苏州）有限公司涉嫌非法生产出来的，用的原料是来路不明的进口奶粉和过期奶粉，该公司将一些进口品牌奶粉与过期奶粉掺和，重新灌装并私自更改保质期，生产规模较大。

问　题

请举例说明原料乳的验收包括哪些步骤？

任务一　原料乳的基础知识

一、乳的概念和组成

乳是哺乳动物为哺育幼儿或幼小生命从乳腺分泌的一种白色或稍带微黄色的不透明的液体。它含有幼儿生长发育所需要的全部营养成分，是哺乳动物出生后最适合的且易于消化吸收的食物。通常所说的乳是指乳用品种牛产的乳，即牛乳，另外还有其他品种的牛乳、羊乳、马乳、驼乳及鹿乳等。

乳的成分十分复杂，是多种物质组成的混合物，主要包括水分、脂肪、蛋白质、乳糖、盐类以及维生素、酶类、气体等。乳中所含的主要成分如下所示：

- 牛乳
  - 水分（87.5%～88.5%）
  - 干物质（11.5%～12.5%）
    - 乳脂肪（2.8%～4.0%）
    - 含氮物（2.8%～4.0%）
      - 酪蛋白 2.0%～3.2%
      - 清蛋白 0.5%～0.7%
      - 球蛋白 0.1%
      - 其他含氮物 0.1%
    - 酶类
    - 乳糖（4.6%～4.9%）
    - 维生素
    - 灰分（0.6%～0.8%）
      - 氯化钙 0.15%～0.20%
      - 磷酸 0.18%～0.26%
      - 其他无机盐 0.1%～0.3%
    - 柠檬酸（0.1%～0.2%）
  - 气体（5～8mL/100mL）

二、乳的化学组成

（一）乳脂肪

乳脂肪是牛乳的主要成分之一，含量一般为3%～5%，对牛乳风味起着重要的作用。乳脂肪以脂肪球的形式分散于乳中。

1. 脂肪球的构造

乳脂肪球的大小和乳牛的品种、个体、健康状况、泌乳期、饲料及挤乳情况等因素有关，脂肪球直径通常为0.1～10μm，其中以0.3μm左右较多。每1mL牛乳中有20亿～40亿个脂肪球。脂肪球的直径越大，上浮的速度就越快。

乳脂肪球在显微镜下观察为圆球形或椭圆球形，表面被一层5～10nm厚的膜所覆盖，称为脂肪球膜。脂肪球膜具有保持乳浊液稳定的作用，即使脂肪球上浮分层，仍能保持着分散状态。在机械搅拌或化学物质的作用下，脂肪球膜遭到破坏后，脂肪就会互相聚结在一起。因此，可以利用这一原理生产奶油。

2. 脂肪的化学组成

乳脂肪主要是由甘油三酯（98%～99%），少量的磷脂（0.2%～1.0%）和固醇（0.25%～0.4%）等组成。

乳中的脂肪酸可分为三类：第一类为水溶性挥发性脂肪酸，例如丁酸、乙酸、辛酸和癸酸等；第二类是非水溶性挥发性脂肪酸，例如十二碳酸等；第三类是非水溶性不挥发性脂肪酸，例如十四碳酸，二十碳酸，十八碳烯酸和十八碳二烯酸等。乳脂肪的脂肪酸组成受饲料、营养、环境、季节等因素的影响。一般夏季放牧期间乳脂肪不饱和脂肪酸的含量会升高，而冬季舍饲期不饱和脂肪酸的含量会降低，所以夏季加工的奶油其熔点比较低。

牛乳脂肪中含有C_{20}～C_{23}的奇数碳原子脂肪酸，也发现有带侧链的脂肪酸。乳脂肪的不饱和脂肪酸主要是油酸，占不饱和脂肪酸总量的70%左右。

（二）酪蛋白

在温度20℃时调节脱脂乳的pH至4.6时沉淀的一类蛋白质称为酪蛋白，占乳蛋白总量的80%～82%。酪蛋白不是单一的蛋白质，而是由α_s－酪蛋白、κ－酪蛋白、β－酪蛋白和γ－酪蛋白组成，α_s－酪蛋白含磷多，故又称磷蛋白。含磷量对皱胃酶的凝乳作用影响很大。γ－酪蛋白含磷量极少，因此，它几乎不能被皱胃酶凝固。在制造干酪时，有些乳常发生软凝块或不凝固现象，就是由于蛋白质中含磷量过少的缘故。酪蛋白虽是一种两性电解质，但其分子中含有的酸性氨基酸远多于碱性氨基酸，因此具有明显的酸性。

1. 存在形式

乳中的酪蛋白与钙结合生成酪蛋白酸钙，再与胶体状的磷酸钙结合形成酪蛋白酸钙－磷酸钙复合体，以微胶粒的形式存在于牛乳中。

κ－酪蛋白覆盖层对胶体起保护作用，使牛乳中酪蛋白酸钙－磷酸钙复合体胶粒能保持相对稳定的胶体悬浮状态。

2. 化学性质

（1）酸凝固　酪蛋白微胶粒对 pH 的变化很敏感。当脱脂乳的 pH 降低时，酪蛋白微胶粒中的钙与磷酸盐就逐渐游离出来；当 pH 达到酪蛋白的等电点 4.6 时，就会形成酪蛋白凝固。干酪素生产就是依据这个原理。

（2）酶促凝固　牛乳中的酪蛋白在皱胃酶等凝乳酶的作用下会发生凝固，工业上生产干酪就是利用此原理。酪蛋白在皱胃酶的作用下水解为副酪蛋白，后者在钙离子等二价阳离子存在下形成不溶性的凝块，这种凝块称为副酪蛋白钙。

（3）盐类及离子对酪蛋白稳定性的影响　乳中的酪蛋白酸钙－磷酸钙胶粒容易在氯化钠或硫酸铵等盐类饱和溶液或半饱和溶液中形成沉淀，这种沉淀是由于电荷的抵消与胶粒脱水而产生的。

酪蛋白酸钙－磷酸钙胶粒对其体系内二价阳离子含量的变化很敏感。钙或镁离子能与酪蛋白结合，使粒子发生凝集作用，故钙离子与镁离子的浓度影响着胶粒的稳定性。由于乳汁中的钙和磷呈平衡状态存在，所以鲜乳中的酪蛋白微粒具有一定的稳定性。当向乳中加入氯化钙时，则破坏这种平衡状态，在加热时酪蛋白发生凝固。试验证明，在 90℃ 时加入 0.12%～0.15% 的 $CaCl_2$，即可使乳凝固。

采用钙凝固时，乳蛋白质的利用程度一般要比酸凝固法高 5%，比皱胃酶凝固法约高 10%。

（4）酪蛋白与糖的反应　具有还原性羰基的糖可与酪蛋白作用变成氨基糖而产生芳香味及颜色。

蛋白质和乳糖的反应在乳品工业中有特殊意义：乳品（如乳粉、乳蛋白粉和其他乳制品）在长期贮存中，由于乳糖与酪蛋白发生反应而产生颜色，风味及营养价值发生改变。

（三）乳清蛋白

乳清蛋白是指溶解于乳清中的蛋白质，占乳蛋白质的 18%～20%，可分为热稳定性和热不稳定性乳清蛋白两部分。

1. 热不稳定性乳清蛋白

调节乳清 pH 至 4.6～4.7，煮沸 20min，发生沉淀的一类蛋白质为热不稳定性乳清蛋白，约占乳清蛋白的 81%。包括乳白蛋白和乳球蛋白两类。

（1）乳白蛋白　是指在中性乳清中，加饱和硫酸铵或饱和硫酸镁盐析时，呈溶解状态而不析出的蛋白质。乳白蛋白约占乳清蛋白的 68%。乳白蛋白又包括 α－乳白蛋白（约占乳清蛋白的 19.7%）、β－乳球蛋白（约占乳清蛋白的 43.6%）和血清白蛋白（约占乳清蛋白的 4.7%）。乳白蛋白中最主要的是 α－乳白蛋白，它在乳中以 1.5～5.0μm 直径的微粒分散在乳中，对酪蛋白胶体起保护作用。这类蛋白在常温下不能用酸凝固，但在弱酸性时加温即能凝固。

（2）乳球蛋白　中性乳清加饱和硫酸铵或饱和硫酸镁盐析时，能析出但不呈溶解状态的乳清蛋白即为乳球蛋白，约占乳清蛋白的13%。乳球蛋白具有抗体作用，故又称为免疫球蛋白。初乳中的免疫球蛋白含量比常乳中高。

2. 热稳定性乳清蛋白

这类蛋白包括蛋白脲和蛋白胨，约占乳清蛋白的19%。此外还有一些脂肪球膜蛋白质，是吸附于脂肪球表面的蛋白质与酶的混合物，其中含有脂蛋白、碱性磷酸酶和黄嘌呤氧化酶等。这些蛋白质可以用洗涤的方法将其分离出来。

脂肪球膜蛋白由于受细菌性酶的作用而产生的分解现象，是奶油在贮藏时风味变劣的原因之一。

（四）非蛋白含氮物

牛乳的含氮物中，除蛋白质外，还有非蛋白含氮物，约占总氮的5%。其中包括氨基酸、尿素、尿酸、肌酸及叶绿素等。这些含氮物是活体蛋白质代谢的产物，从乳腺细胞进入乳中。

（五）乳糖

乳糖是哺乳动物乳汁中特有的糖类。牛乳中含有4.6%～4.7%的乳糖，呈溶解状态。乳糖为D－葡萄糖与D－半乳糖以β－1，4糖苷键结合的，又称为1，4－半乳糖苷葡萄糖，属还原糖。

乳糖有α－乳糖和β－乳糖两种异构体，α－乳糖很容易与一分子结晶水结合，变为α－乳糖水合物，所以乳糖实际上共有三种构型。甜炼乳中的乳糖大部分呈结晶状态，结晶的大小直接影响炼乳的口感，而结晶的大小可根据乳糖的溶解度与温度的关系加以控制。

α－乳糖和β－乳糖在水中的溶解度不同，并随温度的不同而变化。在水溶液中两者可以相互转化。α－乳糖溶解于水中时徐徐变成β－型。因为β－乳糖较α－乳糖易溶于水，所以乳糖最初溶解度并不稳定，而是逐渐增加，直至α－型与β－型平衡时为止。

乳中除了乳糖外还含有少量其他的碳水化合物。例如，在常乳中含有极少量的葡萄糖、半乳糖。另外，还含有微量的果糖、低聚糖、己糖胺等。

一部分人随着年龄的增长，消化道内缺乏乳糖酶而不能分解和吸收乳糖，饮用牛乳后会出现呕吐、腹胀、腹泻等不适应症，称其为乳糖不耐症。在乳品加工中利用乳糖酶将乳中的乳糖分解为葡萄糖和半乳糖；或利用乳酸菌将乳糖转化成乳酸，可预防“乳糖不耐症”。

（六）乳中的无机物

牛乳中的无机物也称为矿物质，含量为0.35%～1.21%，平均为0.7%左右，主要有磷、钙、镁、氯、钠、硫、钾等，此外还含有一些微量元素。牛乳中无机物的含量随泌乳期及个体健康状态等因素而异。

牛乳中的盐类含量虽然很少，但对乳品加工，特别是对乳的热稳定性起着重要作用。牛乳中的盐类平衡，特别是钙、镁等阳离子与磷酸、柠檬酸等阴离子之间的平衡，对于牛乳的稳定性具有非常重要的意义。当受季节、饲料、生理或病理等影响，牛乳发生不正常凝固时，往往是由于钙、镁离子过剩，盐类的平衡被打破的缘故。此时，可向乳中添加磷酸及柠檬酸的钠盐，以维持盐类平衡，保持蛋白质的热稳定性。生产炼乳时常常利用牛乳的这种特性。

乳与乳制品的营养价值，在一定程度上受矿物质的影响。以钙而言，由于牛乳中钙的含量较人乳多3～4倍，因此牛乳在婴儿胃内所形成的蛋白凝块相对人乳比较坚硬，不易消化。牛乳中铁的含量为10～90μg/100mL，较人乳中少，故人工哺育幼儿时应补充铁。

（七）乳中的维生素

牛乳含有几乎所有已知的维生素，包括脂溶性维生素A、维生素D、维生素E、维生素K和水溶性的维生素B_1、维生素B_2、维生素B_6、维生素B_{12}、维生素C等两大类。牛乳中的维生素，部分来自饲料，如维生素E；有的要靠乳牛自身合成，如B族维生素。

（八）乳中的酶类

牛乳中的酶类有三个来源：乳腺、微生物和白血球。牛乳中的酶种类很多，但与乳品生产有密切关系的主要为水解酶类和氧化还原酶类。

1. 水解酶类

（1）脂酶　牛乳中的脂酶至少有两种，一种是只附在脂肪球膜间的膜脂酶，它在牛乳中不常见，而在末乳、乳房炎乳及其他一些生理异常乳中常出现；另一种是与酪蛋白相结合的乳浆脂酶，存在于脱脂乳中。

脂酶的相对分子质量一般为7000～8000，最适温度为37℃，最适pH 9.0～9.2，钝化温度至少为80℃。钝化温度与脂酶的来源有关，来源于微生物的脂酶耐热性高。已经钝化的酶有恢复活力的可能。乳脂肪在脂酶的作用下水解产生游离脂肪酸，从而使牛乳带上脂肪分解的酸败气味，这是乳制品特别是奶油生产上常见的问题。为了抑制脂酶的活力，在奶油生产中，一般采用不低于80～85℃的高温或超高温进行处理。另外，加工过程也能使脂酶增加其作用机会，例如均质处理，由于破坏了脂肪球膜而增加了脂酶与乳脂肪的接触面，使乳脂肪更易水解，故均质后应及时进行杀菌处理。

（2）磷酸酶　牛乳中的磷酸酶有两种：一种是酸性磷酸酶，存在于乳清中；另一种为碱性磷酸酶，吸附于脂肪球膜处。其中碱性磷酸酶的最适pH为7.6～7.8，经63℃，30min或71～75℃，15～30s加热后可钝化，故可以利用这种性质来检验低温巴氏杀菌法处理的消毒牛乳的杀菌程度是否完全。

（3）蛋白酶　牛乳中的蛋白酶分别来自乳本身和污染的微生物。乳中蛋白酶多为细菌性酶，细菌性的蛋白酶使蛋白质水解后形成蛋白胨、多肽及氨基酸。其中由乳酸菌形成的蛋白酶在乳中，特别是在干酪中具有非常重要的意义。蛋白酶在高于75～80℃的温度中即被破坏，在70℃以下时，可以稳定地耐受长时间的加热，在37～42℃时，这种酶在弱碱性环境中作用最大，中性及酸性环境中作用减弱。

2. 氧化还原酶

（1）过氧化氢酶　牛乳中过氧化氢酶主要来自白细胞的细胞成分，特别在初乳和乳房炎乳中含量较多。所以，利用对过氧化氢酶的测定可判定牛乳是否为乳房炎乳或其他异常乳。经65℃，30min加热，95%的过氧化氢酶会被钝化；经75℃，20min加热，则100%被钝化。

（2）过氧化物酶　过氧化物酶是最早从乳中发现的酶，它能促使过氧化氢分解产生活泼的新生态氧，从而使乳中的多元酚、芳香胺及某些化合物氧化。过氧化物酶主要来自于白细胞的细胞成分，其数量与细菌多少无关，是乳中固有的酶。

过氧化物酶作用的最适温度为25℃，最适pH是6.8，钝化温度和时间大约为76℃，20min；77～78℃，5min；85℃，10s。通过测定过氧化物酶的活力可以判断牛乳是否经过热处理或判断热处理的程度。

（3）还原酶　还原酶由挤乳后进入乳中的微生物代谢产生。还原酶能使甲基蓝还原为无色。乳中的还原酶的量与微生物的污染程度呈正相关，因此可通过测定还原酶的活力来判断乳的新鲜程度。

（九）乳中的其他成分

除上述成分外，乳中尚有少量的有机酸、气体、色素、细胞成分、风味成分及激素等。

1. 有机酸

乳中的有机酸主要是柠檬酸等。在酸败乳及发酵乳中，在乳酸菌的作用下，马尿酸可转化为苯甲酸。

乳中柠檬酸的含量为0.07%～0.40%，平均为0.18%，以盐类状态存在。除了酪蛋白胶粒成分中的柠檬酸盐外，还存在有分子、离子状态的柠檬酸盐，主要为柠檬酸钙。柠檬酸对乳的盐类平衡及乳在加热、冷冻过程中的稳定性均起重要作用，柠檬酸还是乳制品芳香成分丁二酮的前体。

2. 气体

乳中气体主要为二氧化碳、氧气和氮气等，其中以二氧化碳最多，氧最少。在挤乳及牛乳贮存过程中，二氧化碳由于逸出而减少，而氧、氮则因与大气接触而增多，乳中的气体对乳的相对密度和酸度有影响。因此，在测定乳的相对密度和酸度时，要求将乳样放置一定时间，待气体达到平衡后再测定。

3. 细胞成分

乳中所含的细胞成分主要是白细胞和一些乳房分泌组织的上皮细胞，也有少量红细胞。牛乳中的细胞含量的多少是衡量乳房健康状况及牛乳卫生质量的标志之一，一般正常乳中细胞数不超过50万/mL。

三、乳的理化特性

（一）色泽

正常的新鲜牛乳呈不透明的乳白色或淡黄色。乳的白色是由于乳中的酪蛋白酸钙、磷酸钙胶粒及脂肪球等微粒对光的不规则反射产生的。牛乳中的脂溶性胡萝卜素和叶黄素使乳略带淡黄色，而水溶性的核黄素使乳清呈荧光性黄绿色。

（二）滋味与气味

乳中含有挥发性脂肪酸及其他挥发性物质，这些物质是牛乳气味的主要构成成分。这种香味随温度的升高而加强，乳经加热后香味强烈，冷却后减弱。乳中羰基化合物，如乙醛、丙酮、甲醛等均与牛乳风味有关。牛乳除固有的香味之外，还很容易吸收外界的各种气味。所以，挤出的牛乳如在牛舍中放置时间太久，会带有牛粪味或饲料味；储存器不良时则产生金属味，消毒温度过高则产生焦糖味。所以每一个处理过程都必须保持周围环境的清洁，以避免各因素的影响。

纯净的新鲜乳滋味稍甜，是由于乳中含有乳糖。乳中因含有氯离子而稍带咸味。常乳中的咸味因受乳糖、脂肪、蛋白质等所调和而不易觉察，但异常乳如乳房炎乳中氯的含量较高，故有浓厚的咸味。乳中的苦味来自 Mg^{2+}、Ca^{2+}，而酸味是由柠檬酸及磷酸所产生的。

（三）酸度

刚挤出的新鲜乳的酸度为0.15%～0.18%（16～18°T），固有酸度或自然酸度主要由乳中的蛋白质、柠檬酸盐、磷酸盐及二氧化碳等酸性物质造成，来源于 CO_2 的占0.01%～0.02%（2～3°T），乳蛋白的占0.05%～0.08%（3～4°T），柠檬酸盐的占0.01%，磷酸盐的占0.06%～0.08%（10～12°T）。

乳在微生物的作用下由乳糖发酵产生乳酸，导致乳的酸度逐渐升高。由于发酵产酸而升高的这部分酸度称为发酵酸度。固有酸度和发酵酸度之和称为总酸度。一般条件下，乳品工业所测定的酸度就是总酸度。

乳品工业中的酸度是指以标准碱液用滴定法测定的滴定酸度。滴定酸度有多种测定方法和表示形式。我国滴定酸度用吉尔涅尔度（°T）或乳酸度（乳酸含量）来表示。

1. 吉尔涅尔度（°T）

吉尔涅尔度，也称滴定酸度是指中和100mL牛乳所需0.1mol/L氢氧化钠溶液的体积（mL）。测定时取10mL牛乳，用20mL蒸馏水稀释，加入0.5%的酚酞指示剂0.5mL，以0.1mol/L氢氧化钠溶液滴定，将所消耗的NaOH溶液的体积（mL）乘以10，即为乳样的度数（°T）。

$$\text{吉尔涅尔度(°T)} = \frac{(V_1 - V_0) \times c}{0.1} \times 10$$

式中 V_0——滴定初读数，mL；

V_1——滴定终读数，mL；

c——标定后的氢氧化钠溶液的浓度，mol/L；

0.1——0.1mol/L 氢氧化钠溶液。

2. 乳酸度

用乳酸度表示酸度时，按上述方法测定后按如下公式计算：

$$乳酸含量 = \frac{0.1\text{mol/L NaOH 体积(mL)} \times 0.009}{牛乳含量} \times 100\%$$

3. pH

正常新鲜牛乳的 pH 为 6.5～6.7，一般酸败乳或初乳的 pH 在 6.4 以下，乳房炎乳或低酸度乳 pH 在 6.8 以上。

滴定酸度可以及时反映出乳酸产生的程度，而 pH 反映的为乳的表观酸度，两者不呈现规律性的关系，因此生产中广泛地通过滴定酸度的测定来间接掌握乳的新鲜度。乳酸度越高，乳对热的稳定性就越低。

（四）相对密度

乳的密度是指一定温度下单位体积的质量。乳的密度受多种因素的影响，如乳的温度、脂肪含量、无脂干物质含量、乳挤出的时间及是否掺假等，也因牛的品种不同而有所差异。

乳的相对密度主要有两种表示方法，一是以 15℃ 为标准，指在 15℃ 时一定体积牛乳的质量与同体积、同温度水的质量之比；二是指乳在 20℃ 时的质量与同体积水在 4℃ 时的质量之比。

乳的相对密度在挤乳后 1h 内最低，其后逐渐上升，最后可大约升高 0.001，这是由于气体的逸散、蛋白质的水合作用及脂肪的凝固使容积发生变化的结果。故不宜在挤乳后立即测试相对密度。

在乳中掺固形物，往往使乳的相对密度提高，这是一些掺假者的主要目的；而在乳中掺水则乳的相对密度下降。因此，在乳的验收过程中通过测定乳的相对密度判断原料乳是否掺水。

（五）热力学性质

1. 乳的冰点

牛乳的冰点一般为 -0.565 ~ -0.525℃，平均为 -0.540℃。牛乳中的乳糖和盐类是导致冰点下降的主要因素。正常的牛乳其乳糖及盐类的含量变化很小，所以冰点很稳定。在乳中掺水可使乳的冰点升高，可根据冰点的测定结果，用以下公式来推算掺水量：

$$X = \frac{T - T_1}{T} \times 100\%$$

式中 X——掺水量，%；

T——正常乳的冰点，℃；

T_1——被检乳的冰点，℃。

酸败牛乳的冰点会降低，所以测定冰点时要求牛乳的酸度必须在20°T以内。

2. 乳的沸点

牛乳的沸点在101.33kPa（1atm）下为100.55℃，乳的沸点受其固形物含量的影响。浓缩到原体积1/2时，沸点上升到101.05℃。

3. 乳的比热容

牛乳的比热容为其所含各成分之比热容的总和。牛乳中主要成分的比热容为[kJ/(kg·K)]：乳蛋白2.09，乳脂肪2.09，乳糖1.25，盐类2.93，由此及乳成分的含量百分比计算得牛乳的比热容约为3.89kJ/(kg·K)。

乳和乳制品的比热容，在生产过程中用于计算加热量和制冷量，按照下列标准进行计算：牛乳3.94～3.98kJ/(kg·K)，稀奶油3.68～3.77kJ/(kg·K)，干酪2.34～2.51kJ/(kg·K)，炼乳2.18～2.35kJ/(kg·K)，加糖乳粉1.84～2.011kJ/(kg·K)。

（六）黏度与表面张力

牛乳可大致认为属于牛顿流体。正常乳黏度为0.0015～0.002Pa·s，牛乳的黏度随温度升高而降低。在乳的成分中，脂肪及蛋白质对黏度的影响最显著，随着含脂率、乳固体含量的增高，黏度也增高。初乳、末乳的黏度都比正常乳高。在加工中，黏度受脱脂、杀菌、均质等操作的影响。

牛乳的表面张力与牛乳的起泡性、乳浊状态、微生物的生长发育、热处理、均质作用及风味等有密切关系。测定表面张力的目的是为了鉴别乳中是否混有其他添加物。

20℃时牛乳的表面张力为0.04～0.06N/cm^2，并随温度上升而降低，随含脂率下降而增大。乳经均质处理后，脂肪球表面积增大，由于表面活性物质吸附于脂肪球界面处，从而增加了表面张力。但如果不将脂酶先经加热处理而使其钝化，均质处理会使脂肪酶活力增强，使乳脂水解生成游离脂肪酸，从而使其表面张力降低。表面张力与乳的起泡性有关。加工冰淇淋或搅打发泡稀奶油时有浓厚而稳定的泡沫形成则较好，但运送乳、净化乳、稀奶油分离、杀菌时则不希望形成泡沫。

（七）乳的电学性质

1. 乳的电导率

乳中含有电解质而具有导电性。牛乳的电导率与其成分，特别是氯离子和乳糖的含量有关。正常牛乳在25℃时，电导率为0.004～0.005S/m。乳房炎乳中Na^+、Cl^-等离子增多，电导率上升。一般电导率超过0.06S/m即可认为是患病牛乳，故可应用电导率的测定进行乳房炎乳的快速鉴定。

脱脂乳中由于妨碍离子运动的脂肪已被除去，因此电导率比全乳有所增加。将牛乳煮沸时，由于CO_2消失，且磷酸钙沉淀，电导率减低。乳在蒸发过程中，干物质含量在36%～40%以内时导电率增高，此后又逐渐降低。因此，在生产中可以利用导电率来检查乳的蒸发程度及调节真空蒸发器的运行。

2. 氧化还原电位

乳中含有很多具有氧化还原作用的物质，如维生素 B_2、维生素 C、维生素 E、酶类、溶解态氧、微生物代谢产物等。乳中进行氧化还原反应的方向和强度取决于这类物质的含量。氧化还原电位可反映乳中进行氧化还原反应的趋势。一般牛乳的氧化还原电位为0.23～0.25V。乳经过加热则产生还原性的产物而使氧化还原电位降低，Cu^{2+}存在可使氧化还原电位增高；牛乳如果受到微生物污染，随着氧的消耗和还原性代谢产物的产生，可使其氧化还原电位降低，当与甲基蓝、刃天青等氧化还原指示剂共存时可使其褪色，此原理可应用于微生物污染程度的检验。

（八）折射率

由于有多种固体物质的存在，牛乳的折射率比水的折射率大，但在全乳中因有脂肪球的不规则反射的影响，不易正确测定牛乳的折射率。乳的折射率为1.3470～1.3515，乳清的折射率为1.3430～1.3442，乳清的折射率决定于乳糖含量，即乳糖含量越高，折射率越大。因此可以根据折射率来确定乳的正常状态及乳中乳糖的含量。

四、乳中的主要微生物

（一）乳中微生物的来源

1. 来源于乳房内的污染

乳房中微生物的多少取决于乳房的清洁程度，许多细菌通过乳头管栖生于乳池下部，这些细菌从乳头端部侵入乳房，由于细菌本身的繁殖和乳房的物理蠕动而进入乳房内部。因此，第一股乳流中微生物的数量最多。

正常情况下，随着挤乳的进行乳中细菌含量逐渐减少。所以在挤乳时最初挤出的乳应单独存放，另行处理。

2. 来源于牛体的污染

挤乳时鲜乳受乳房周围和牛体其他部分污染的机会很多。因为牛舍空气、垫草、尘土以及牛本身的排泄物中的细菌大量附着在乳房的周围，在挤乳时侵入牛乳中。这些污染菌中，多数属于带芽孢的杆菌和大肠杆菌等。所以在挤乳时，应用温水严格清洗乳房和腹部，并用清洁的毛巾擦干。

3. 来源于空气的污染

挤乳及收乳过程中，鲜乳经常暴露于空气中，因此受空气中微生物污染的机会就很多。牛舍内的空气含有很多的细菌，尤其是在含灰尘较大的空气中，以带芽孢的杆菌和球菌属居多，霉菌的孢子也很多。现代化的挤乳站采用机械化挤乳，管道封闭运输，可减少来自于空气的污染。

4. 来源于挤乳用具的污染

挤乳时所用的桶、挤乳机、过滤布、洗乳房用布等，如果不事先进行清洗杀菌，则会通过这些用具使鲜乳受到污染。所以乳桶的清洗杀菌，对防止微生物的污染有重要意义。

5. 其他污染来源

操作工人的手不清洁，或者混入苍蝇及其他昆虫等，都是污染的原因。还需注重防止其他直接或间接的途径侵入微生物。牛乳在健康的乳房中时就已有某些细菌存在，加上在挤乳和处理过程中外界微生物不断侵入，因此乳中微生物的种类很多。

（二）乳中微生物的种类及其性质

1. 细菌

牛乳中的细菌，在室温或室温以上温度会大量增殖，根据其对牛乳作用所产生的变化可分为以下几种。

（1）产酸菌　主要为乳酸菌，指能分解乳糖产生乳酸的细菌。在乳和乳制品中主要有乳球菌科和乳杆菌科，包括链球菌属、明串珠菌属和乳杆菌属。

（2）产气菌　这类菌在牛乳中生长时能生成酸和气体。例如，大肠杆菌和产气杆菌是常出现于牛乳中的产气菌。产气杆菌能在低温下增殖，是低温储藏时能使牛乳酸败的一种重要菌种。另外，可从牛乳和干酪中分离得到费氏丙酸杆菌和谢氏丙酸杆菌，它们的生长温度范围为15～40℃。用丙酸菌生产干酪时，可使产品具有气孔和特有的风味。

（3）肠道杆菌　肠道杆菌是一群寄生在肠道内的革兰氏阴性短杆菌。在乳品生产中是评定乳制品污染程度的指标之一。其中主要有大肠菌群和沙门菌族。

（4）芽孢菌　该菌因能形成耐热性芽孢，故经杀菌处理后，仍残存在乳中。可分为好气性杆菌属和嫌气性梭状菌属两种。

（5）球菌类　一般为好气性细菌，能产生色素。牛乳中常出现的有微球菌属和葡萄球菌属。

（6）低温菌　7℃以下能生长繁殖的细菌称为低温菌；在7℃以上，20℃以下能繁殖的称为嗜冷菌。乳品中常见的低温菌属有假单胞菌属和醋酸杆菌属，这些菌在低温下生长良好，能使乳中蛋白质分解引起牛乳胨化，并分解脂肪使牛乳产生哈喇味，引起乳制品腐败变质。

（7）高温菌和耐热性细菌　高温菌或嗜热性细菌是指在40℃以上能正常发育的菌群。如乳酸菌中的嗜热链球菌、保加利亚乳杆菌、好气性芽孢菌（如嗜热脂肪芽孢杆菌）和放线菌（如干酪链霉菌）等。特别是嗜热脂肪芽孢杆菌，最适发育温度为60～70℃。耐热性细菌在生产上系指低温杀菌条件下还能生存的细菌，而上述细菌及其芽孢在该杀菌条件下都能被杀死。

（8）蛋白分解菌和脂肪分解菌

①蛋白分解菌。蛋白分解菌指能产生蛋白酶而将蛋白质分解的菌群。生产发酵乳制品时产生的大部分乳酸菌能使乳中蛋白质分解，这部分细菌属于有益菌；也有属于腐败性的蛋白分解菌，能使蛋白质分解形成氨和胺类，可使牛乳产生黏性、碱性。

②脂肪分解菌。脂肪分解菌系指能使甘油酸酯分解生成甘油和脂肪酸的菌群。脂肪分解菌中，除一部分在干酪生产方面有用外，一般都是使牛乳和乳制品变质的细菌，尤其对稀奶油和奶油危害更大。主要的脂肪分解菌（包括酵母、霉菌）有：荧光极毛杆菌、荧光假单胞菌、无色解脂菌、解脂小球菌、干酪乳杆菌、白地霉、黑曲霉、大毛霉等。大多数解脂菌有耐热性，并且在0℃以下也具活力。因此，牛乳中如有脂肪分解菌存在，即使进行冷却或加热杀菌，也往往带有意想不到的脂肪分解味。

（9）放线菌　与乳品方面有关的放线菌有分枝杆菌属、放线菌属、链霉菌属。分枝杆菌是抗酸性的杆菌，无运动性，多数具有病原性。例如，结核分枝杆菌形成的毒素，有耐热性，对人体有害。放线菌属中与乳品有关的主要有牛型放线菌，此菌生长在牛的口腔和乳房中，随后转入牛乳中。链霉菌属中与乳品有关的主要是干酪链霉菌，属胨化菌，能使蛋白质分解导致牛乳腐败变质。

2. 酵母

乳与乳制品中常见的酵母有脆壁酵母、膜 ℅毕赤酵母、汉逊酵母和圆酵母属及假丝酵母属等。

脆壁酵母能使乳糖形成酒精和二氧化碳。该酵母是生产牛乳酒、酸马奶酒的珍贵菌种。乳清进行酒精发酵时常用此菌。

毕赤酵母能使低浓度的酒精饮料表面形成干燥的膜，故有产膜酵母之称。膜℅毕赤酵母主要存在于酸凝乳及发酵奶油中。

汉逊酵母多存在于干酪及乳房炎乳中。

圆酵母属是无孢子酵母的代表，能使乳糖发酵。污染有此酵母的乳和乳制品，会产生酵母味，并能使干酪和炼乳罐头膨胀。

假丝酵母属的氧化分解能力很强。能使乳酸分解形成二氧化碳和水。由于其酒精发酵能力很高，因此，也用于开菲乳和酒精发酵。

3. 霉菌

牛乳及乳制品中存在的霉菌主要有根霉，毛霉、曲霉、青霉、串珠霉等，大多数（如污染于奶油、干酪表面的霉菌）属于有害菌。与乳品有关的主要有白地霉、毛霉及根霉属等，如生产卡门塔尔干酪、罗奎福特干酪和青纹干酪时需要依靠霉菌。

4. 噬菌体

噬菌体是侵入微生物中的病毒的总称，故也称为细菌病毒。它只能生长于宿主菌内，并在宿主菌内裂殖，导致宿主的破裂。当乳品发酵剂受噬菌体污染后，就会导致发酵的失败，是干酪、酸乳生产中必须注意的问题。

任务二 原料乳的接收

生鲜牛乳应遵循 NY/T 1172—2006《生鲜牛乳质量管理规范》或 NY 5045—2008《无公害食品生鲜牛乳》。其中，NY/T 1172—2006《生鲜牛乳质量管理规范》中对生鲜牛乳的质量标准、生产要求、销售、收乳、检验方法、检验规则和法律责任都进行具体的规定。必须保持生鲜乳的纯度，不得掺入任何外来物质；产前 15 天的胎乳、产犊后 7 天以内的初乳、使用抗菌素药物期间和停药后 5 天以内的乳汁、乳房炎乳等非正常乳要单挤单盛，不得与正常乳混合。

牛乳从农场或收乳站被送至乳品厂进行加工。乳品厂有专门的原料乳接收部门，处理从牧场运来的原料乳。每批进厂的生鲜乳须经检验合格后方可使用，原料乳验收操作规程应符合有关乳品企业良好作业规范的要求。

在收乳时，首先要测量进乳的数量（图 2 - 1），计量后的牛乳随后进入物料平衡系统，乳品厂利用物料平衡系统来比较进乳量与最终产品量。进乳的数量可按体积或重量计算。到达乳品厂的乳槽车直接驶入收乳间，收乳间通常能同时容纳数辆乳槽车。

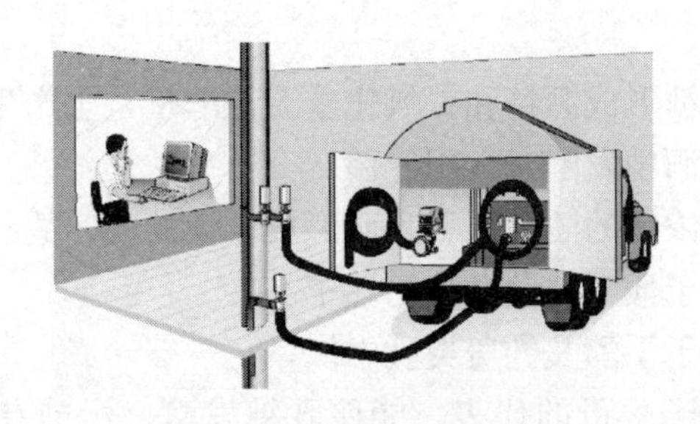

图 2 - 1 乳槽车收乳间中牛乳计量

（一）容量法计量

这种方法使用流量计，但流量计在计量乳的同时也能把乳中的空气计量进去，因此结果不十分可靠，如图 2 - 2 所示。使用这种方法重要的是要防止空气进入牛乳中。可在流量计前装一台脱气装置，以提高计量的精确度。乳槽车的出口阀与一台脱气装置相连，牛乳经脱气后被泵送至流量汁，流量计不断显示牛乳的总流量。当所有牛乳卸车完毕，把一张卡放入流量计，记录下牛乳的总体积。乳泵的启动由与脱气装置相连的传感控制元件控制。在脱气装置中，当牛乳达到能防止空气被吸入管线的预定液位时，乳泵开始启动。当牛乳液位降至某一高度时，乳泵立即停止。经计量后，牛乳进入一个大的贮乳罐。

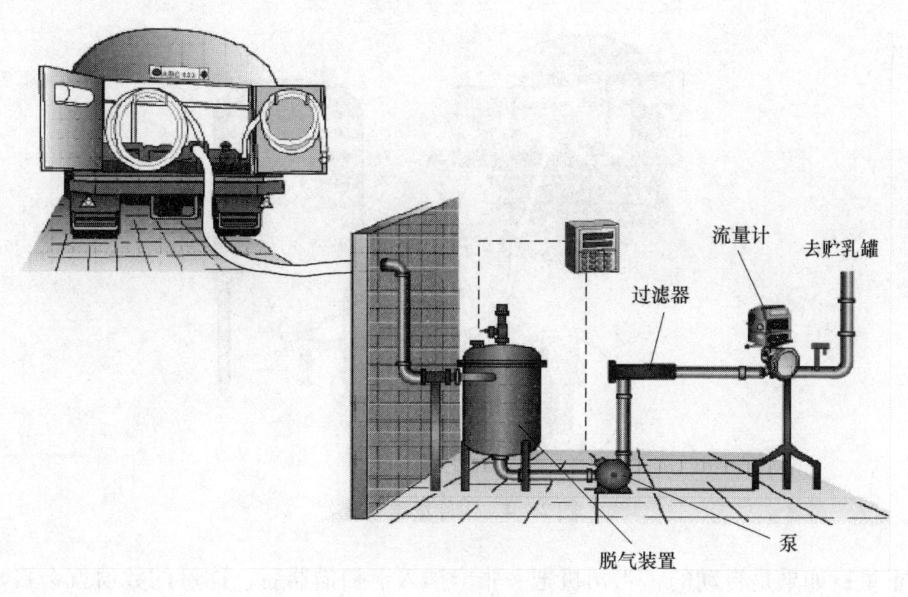

图 2－2 容量法接收流程

（二）重量法计量

用乳槽车收乳可以用以下两种方法称量：

（1）称量乳槽车卸乳前后的重量，然后将前者数值减去后者。如图 2－3 所示。

图 2－3 地磅上的乳槽车

（2）用底部带有称量元件的特殊称量罐称量，如图 2－4 所示。

用第一种方法称量时，乳槽车到达乳品厂后，车开到地磅上。数字记录有用人工的，也有自动记录的。如果用人工操作，操作人员根据司机的编号记录牛乳

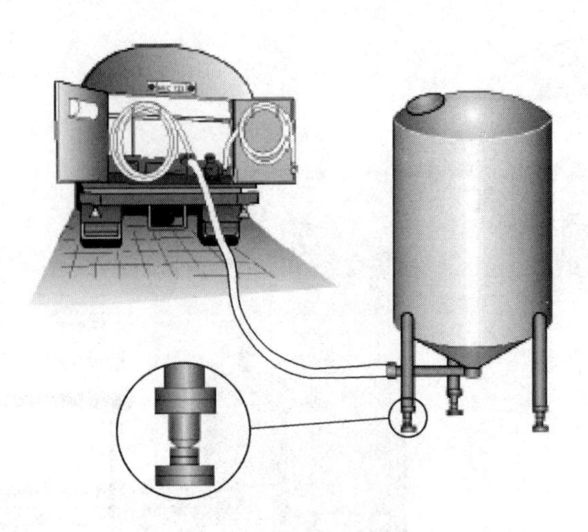

图 2－4　用称量罐收乳

的重量；如果是自动的，当司机把一张卡插入卡扫描器后，称量的数值就会自动记录下来。通常乳槽车在称重前先通过车辆清洗间进行冲洗。这一步骤在恶劣的天气条件下尤为重要。当记录下乳槽车的毛重后，牛乳通过封闭的管线经脱气装置，而不是流量计，进入乳品厂。牛乳排空后，乳槽车再次称重，同时用前面记录的毛重减去车身自重就得牛乳的净重。

用称量罐称量时，牛乳从乳槽车被泵入一个罐脚装有称量元件的特殊罐中。该元件发出一个与罐重量成比例的信号。当牛乳进入罐中时，信号的强度随罐重量的增加而增加。因此，所有的乳交付后，该罐内牛乳的重量被记录下来，随后牛乳被泵入大贮乳罐。

例如，某企业原料乳验收操作规程如下：

（1）检查是否有剩乳　早晨上岗后，检查乳仓或乳罐内是否有剩乳。检查乳罐、各打乳管线工作状况是否正常，检查剩乳酸度、酒精试验状况。

（2）准备计量器具和取样器具　校正计量器具，把取样杯和乳箱准备好。

（3）收购鲜乳方法

①由质检员负责收购前取样，检验，出现不合格的拒收。

②计量取样。由记账员监督称重，同时填写“原料乳检验单”，由取样员负责采综合样品，由编号员送化验室检验。

（4）清洗及卫生处理

①乳车运完后，由收乳人员刷乳罐、刷洗管线及设备。

②乳桶及时冲洗、消毒备用。

③卫生等收尾工作。做好收乳完毕的环境卫生打扫工作，清点工具、整理工作记录和上报原料检验单给生产科。

任务三 原料乳的检验

一、原料乳验收的依据

原料乳的控制属于 HACCP 体系中重要 CCP 点之一，企业在国家标准基础上，针对企业 HACCP 计划中要求，确定企业更高的生鲜牛乳的标准。根据NY/T 1172—2006《生鲜牛乳质量管理规范》中的规定，生鲜牛乳的感官指标、理化指标、兽药残留、微生物指标应符合 GB 19301—2010《食品安全国家标准 生乳》。

（1）感官要求 见表 2 -1。

表 2 -1 生鲜牛乳的感官要求

项目	指标	检验方法
色泽	呈乳白色或稍带微黄色	取适量试样置于 50mL 烧杯中，在自然光下观察色泽和组织状态。闻其气味，用温开水漱口，品尝滋味
组织状态	呈均匀一致液体，无凝块，无沉淀，无正常视力可见异物	
滋味与气味	具有乳固有的香味，无异味	

（2）理化要求 见表 2 -2。

表 2 -2 生鲜牛乳的理化要求

项目	指标	检验方法
冰点①②/(℃)	-0.500 ~ -0.560	GB 5413.38—2010
相对密度/(20℃/4℃)	≥1.027	GB 5413.33—2010
蛋白质/(g/100g)	≥2.8	GB 5009.5—2010
脂肪/(g/100g)	≥3.1	GB 5413.3—2010
杂质度/(mg/kg)	≤4.0	GB 5413.30—2010
非脂乳固体/(g/100g)	≥8.1	GB 5413.39—2010
酸度/°T		
牛乳②	12 ~ 18	GB 5413.34—2010
羊乳	6 ~ 13	

注：①挤出 3h 后检测。

②仅适用于荷斯坦奶牛。

（3）微生物要求 见表 2 -3。

表 2－3　　生鲜牛乳的微生物要求

项目	限量/[cfu/g（mL）]	检验方法
菌落总数	$\leqslant 2\times10^6$	GB 4789.2—2010

（4）污染物限量　符合 GB 2762—2005 的规定。

（5）真菌毒素限量　符合 GB 2761—2011 的规定。

（6）农药残留限量和兽药残留限量　农药残留量符合 GB 2763—2005 及国家有关规定和公告。兽药残留量应符合国家有关规定和公告。

二、原料乳的以质论价

在农场仅对牛乳的质量作一般性的评价，而到达乳品厂后需通过若干检验对其成分和卫生质量进行测定。某些检验的结果将直接影响付给供奶户的奶款。目前，为了协调供奶户及乳品加工厂之间的矛盾，由乳品监测部门进行营养成分的测定，作为以质论价的根据。

1. 以牛乳密度计价

用牛乳密度计测出牛乳密度，确定牛乳的单价，核算牛乳的价格。

2. 以全乳固体含量计价

一般采用快速方法测出全乳固体含量，有的利用乳脂测定仪和牛乳密度计，先测出牛乳的乳脂率和牛乳密度，再换算成全乳固体含量，并以此定价。

3. 以乳脂率计价

利用乳脂测定仪测出牛乳的乳脂率，以此确定牛乳的单价。

4. 综合计价

以牛乳乳脂率为基本核价指标，综合考虑全乳固体含量、酸度、细菌总数、体细胞数、药物残留的检验等，以此确定牛乳的质量、划分等级，进行分级计价。也有很多乳品厂根据乳中蛋白质含量来付供奶户款。

三、原料乳的检验规则及正确取样

（一）检验规则

1. 组批规则

以同一天，装载在同一贮存或运输器具中的产品为一组批。

2. 抽样方法

在贮存容器内搅拌均匀后或在运输器具内搅拌均匀后从顶部、中部、底部等量随机抽取，或在运输器具出料时连续等量抽取，混合成 4L 样品供交收检验，或 8L 样品供型式检验。

3. 型式检验

型式检验是对产品进行全面考核，即检验技术要求中的全部项目。在下列情况之一时应进行型式检验：

（1）新建牧场首次投产运行时。

（2）正式生产后，牛乳发生质量问题时。

（3）乳牛饲料的组成发生变更或用量调整时。

（4）牧场长期停产后，恢复生产时。

（5）交收检验与上次例行检验有较大差异时。

（6）国家质量监督机构提出进行例行检验的要求时。

4. 交收检验

交收检验的项目包括感官要求、理化要求、微生物要求、掺假的全部项目，并作为交收双方的结算依据。

5. 判定规则

在型式检验中若卫生要求有一项指标检验不合格，则该牧场应进行整改，经整改复查合格，则判为合格产品，否则判为不合格产品。在交收检验项目中，若有一项掺假项目指标被检出，则该批产品判为不合格产品。

（二）正确取样

由于乳品种类较多，形态差异大，数量上也有很大差别，且不同品种的乳品因其生产条件、加工及贮存条件的不同而发生变化，所以采样方法随乳品的形态、品种和检验项目的不同而异。

目前尚无普遍适用的统一的方法。需说明的是，在采样前应了解物料的来源、批次、数量和运输贮存条件，然后随机从全部批次的各部位按规定数量采取样品。采样的数量也应能够反映该乳品的卫生质量，一般应超过检验需要的三倍，供检验、复验与备查用。

产品应按生产班次分批，连续生产不能分别按班次者，则按生产日期或贮存罐分批。产品应分批编号，按批号取样检验。取样量为 1 万个（或瓶或盒或桶）以下者至少取两个；1 万 ~5 万个之间每增加 1 万个增抽一个；5 万个以上者每增加 2 万个增抽一个。所取样品贴上标签，标明下列各项：产品名称，生产日期，采样日期及时间，产品数量及批号。

所取样品应及时检验，不能及时检验者，需根据产品储藏要求或贮于温度为 2 ~10℃的冷库或冰箱内，或置于阴凉干燥处。

1. 液体、半流体食品（如大桶装或大罐装的生鲜牛乳）

液体、半流体食品应先充分混匀后再采样。混匀时，可以旋转摇荡，充分搅拌或反复倾倒等。如生鲜牛乳采样时，用特制搅拌器在乳桶中自上至下和自下至上螺旋式转动 20 次。取样量一般为 0.5 ~1L。

2. 散状均匀固体食品（如乳粉）

散状均匀固体食品应自每批食品的上、中、下三层各部分，分别抽取部分样品，混合后按四分法对角取样，再进行几次混合，最后取具有代表性的样品 0.5 ~1kg。

四分法采样方法：将食品置于一大张方形纸或布上，然后提起一角使样品滚动流向对角，随机提起对角使样品流回，按此法将四角反复提起使食品反复滚动，将样品混匀后，堆成圆锥形，略为压平，通过中心平分成相等的四瓣（用缩分器），除去任意对角两瓣，将剩下的两瓣按上法再进行混合缩分。重复操作直至剩余量达到规定的采样量为止。

3. 小包装样品（如瓶装炼乳、乳粉）

小包装样品（如瓶装炼乳、乳粉）应根据批号分批随机取样。同一批号取样件数一般为：250g 以上的包装不得少于 3 件，250g 以下的包装应为 6 件。若需测净含量，还应增加 10 件。

四、原料乳的验收项目

常规检测指标：感官、酒精度、热稳定、相对密度、酸度、理化性质、杂质度、细菌总数等，同时还必须检测抗生素、硝酸盐、亚硝酸盐、黄曲霉毒素、重金属和农药残留。进厂的牛乳，必须经过多项分析，只有全部合格，才可被用于生产。

通过对本任务的学习，我们必须熟练掌握以下的原料乳验收项目，见表 2－4。

（一）感官检验

鲜乳的感官检验主要是进行嗅觉、味觉、外观、尘埃等的鉴定。正常鲜乳呈乳白色或微带黄色，不得含有肉眼可见的异物，不得有红、绿等异色，不能有苦、涩、咸的滋味和饲料、青贮、霉等异味。

表 2－4　原料乳的常规验收项目

现场检验	感官检验
	酒精阳性乳检验
	热稳定性检验
理化检验	杂质度检验
	相对密度测定
	酸度测定
	脂肪测定
	非脂乳固体
	蛋白质测定
卫生检验	菌落总数

（二）理化检验

1. 酒精检验

酒精检验是为观察鲜乳的抗热性而广泛使用的一种方法。通过酒精的脱水作用，确定酪蛋白的稳定性。新鲜牛乳对酒精的作用表现出相对稳定的状态；而不新鲜的牛乳，其中的蛋白质胶粒已呈不稳定状态，当受到酒精的脱水作用时，则加速其聚沉。此法可验出鲜乳的酸度，以及盐类平衡不良乳、初乳、末乳及细菌作用产生凝乳酶的乳和乳房炎乳等。

酒精检验与酒精浓度有关，其方法是：68%、70%或72%（体积分数）的中性酒精与原料乳等量相混合摇匀，以无凝块出现为标准。正常牛乳的滴定酸度不高于18°T，不会出现凝块。但是影响乳中蛋白质稳定性的因素较多，如当乳中钙盐增高时，在酒精试验中会由于酪蛋白胶粒脱水失去溶剂化层，使钙盐容易和酪蛋白结合，形成酪蛋白酸钙沉淀。

新鲜牛乳的滴定酸度为16～18°T。为了合理利用原料乳和保证乳制品的质量，用于制造淡炼乳和超高温灭菌乳的原料乳，用75%酒精检验；用于制造乳粉的原料乳，用68%酒精检验（酸度不得超过20°T）。酸度不超过22°的原料乳尚可用于制造乳油，但其风味较差。酸度超过22°的原料乳只能用于生产供制造工业用的干酪素、乳糖等。酒精检验浓度与酸度关系见表2－5。

表2－5 不同浓度酒精检验的酸度

酒精浓度/%	不出现絮状物的酸度/°T
68	<20
70	<19
72	<18

2. 热稳定性试验

热稳定性试验（煮沸试验）煮沸试验能有效地检出高酸度乳和混有高酸度乳的牛乳。将牛乳（取5～10mL乳于试管中）置于沸水中或酒精灯上加热5min，如果加热煮沸时有絮状沉淀或凝固现象发生，则表示乳已不新鲜、酸度在20°T以上，或混有高酸度乳、初乳等。

3. 滴定酸度测定

牛乳的酸度通常用吉尔涅尔度表示，正常乳为16～18°T。其测定方法一般是用0.1mol/L氢氧化钠滴定10mL牛乳，用0.5%酚酞为指示剂，当被滴定样品呈微红色时所消耗的氢氧化钠的体积数乘以10即为牛乳的滴定酸度。

$$酸度 = \frac{(V_1 - V_0) \times c}{0.1} \times 10$$

式中 V_0——滴定初读数，mL；

V_1——滴定终读数，mL；

c——标定后的氢氧化钠溶液的浓度，mol/L；

0.1——0.1mol/L氢氧化钠溶液。

4. 相对密度的测定

牛乳的相对密度是使用密度计检测，根据读数经查表可得相对密度的结果。其检测方法依据GB 5413.33—2010《食品安全国家标准 生乳相对密度的测定》，具体的分析步骤是：取混匀并调节温度为10～25℃的试样，小心倒入玻璃圆筒内，勿使其产生泡沫并测量试样温度。小心将密度计放入试样中到相当刻度30°处，然后让其自然浮动，但不能与筒内壁接触。静置2～3min，眼睛平视生乳液面的高度，读取数值。根据试样的温度和密度计读数查表并换算成20℃时的度数。"密度计读数变为温度20℃时的度数换算表"见GB 5413.33—2010。

5. 杂质度测定

利用过滤的方法，使乳粉中的机械杂质与乳分开，然后与杂质度标准板进行比较。具体方法是：液体乳样量取500mL；乳粉样称取62.5g（精确至0.1g），用8倍水充分调和溶解，加热至60℃；炼乳样称取125g（精确至0.1g），用4倍水溶解，加热至60℃，于过滤板上过滤，为使过滤迅速，可用真空泵抽滤，用水冲洗过滤板，取下过滤板，置烘箱中烘干，将其上杂质与标准杂质板比较即得杂质度。

当过滤板上杂质的含量介于两个级别之间时，判定为杂质含量较多的级别。杂质度过滤装置或杂质度过滤机如图2－5和图2－6所示。各标准杂质板的制备比例如表2－6所示。

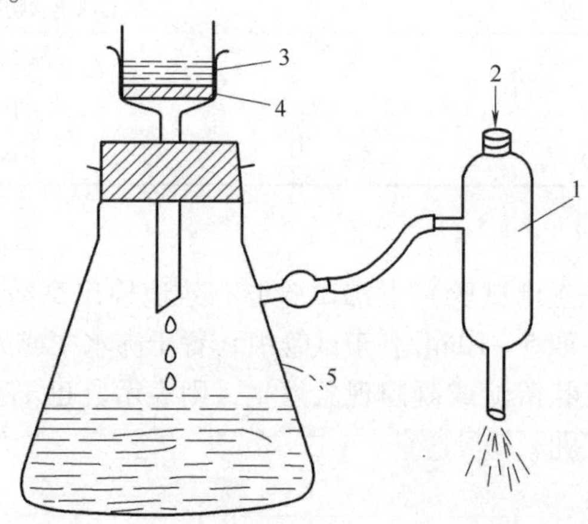

图2－5　测定杂质度装置

1—水流泵　2—自来水　3—漏斗　4—过滤板　5—吸滤

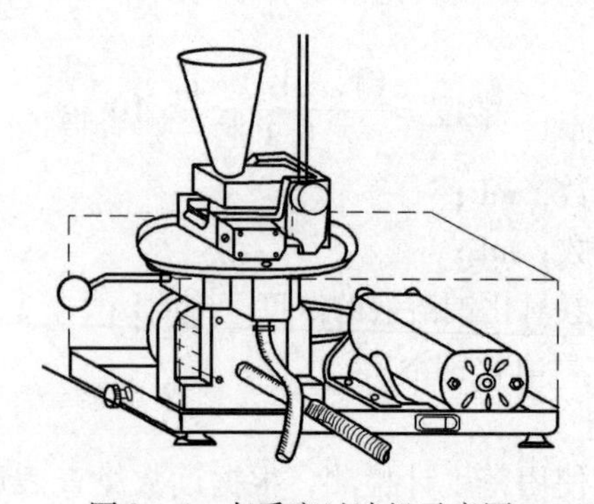

图2－6　杂质度过滤机示意图

表 2－6 各标准杂质板的制备比例

标准板号	杂质度相对质量浓度 牛乳/（mg/L）；乳粉/（mg/kg）		杂质绝对含量/mg
	500mL 牛乳	62.5g 乳粉	
1	0.25	2	0.125
2	0.75	6	0.375
3	1.5	12	0.750
4	2.0	16	1.000

6. 脂肪测定

哥特里－罗紫法、盖勃氏法都是测定乳脂肪的标准分析方法，根据对比研究表明，哥特里－罗紫法准确度较高，但测定操作较麻烦，出结果的速度较慢；盖勃氏法的准确度相对低一些，但测定速度较快。一般在原料乳验收过程中，多采用盖勃氏法，下面简单介绍该法。

原理：采用容量法，即用酸解的方法使乳粉中脂肪分出成为一层，然后根据经过严密设计的乳脂瓶刻度可直接读出脂肪的百分率。

仪器：乳脂计、乳脂离心机、乳脂计架、11mL 硫酸自动吸管、25～50mL 烧杯、25mL 漏斗、玻棒。

试剂：硫酸（相对密度为 1.820～1.825），异戊醇（沸点 128～132℃，相对密度为 0.8090～0.8115）。

操作方法：

①用硫酸自动吸管向牛乳乳脂计中加入硫酸 10mL；

②在 50mL 烧杯中称取 1.5g 样品，称量要准确至 10mg，用 10mL 70～75℃热水分数次（用玻璃棒搅拌）全部洗入乳脂计中；

③加异戊醇 1mL，再用少量热水调节液位，使其低于乳脂计颈口 4～6mm；

④将乳脂计塞好，小心振荡，再重复倒转数次，使内容物完全混合；

⑤将盖勃乳脂离心机预热到规定的温度（约 65℃），将乳脂计放入离心机中，转动开关按钮，调至规定的时间，离心 5min；

⑥待离心机停止转动后，取出乳脂计，转入或转出橡胶塞，使脂肪柱处于乳脂计刻度部分，然后读数。读数时，要将乳脂计中的脂肪柱下弯月面放在与眼同一水平面上，观察时，可移动橡胶塞使下弯月面与某一大格刻度相吻合，读取脂肪柱所占的格数；

⑦计算：

$$脂肪含量（\%）= \frac{A \times 11}{m}$$

式中 A——脂肪柱读数；

m——样品质量，g；

11——换算系数。

两次平行测定误差不应超过0.1%。

7. 牛乳成分分析仪

近年来随着分析仪器的发展，乳品检测方面出现了很多高效率的检验仪器。如采用光学法来测定乳脂肪、乳蛋白、乳糖及总干物质，并已开发出各种微波仪器；通过2450MHz的微波干燥牛乳，并自动称量、记录乳总干物质的质量，测定速度快，测定准确，便于指导生产；通过红外线分光光度计，自动测出牛乳中的脂肪、蛋白质、乳糖三种成分。红外线通过牛乳后，牛乳中的脂肪、蛋白质、乳糖减弱了红外线的波长，通过红外线波长的减弱率反映出三种成分的含量。该法测定速度快，但设备造价较高。

（三）微生物检验

1. 美蓝还原试验

此试验是用来判断原料乳新鲜程度的一种色素还原试验。新鲜乳加入亚甲基蓝后染为蓝色，如污染大量微生物会产生还原酶使颜色逐渐变淡，直至无色，通过测定颜色变化速度，间接地推断出鲜乳中的细菌数。该法除可间接迅速地查明细菌数外，对白血球及其他细胞的还原作用也敏感，还可检验异常乳（乳房炎乳及初乳或末乳）。

2. 国标法

原料乳的微生物检验主要是对其进行菌落总数的测定，测定方法依据GB 4789.2—2010。该法测定原料乳中的菌落总数，测定时间较长，一般为（48±2）h。

3. 直接镜检法（费里德氏法）

直接镜检法是利用显微镜直接观察确定鲜乳中微生物数量的一种方法。取一定量的乳样，在载玻片涂抹一定的面积，经过干燥、染色、镜检观察细菌数，根据显微镜视野面积，推断出鲜乳中的细菌总数，而非活菌数。直接镜检法比平板培养法能更迅速地判断出结果，通过观察细菌的形态，推断细菌数增多的原因。

（四）体细胞检验

牛乳中的体细胞多数是白细胞，还有少量的上皮细胞。影响体细胞的因素有：乳房炎，乳房外伤或有炎症时，白细胞进入乳房以清除感染，从而导致乳房炎牛乳中体细胞浓度增高；乳牛的年龄增加时体细胞浓度一般增加；乳牛的品种不同体细胞浓度也不同；泌乳后期比泌乳前期高。正常乳中的体细胞，多数来源于上皮组织的单核细胞，如有明显的多核细胞（白细胞）出现，可判断为异常乳。

体细胞的检测，常用的方法有直接镜检法（同细菌检验）或加利福尼亚细胞数测定法（GMT法）。GMT法是根据细胞表面活性剂的表面张力，细胞在遇到表面活性剂时会收缩凝固的原理进行检验的。细胞越多，凝集状态越强，出现的凝集片越多。

检测乳罐车牛乳的体细胞，可以了解牛场乳腺炎的发生情况、牛场卫生状况，了解生乳的安全性，了解生乳的质量，预计成品的保质期。牛体未感染乳区的体细胞含量可低到 1 万/mL，感染乳区的体细胞含量可高达 1000 万/mL。5%的病牛牛乳来源的体细胞可占到牛场乳罐中所有体细胞的 50%。

国外罐车或牛群体细胞标准为欧盟：40 万/mL；美国：75 万/mL；加拿大：50 万/mL。牛群理想体细胞值：小于 20 万/mL。世界最低的瑞士的牛群已能低到 10 万/mL。

（五）抗生素残留检验

抗生物质残留量检验是验收发酵乳制品原料乳的必检指标。常用的方法有以下两种：TTC 试验和抑菌圈法。

1. TTC 试验

如果鲜乳中有抗生素物质的残留，在被检乳样中，接种细菌进行培养，细菌不能增殖，此时加入的指示剂 TTC 保持原有的无色状态（未经过还原）；反之，如果无抗生物质残留，试验菌就会增殖，使 TTC 还原，被检样变成红色。可见，被检样保持鲜乳的颜色，即为阳性；如果变成红色，为阴性。

2. 抑菌圈法

将指示菌接种到琼脂培养基上，然后将浸过被检乳样的纸片放入培养基中，进行培养。如果被检乳样中有抗生物质残留，其会向纸片的四周扩散，阻止指示菌的生长，在纸片的周围形成透明的抑菌圈带，根据抑菌圈直径的大小，判断抗生物质的残留量。

（六）掺假检验

1. 牛乳中掺水的检验

正常牛乳的相对密度为 1.028 ~ 1.032（20℃/4℃），牛乳掺水后相对密度下降，每加 10% 的水可使相对密度降低 0.003。取牛乳 200mL，沿量桶内壁倒入量桶，把牛乳比重计放入，静置 2 ~ 3min，读取密度值，低于 1.028 者为掺水乳。

2. 牛乳中掺米汤的检验

米汤中含有淀粉，淀粉遇碘显蓝色。取被检牛乳 5mL 于试管中，稍煮沸，加入数滴碘液，如有米汤掺入，则发生蓝色或蓝青色反应。

碘液：用少量蒸馏水溶解碘化钾 4g，碘 2g，移入 100mL 容量瓶中，定容。

3. 牛乳中掺蔗糖的检验

利用蔗糖与间苯二酚的呈色反应，取被检牛乳 3mL，加浓盐酸 0.6mL，混匀，加间苯二酚 0.2g，置酒精灯上加热至沸。如溶液呈红色，则表明被检乳中掺有蔗糖。

五、异常乳

（一）异常乳的分类

异常乳与常乳之间有时并无明显区别，各种异常乳中，最主要的为低成分乳、细菌污染乳、酒精阳性乳和混入杂质的乳。

异常乳可分为生理异常乳、成分异常乳和病理异常乳。

- 异常乳
  - 生理异常乳：初乳、末乳
  - 成分异常乳
    - 酒精阳性乳——冻结乳、低酸度酒精阳性乳
    - 高酸度乳
    - 低成分乳
    - 混入杂质和风味异常乳
    - 掺杂掺假乳
  - 病理异常乳：乳房炎乳和其他致病性细菌污染乳

（二）异常乳产生的主要原因和性质

1. 低成分乳

由于遗传和饲养管理等因素的影响，使乳的成分发生异常变化而产生干物质含量过低的乳。如由于牛的品种、个体原因而造成的乳成分不同，属于遗传因素的影响，这可以通过加强育种改良解决。

饲养管理等环境因素对乳的成分具有重要的影响。以含脂率来说，一般是冬季高，夏季低。如限制粗饲料，过量给予浓厚饲料，会使含脂率降低。长期营养不良，不仅产乳量下降，而且无脂干物质和蛋白质含量也会减少。甚至连受饲料影响较少的乳糖和无机盐类，如果长期热量供给不足也会下降，并影响盐类平衡。最近试验证明，镁的含量不足，有造成原料乳对酒精试验不稳定的情况发生。如对乳牛施行合理的饲养管理，再在清洁卫生条件下挤乳和合理保存，可以获得成分含量高的优质原料乳。

2. 细菌污染乳

细菌污染乳是指原料乳被微生物严重污染产生异常变化，以致不能用作生产原料的乳。

（1）细菌污染乳的性状　原料乳被大量细菌污染后就发生种种异常情况，也就是成分异常乳。鲜乳在20~30℃长时间保存时，首先由乳酸菌产酸凝固，接着由大肠杆菌产生气体，最后由芽孢杆菌产生胨化和碱化，并产生异味。

（2）细菌污染乳的情况及预防措施　我国有些地区原料乳的细菌污染很严重，即使北方地区，在夏季也会有大量的细菌污染乳。主要原因是对原料乳卫生重视不够，牛体卫生管理差，挤乳卫生不严格，不及时冷却以及器具洗涤不彻底。原料乳冷却后忽视了嗜冷菌对其的污染，也是产生细菌污染乳的原因。

乳从挤奶到运往工厂加工，要经过许多过程，乳又是微生物的天然培养基。因此，必须注意防止挤乳前后的污染，减少或消除各种污染的机会，防止细菌污染乳的产生。

3. 酒精阳性乳

乳品厂检验原料乳时，一般用68%、70%或72%的中性酒精与等体积乳相混合。混合后出现凝块的称为酒精阳性乳，高酸度乳、乳房炎乳、冻结乳，酒精试验都呈阳性，为酒精阳性乳。还有一种低酸度酒精阳性乳，这种乳的酸度并不高（16°T以下），但酒精试验也呈阳性。

（1）低酸度酒精阳性乳产生的原因

①环境的影响。除遗传因素外，还有饲养管理、产乳期和季节等的因素，难以明确说明。一般来说，春季发生较多，到采食青草时自然消失。开始舍饲的初冬（此时气温变化剧烈），或者在夏季盛暑期都易发生。年龄在6岁以上的奶牛产低酸度酒精阳性乳者居多数；卫生管理越差发生的情况越多。因此，采用日光浴、放牧、改进换气设施等使环境条件得以改善具有一定的效果。

②饲养管理的影响。由于喂给腐败饲料或者喂量不足，长期喂给单一饲料和过量喂给食盐而发生低酸度酒精阳性乳的情况很多。挤奶过度而热量供给不足时，容易发生耐热性低酸度酒精阳性乳的产生。产乳旺盛时，单靠供给饲料不够维持奶牛所需营养，所以分娩前必须给予充分的营养。因饲料骤变或维生素不足而引起低酸度酒精阳性乳产生时，可喂根菜类加以改善。

③生理机能的影响。乳腺的发育、乳汁的生成是受各种内分泌机能所支配。内分泌中特别是发情激素、甲状腺素、副肾皮质激素等与阳性乳的产生有密切关系。而这些情况一般与肝脏机能障碍、乳房炎、软骨症、酮体过剩等并发。

（2）低酸度酒精阳性乳的性状　正常乳和低酸度阳性乳之间在成分方面的差别为：低酸度阳性乳在酸度、蛋白质（酪蛋白）、乳糖、无机磷酸盐、透析性磷酸盐等的数量方面较正常乳低；在乳清蛋白、钠、氮、钙离子、胶体磷酸钙等方面较正常乳高。另外分泌阳性乳的牛外观并无异样，但其血液中钙、无机磷和钾的含量降低，有机磷和钠含量增加，血液和乳汁中，镁的含量都低。总的看来，盐类含量不正常及其与蛋白质之间的平衡不均匀时，容易产生低酸度酒精阳性乳。

项目实施

原料乳的检验

一、工作场景

某乳品加工厂的化验室，正在开展原料乳的验收工作。该化验室设主任一名，现场检验组、掺假检验组、理化检验组和微生物检验组共4组，每组设一名组长，组员若干，共同完成原料乳的日常检验的工作。

二、工作安排

姓名	组号	工作分工	完成时间
		化验室主任	
	现场检验组	组长	
		组员，负责感官检验	
		组员，负责酒精阳性乳检验	
		组员，负责热稳定性检验	
	掺假检验组	组长	
		组员，负责掺水检验	
		组员，负责掺米汤检验	
		组员，负责掺糖检验	
	理化检验组	组长	
		组员，负责相对密度检测	
		组员，负责酸度检测	
		组员，负责脂肪检测	
		组员，负责非脂乳固体检测	
		组员，负责蛋白质检测	
		组员，负责杂质度检测	
		组员，负责 120 仪器检测	
	微生物检验组	组长	
		组员，负责菌落总数检测	

三、工作所需原料、仪器、药品等

各组组长根据每组的不同工作内容，安排组员自行准备，并填写准备清单。

组别	姓名	工作分工	准备内容

四、填写检验报告单

各组组长根据每组的不同工作内容，安排组员自行设计检验报告单，并进行填写。

五、出具原料乳验收报告

化验室主任设计原料乳验收报告，并将各组提交的检验报告单进行汇总，提交最终的原料乳验收报告。

六、评价与反馈

1. 各组将自行设计并填写的检验报告单与工厂实际使用的报告单进行比较、讨论并改进。

2. 各组进行评价（自评、互评），并填写评价表。

（1）学完本工作任务后，自己都掌握了哪些技能。

自我评价　　年　月　日

（2）请认真填写工作页，并将填写情况提交小组进行评价。

小组意见　　年　月　日

（3）学完本工作任务后，请你参阅有关资料，回答下面问题。整个操作过程中应注意的问题：

①

②

③

④

教师评价　　年　月　日

课后思考

1. 什么情况下应进行型式检验？
2. 为什么用药期和停药后三天内的原料乳不能收购？
3. 原料乳细菌指标检测的常用方法有哪些？
4. 酒精试验的目的和意义？
5. 体细胞检测的意义？

拓展学习

试剂盒检验黄曲霉毒素

黄曲霉毒素是一类真菌毒素，至今已发现 B_1、B_2、G_1、G_2、M_1、M_2、P_1、

Q_1、H_1、GM、B_{2a}、G_{2a}及毒醇等20余种结构类似物，其中黄曲霉毒素B_1（AFB_1）的致癌性、毒性最强，其主要结构是二呋喃环和氧杂萘邻酮，难溶于水、乙醚、石油醚等，易溶于甲醇、氯仿等有机溶剂。黄曲霉毒素在碱性条件下不稳定，且低浓度在紫外线照射下易分解。

目前检测黄曲霉毒素的方法有TLC、HPLC、ELISA等，TLC法检测灵敏度较低；HPLC法检测前须将食品进行彻底净化，操作繁琐，仪器昂贵；ELISA法材料预处理阶段过于繁杂，不适于现场快速检测。由于以上原因我们选用了胶体金免疫层析法，该方法结合了色谱层析技术和胶体金免疫技术的固相膜免疫分析方法，具有快速、灵敏、易操作、无需特殊仪器，可现场检测等特点。

试剂盒测定黄曲霉毒素主要是将样品加入处理液（甲醇－Tween－磷酸缓冲溶液）中混匀，利用Tween 20非离子型表面活性剂的乳化特性，形成稳定的水包油型乳化体系；再利用黄曲霉毒素易溶于甲醇的特性，加入一定比例的甲醇溶液使黄曲霉毒素游离于水相中；取1滴上述混合物滴加在样品垫上，经过10 min即可得到结果。

实训项目一　原料乳的新鲜度检验

一、实训目的

鲜乳挤出后若不及时进行冷却，污染的微生物就会迅速繁殖，使乳中细菌数增多，酸度增加，风味恶化，新鲜度下降，影响乳的品质和加工利用。通过实验，要求掌握对原料乳进行新鲜度现场快速检验的方法。

二、检验内容与方法

乳新鲜度检验的方法很多，目前在生产上应用较多的是在感官检验的基础上，再配合采用酒精试验、煮沸试验、刃天青试验和测定酸度等方法。

（一）乳的感官检查

正常牛乳呈白色或稍带黄色，有特殊的乳香味、无异味，组织状态均匀一致，无凝块和沉淀，不黏滑。评定方法如下：

（1）色泽和组织状态检查　将少许乳倒入培养皿中观察颜色，静置30min后将乳小心倒掉，观察有无沉淀和絮状物。用手指沾乳汁，检查有无黏稠感；

（2）气味的检查　将少许乳倒入试管中加热后，嗅其气味；

（3）滋味的检查　品尝加热后乳的滋味。

根据各项感官鉴定结果，判断乳样是正常乳还是异常乳。

（二）酒精试验

1. 原理

新鲜乳中的酪蛋白微粒，其表面带有相同的电荷（为负电荷）并具有水合作用，故以稳定的胶粒悬浮状态分散于乳中，要想使其从乳中沉淀出来，需有两个条件：一是除去胶粒所带的电荷，二是破坏胶粒周围的结合水层。当乳的新鲜度下降、酸度增高时，酪蛋白所带的电荷就会发生变化；当 pH 达 4.6 时（即酪蛋白的等电点），酪蛋白胶粒便形成数量相等的正负电荷，失去排斥力量，胶粒极易聚合成大胶粒而沉淀出来。此外，加入强亲水物质如酒精、丙酮等，能夺取酪蛋白胶粒表面的结合水层，也易使胶粒沉淀出来。酒精试验就是借助于不同酸度的乳加入酒精后，酪蛋白凝结的情况不同，从而判断乳的新鲜程度。在酒精试验时，乳的酸度越高，酒精浓度越大，乳的凝絮现象就越易发生。

2. 仪器及试剂

20mL 试管 2 支，2mL 刻度吸管 3 支，200mL 烧杯 2 只，68% 中性酒精溶液，不同新鲜度的牛乳样 2~3 个。

3. 操作方法

取乳样 2mL 于清洁试管中，加入等量的 68°酒精溶液，迅速轻轻摇动使其充分混合，观察有无白色絮片生成。如无絮片，则表明新鲜乳，其酸度不高于 20°T，称为酒精阴性乳；出现絮片的乳，为酸度较高的不新鲜乳，称为酒精阳性乳。根据产生絮片的特征，可大致判断乳的酸度。不同酸度的牛乳被 68°酒精凝结的特征见表 2－7。

表 2－7　　牛乳酒精凝结特征

牛乳酸度/°T	凝结特征	牛乳酸度/°T	凝结特征
18~20	不出现絮片	25~26	中型的絮片
21~22	很细小的絮片	27~28	大型的絮片
23~24	细小的絮片	29~30	很大的絮片

另外，也可用不同浓度的酒精来判断乳的酸度，见表 2－8。

表 2－8　　乳酸度

酒精浓度	界限酸度（不产生絮片的酸度）
68%	20°T 以下
70%	19°T 以下
72%	18°T 以下

4. 注意事项

（1）非脂乳固体较高的水牛乳、牦牛乳和羊乳，酒精试验呈阳性反应，但热稳定性不一定差，乳不一定不新鲜。因此对这些乳进行酒精试验时，应选用低于 68°的酒精溶液。由于地区不同，尚无统一标准。

（2）牛乳冰冻也会形成酒精阳性乳，但这种乳热稳定性较高，可作为乳制品原料。

（3）酒精要纯，pH必须调到中性，使用时间超过5～10d时必须重新进行调节。

（三）煮沸试验

1. 原理

牛乳的新鲜度越差，酸度越高，热稳定性越差，加热时越易发生凝固。一般不常用此法，仅在生产前乳酸度较高时，作为补充试验用，以确定乳能否使用，以免杀菌时凝固。

2. 仪器及试剂

20mL试管3支，5mL刻度吸管3支，酒精灯1只，共用水浴锅1台，不同新鲜度的牛乳样2～3个。

3. 操作方法

取5mL乳样于清洁试管中，在酒精灯上加热煮沸1min，或在沸水浴中保持5min，然后进行观察。如果产生絮片或发生凝固，则表示乳已经不新鲜，酸度在20°T以上或混有初乳。牛乳的酸度与凝固温度的关系见表2－9。

表2－9　牛乳的酸度与凝固温度的关系

酸度/°T	凝固的条件	酸度/°T	凝固的条件
18	煮沸时不凝固	40	加热至65℃时凝固
22	煮沸时不凝固	50	加热至40℃时凝固
26	煮沸时能凝固	60	22℃时自行凝固
30	加热至77℃时凝固	65	16℃时自行凝固

（四）刃天青（利色唑林）试验

1. 原理

刃天青为氧化还原反应的指示剂，加入到正常乳中时呈青蓝色。如果乳中有细菌活动能使刃天青还原，发生如下色变：青蓝色→紫色→红色→白色。故可根据变色程度所需时间，推断乳中细菌数，进而判定乳的质量。

2. 仪器及试剂

（1）仪器　20mL灭菌有塞刻度试管2支，1mL及10mL灭菌吸管各1支，公用恒温水浴锅1台（调到37℃），100℃温度计1支。

（2）刃天青基础液　取100mL分析纯刃天青于烧杯中，用少量煮沸过的蒸馏水溶解后移入200mL容量瓶中，加水至标线，贮于冰箱中备用。此液含刃天青0.05%。

（3）刃天青工作液　以1份基础液加10份经煮沸后的蒸馏水混合均匀即可，贮于茶色瓶中避光保存。

乳样：不同新鲜度的乳样2～3个。

3. 操作方法

（1）吸取10mL乳样于刻度试管中，加刃天青工作液1mL，混匀，用灭菌胶塞塞好，但不要塞严。

（2）将试管置于（37±0.5）℃的恒温水浴锅中水浴加热。当试管内混合物加热到37℃时（用只加乳的对照试管测温），将管口塞紧，开始计时，慢慢转动试管（不振荡），使其受热均匀，于20min时第一次观察试管内容物的颜色变化，记录；水浴到60min时进行第二次观察，记录结果。

（3）根据两次观察结果，按表2－10项目判定乳的等级质量。

表2－10　乳的等级

级别	乳的质量	乳的颜色		60min每1mL乳中的细菌数/cfu
		经过20min	经过60min	
1	良好	—	青蓝色	100万以下
2	合格	青蓝色	蓝紫色	100万～200万
3	不好	蓝紫色	粉红色	200万以上
4	很坏	白色	—	—

（五）酸度的测定

1. 原理

新鲜牛乳的酸度一般为16～18°T。在牛乳存放过程中，由于微生物水解乳糖产生乳酸，使乳的酸度升高，所以测定乳的酸度是判定乳新鲜度的重要指标。牛乳的酸度通常以滴定酸度（°T）表示。

2. 仪器及试剂

（1）仪器　25mL或50mL碱式滴定管1支，1mL及10mL吸管1支，20mL量筒1只，150mL三角瓶3只。

（2）试剂　0.1mol/L NaOH溶液，0.5%酚酞指示剂。

（3）乳样　不同新鲜度的乳样2～3个。

3. 操作方法

用吸管量取10mL经混匀的乳样，放入三角瓶中，加入20mL蒸馏水和0.5mL（或10滴）酚酞指示剂。将混合物摇匀后，以0.1mol/L NaOH滴定，边滴边摇，直至出现微红色，且在1min内不消失。记录用去的0.1mol/L NaOH溶液的体积，则可按下式计算：

滴定酸度（°T）＝用去碱液的体积（mL）×碱液的实际浓度（mol/L）×100

4. 注意事项

（1）所用0.1mol/L NaOH，应经精密标定后使用，其中不应含有Na_2CO_3，故所用蒸馏水应先经煮沸冷却，以驱除水中溶解的CO_2。

（2）温度对乳的pH有影响，因乳中具有微酸性物质，离解程度与温度有关，温度低时滴定酸度偏低，故以（20±5）℃下滴定为宜。

（3）滴定速度越慢，则消耗碱液越多，误差大，最好在30s内完成滴定。

实训项目二　原料乳的掺假检验

一、实训目的

掺假有碍乳的卫生，会降低乳的营养价值，有时还会影响乳的加工及乳制品的质量。生产单位和卫生检验部门应对原料乳的质量进行严格把关，在收乳时或进行乳品加工前，对原料乳进行掺假检验。

二、检验内容与方法

首先对乳进行感官检验，观察乳的色泽、稀稠，鼻闻有无不正常的气味，如酸味、腥味、闷煮味等；口尝有无异味，如咸味、苦涩味等；再根据不同情况，采用不同的检验方法。常见的掺假有掺水、掺碱、掺淀粉、掺盐等几种，其检验方法如下。

（一）掺水的检验

1. 原理

对于感官检查发现乳汁稀薄、色泽发灰（即色淡）的乳，有必要做掺水检验。目前常用的是测定其相对密度。牛乳的相对密度≥1.027，与乳的非脂固体物的含量百分数成正比。当乳中掺水后，乳中非脂固体含量百分数降低，相对密度也随之变小。当被检乳的相对密度<1.027时，便有掺水的嫌疑，并可用相对密度的数值计算掺水百分数。

2. 仪器、试样

本实验用密度计、200～250mL量筒1只、温度计1只、200mL烧杯2只，掺水与未掺水乳样各1～2个。

3. 测定方法

（1）取混匀并调节温度为10～25℃的试样，小心倒入玻璃圆筒内，勿使其产生泡沫并测量试样温度。小心将密度计放入试样中到相当刻度30°处，然后让其自然浮动，但不能与筒内壁接触。静置2～3min，两眼与密度计同乳面接触处成水平位置进行读数，读出弯月面上缘处的数字。

（2）用温度计测定乳的温度。

（3）计算乳样的相对密度：乳的相对密度是指20℃时乳与同体积4℃水的质量之比，所以，如果乳温不是20℃时，需要查表进行校正。

（4）测出被检乳的相对密度后，可按以下公式求出掺水百分数：

$$\text{掺水量}（\%）=\frac{\text{正常乳密度计读数}-\text{被检乳密度计读数}}{\text{正常乳密度计读数}}\times100\%$$

例如：某地区规定正常牛乳的相对密度为1.027，被检乳相对密度测定值为1.025，则：

$$掺水量（\%）=\frac{27-25}{27}\times100\%=7.4\%$$

（二）掺碱（碳酸钠）的检查

1. 原理

鲜乳保藏不好时酸度往往升高，加热煮沸时会发生凝固。为了避免被检出高酸度乳，有时向乳中加碱。感官色泽发黄，有碱味，口尝有苦涩味的乳应进行掺碱检验。常用玫瑰红酸的pH范围为6.9~8.0，遇到加碱而呈碱性的乳，其颜色由肉桂黄色（也称棕黄色）变为玫瑰红色。

2. 仪器及试剂

200mL试管2只，0.05%的玫瑰红酸酒精液（溶解0.05g玫瑰红酸于100mL 95%酒精中）。

3. 操作方法

于5mL乳样中加入5mL玫瑰红酸液，摇匀，乳呈肉桂黄色为正常，呈玫瑰红色为加碱。加碱越多，玫瑰红色越鲜艳，应以正常乳作对照。

（三）掺淀粉的检验

1. 原理

掺水的乳乳汁变得稀薄，相对密度降低。向乳中掺淀粉可使乳变稠，相对密度接近正常。对有沉渣物的乳，应进行掺淀粉检验。

2. 仪器及试剂

20mL试管2只，5mL吸管1只。碘溶液：取碘化钾4g溶于少量蒸馏水中，然后用此溶解结晶碘2g，待结晶碘完全溶解后，移入100mL容量瓶中，加水至刻度即可。掺淀粉乳样和正常乳样各1~2个。

3. 操作方法

取乳样5mL注入试管中，加入碘溶液2~3滴。乳中有淀粉时，即出现蓝色、紫色或暗红色沉淀物。

（四）掺盐的检验

1. 原理

向乳中掺盐可以提高乳的相对密度。品尝有咸味的乳有掺盐的可能，须进行掺盐检验。

2. 仪器及试剂

20mL试管2支，1mL吸管1支，5mL吸管1支。0.01mol/L硝酸银溶液；10%铬酸钾水溶液。掺盐乳样和正常乳样各1~2个。

3. 操作方法

取乳样1mL于试管中，滴入10%铬酸钾2~3滴后，再加入0.1mol/L的硝酸银5mL（羊乳需7mL）摇匀，观察溶液颜色。溶液呈黄色者表明掺有食盐，呈棕红色者表明未掺食盐。

（五）掺硝酸盐的检验

当将含有硝酸盐的水及食盐掺入乳中时，有可能引起食物中毒，故必要时需对乳作硝酸盐检验。

1. 原理

在柠檬酸溶液中，NO_3^-能被Zn还原为NO_2^-，NO_2^-与对氨基苯磺酸及盐酸萘乙胺作用生成红色偶氮化合物。

2. 仪器及试剂

20mL试管2只，2mL吸管2只。$BaSO_4$ 100g（110℃烘干1h），柠檬酸75g，$MnSO_4 \cdot H_2O$ 10g，对氨基苯磺酸4g，盐酸萘乙二胺2g。将少量研细的Zn粉与$BaSO_4$混合，再与柠檬酸（75g）、$MnSO_4 \cdot H_2O$（10g）、对氨基苯磺酸（4g）、盐酸萘乙二胺（2g）混合为固体试剂，保存于棕色瓶中备用（密封保持干燥）。掺硝酸盐乳样及正常乳样各1~2个。

3. 操作方法

在2mL乳中加上述固体试剂0.3g，在硝酸盐存在时，振荡1min后显红色。

（六）掺亚硝酸盐的检验

常会发生将亚硝酸盐误当NaCl或Na_2CO_3掺入乳中而引起中毒的事故。

1. 仪器

200mL试管2支，2mL吸管2支，乳钵1个。

2. 试剂

对氨基苯磺酸10g，萘胺1g，酒石酸89g，三种试剂分别称好后于乳钵中研碎，在棕色瓶中干燥保存备用。

掺亚硝酸盐乳样及正常乳样各1~2个。

3. 操作方法

取乳样2mL，加固体试剂0.2g混合，有NO_2^-存在时显桃红色。

（七）掺碳酸钠的检验

1. 材料

牛乳。

2. 设备仪器

电炉。

3. 试剂及药品

吸管，三角瓶，试管架，试管，溴麝香草酚蓝酒精溶液。

4. 操作方法

取适量乳于试管中，加5滴溴麝香草酚蓝酒精溶液，不混合；观察出现的色环，根据标准来判定，以常乳作对照，见表2-11。

表 2-11 乳中掺碳酸钠量与色环的颜色变化

乳中碳酸钠的浓度/%	色环的颜色特征	乳中碳酸钠的浓度/%	色环的颜色特征
0	黄色	0.1	青绿色
0.03	黄绿色	0.7	淡青色
0.04	淡绿色	1	青色
0.05	绿色	1.5	深青色
0.04	深绿色		

（八）糖的检出

1. 仪器与药品

吸管，量筒，烧杯，试管，三角瓶，漏斗，滤纸，电炉，间苯二酚。

2. 操作方法

取适量乳于烧杯中，加浓盐酸 2mL，混匀，乳凝固后过滤；吸 15mL 滤液于试管中，加入 0.1g 间苯二酚，混匀，溶解后置沸水中数分钟。出现红色的为疑似掺糖者。

（九）豆浆的检出

1. 仪器与药品

5mL 吸管 2 支，大试管 2 支，28% 的氢氧化钠溶液，乙醇乙醚等量混合液。

2. 操作方法

取乳样于试管中，加入等量乙醇乙醚，再加入氢氧化钠溶液 2mL，置于试管架；5～10min 内观察颜色变化，呈黄色则表明有豆浆存在。

（十）淀粉的检出

1. 仪器与药品

5mL 吸管 2 支，大试管 2 支，碘溶液。

2. 操作方法

取适量乳样于试管中，加碘液 2～3 滴，有淀粉存在，出现蓝色沉淀。

三、思考题

（1）为什么要进行掺假乳的检测？

（2）掌握各种掺假乳的检测方法。

实训项目三　原料乳的微生物检验

一、实训目的

（1）熟悉高压灭菌锅的使用；

（2）熟悉无菌操作台的使用；

（3）掌握原料乳菌落总数的测定方法。

二、用具与仪器准备

1. 原料

牛乳。

2. 仪器设备

培养箱，高压灭菌锅，无菌操作台，吸管，平皿，试管，三角瓶，培养基。

三、实训步骤与方法

（一）平皿计数法

1. 培养基制备

酵母浸膏2.5g、胰蛋白胨5.0g、葡萄糖1.0g、脱脂乳粉1.0g、琼脂10～15g、蒸馏水1000mL，121℃灭菌15min。

2. 样品处理

取10mL乳注入90mL无菌生理盐水，制成1∶10稀释液；再吸取1∶10稀释液1mL，注入9mL生理盐水，制成1∶100稀释液；再取1∶100稀释液1mL加9mL生理盐水，制成1∶1000稀释液。

3. 倒皿

取合适的两个稀释度，每个稀释度做两个平皿，每个平皿中取1mL样液，倒入15mL培养基，混匀。

4. 培养

将平皿置于30℃恒温培养箱中培养24～48h。

5. 计数

取出培养皿，数菌落，根据标准报告菌落数，培养结束后必须在4h内计数，一般只有菌落数在30～500的平板可作为菌落总数测定标准，若有两个或两个以上稀释度，其菌落数均在30～500，则应选择每1mL细菌数值较大的一个。每1mL细菌总数的报告，以平皿的菌数乘以稀释度的倒数表示。

（二）甲烯蓝法

1. 原理

乳中含有各种不同的酶，其中还原酶是细菌生命活动的产物。乳的细菌污染越严重，则还原酶的数量越多。还原酶具有还原作用，可使蓝色的甲烯蓝还原成无色的甲烯蓝。还原酶越多则褪色越快，表明细菌污染度越大。

2. 操作方法

（1）仪器消毒　试验中所用的吸管、试管必须事先经过干热灭菌。

（2）无菌操作吸取10mL乳样于试管中，再加入甲烯蓝1mL，塞上棉塞，摇匀，然后放在35～40℃的水中或恒温箱中。记录开始保温的时间。

（3）每隔10～15min观察试管中内容物褪色的情况。

（4）根据试管内容物褪色的速度，确定乳中细菌数及细菌污染度的等级。判定标准见表2－12。

表2－12 原料乳的细菌指标

分级	平皿细菌总数分级指标法/（万/mL）	美蓝褪色时间分级指标法
Ⅰ	≤50	≥4h
Ⅱ	≤100	≥2.5h
Ⅲ	≤200	≥1.5h
Ⅳ	≤400	≥40min

四、思考题

（1）如何对样品进行处理？掌握倒皿的方法。

（2）怎样测定微生物总数？

（3）掌握正确的读数方法。

实训项目四 原料乳三聚氰胺的检测

一、实训目的

（1）了解原料乳中三聚氰胺的用途及危害；

（2）熟悉原料乳中三聚氰胺的测定原理；

（3）掌握原料乳中三聚氰胺的高效液相色谱方法。

二、用具与仪器准备

1. 原料

牛乳。

2. 试剂

乙腈（CH_3CN）：色谱纯。

磷酸（H_3PO_4）。

磷酸二氢钾（KH_2PO_4）。

三聚氰胺标准物质（$C_3H_6N_6$）：纯度大于或等于99%。

3. 材料及仪器设备

容量瓶、烧杯、玻璃棒、水相滤膜（0.45μm）、针式有机滤膜（0.45μm）、一次性注射器、具塞刻度试管、溶剂过滤器。

液相色谱仪（配有紫外检测器或二极管阵列检测器）、分析天平（感量0.0001g和0.01g）、pH计（测量精度±0.02）。

三、原理

用乙腈作为原料乳中的蛋白质沉淀剂和三聚氰胺提取剂，强阳离子交换色谱柱分离，高效液相色谱－紫外检测器或二极管阵列检测器检测，外标法定量。

四、实训步骤与方法

1. 0.05mol/L磷酸盐缓冲液的配制

称取6.8g（准确至0.01g）磷酸二氢钾，加水800mL完全溶解后，用磷酸调节pH至3.0，用水稀释至1L，用水相滤膜过滤后备用。

2. 三聚氰胺标准溶液的配制

（1）1mg/mL三聚氰胺标准贮备液的配制　称取100mg（准确至0.1mg）三聚氰胺标准物质，用水完全溶解后，100mL容量瓶中定容至刻度，混匀，4℃条件下避光保存，有效期为1个月。

（2）三聚氰胺系列标准液的配制　分别取三聚氰胺标准液0.05mL、0.1mL、0.5mL、1.0mL、2.0mL、3.0mL、4.0mL于100mL容量瓶中，用水稀释至刻度，混匀，得到浓度为0.5μg/mL、1μg/mL、5μg/mL、10μg/mL、20μg/mL、30μg/mL、40μg/mL标准溶液，用一次性注射器吸取上清液用针式过滤器过滤后，作为高效液相色谱分析用标准液。

3. 试样的制备

称取混合均匀的原料乳样品15g（准确至0.01g），置于50mL具塞刻度试管中，加入30mL乙腈，剧烈振荡6min，加水定容至满刻度，充分混匀后静置3min，用一次性注射器吸取上清液用针式过滤器过滤后，作为高效液相色谱分析用试样。

4. 高效液相色谱测定

（1）色谱条件

色谱柱：强阳离子交换色谱柱，SCX，250mm×4.6mm（内径），5μm，或性能相当者。

流动相：磷酸盐缓冲溶液－乙腈（70:30，体积比），混匀。

流速：1.5mL/min。

柱温：柱温。

检测波长：240nm。

进样量：20μL。

（2）液相色谱分析测定

仪器准备：开机，用流动相平衡色谱柱，待基线稳定后开始进样。

定性分析：依据保留时间一致性进行定性识别的方法。根据三聚氰胺标准物质的保留时间，确定样品中三聚氰胺的色谱峰。

定量分析：校准方法为外标法。

校准曲线制作：取20μL不同浓度的标准液分别进样，以标准工作溶液浓度为横坐标，以峰面积为纵坐标，绘制标准曲线。

试样测定：取20μL待测试样进样，获得目标峰面积。根据校准曲线计算被测试样中三聚氰胺是含量（mg/kg）（注意：试样中待测三聚氰胺的响应值应在方法线性范围内）。

5. 结果计算

计算公式

$$X = c \times \frac{V}{m} \times \frac{1000}{1000}$$

式中　X——原料乳中三聚氰胺的含量，mg/kg；

c——从校准曲线得到的三聚氰胺溶液的浓度，μg/mL；

V——试样定容体积，mL；

m——样品称量质量，g。

6. 平行试验

按以上步骤，对同一样品进行平行试验测定。

7. 空白试验

除不称取样品外，均按上述步骤同时完成空白试验。

8. 精密度

在重复条件下获得的两次独立测定结果的绝对差值不得超过算术平均值的10%。

五、思考题

如何根据TTC试验定性判断鲜乳中抗生素残留？

实训项目五　原料乳中抗生素的检测

一、实训目的

（1）了解原料乳中抗生素的来源及种类；

（2）熟悉原料乳中抗生素的测定原理；

（3）掌握原料乳中抗生素的测定方法。

二、用具与仪器准备

1. 原料

牛乳。

2. 仪器设备

冰箱：2～5℃、－20～－5℃；

恒温培养箱：36℃±1℃、56℃±1℃；

带盖恒温水浴锅：36℃±1℃、65℃±1℃、80℃±2℃；

天平：感量0.1g、0.001g；

无菌吸管：1mL（具0.01mL刻度），10.0mL（具0.1mL刻度）或微量移液器及吸头；

无菌试管：18mm×180mm、15mm×100mm；

温度计：0～100℃；

漩涡混匀器；

容量瓶；

离心机：转速5000r/min；

高压灭菌锅。

3. 菌种、培养基和试剂

（1）菌种　嗜热链球菌、嗜热脂肪芽孢杆菌卡利德变种。

（2）试剂　灭菌脱脂乳、2.4% 2，3，5－氯化三苯基四氮唑（TTC）、磷酸二氢钠、磷酸二氢钾、青霉素G钾盐、蛋白胨、葡萄糖、琼脂溴甲酚紫、乙醇。

三、原理

本实训主要检测鲜乳中能抑制嗜热链球菌的抗生素和能抑制嗜热脂肪芽孢杆菌卡利德变种的抗生素。

（1）嗜热链球菌抑制法：样品经过80℃杀菌后，添加嗜热链球菌菌液。培养一段时间后，嗜热链球菌开始增殖。这时候加入代谢底物2，3，5－氯化三苯四氮唑（TTC），若该样品中不含有抗生素或抗生素的浓度低于检测限，嗜热链球菌将继续增殖，还原TTC成为红色物质。相反，如果样品中含有高于检测限的抑菌剂，则嗜热链球菌受到抑制，因此指示剂TTC不还原，保持原色。

（2）培养基预先混合嗜热脂肪芽孢杆菌芽孢，并含有pH指示剂（溴甲酚紫）。加入样品并孵育后，若该样品中不含有抗生素或抗生素的浓度低于检测限，细菌芽孢将在培养基中生长并利用糖产酸，pH指示剂的紫色变为黄色。相反，如果样品中含有高于检测限的抗生素，则细菌芽孢不会生长，pH指示剂的颜色保持不变，仍为紫色。

四、实训步骤与方法

（一）试剂的配制

1. 灭菌脱脂乳

无抗生素的脱脂乳，经115℃灭菌20min。也可采用无抗生素的脱脂牛乳粉，以蒸馏水10倍稀释，加热至完全溶解，115℃灭菌20min。

2. 4% 2，3，5－氯化三苯基四氮唑（TTC）水溶液

称取1g TTC溶于5mL灭菌蒸馏水中，装褐色瓶内于2～5℃保存。如果溶液变为半透明的白色或淡褐色，则不能再用。临用时用灭菌蒸馏水5倍稀释，成为4%水溶液。

3. 无菌磷酸盐缓冲液

准确称取2.83g磷酸二氢钠和1.36g磷酸二氢钾混合定容至1000mL，调节pH至7.3±0.1，121℃高压灭菌20min。

4. 青霉素G参照溶液

精密称取青霉素G钾盐标准品30mg，溶于无菌磷酸盐缓冲液中，使其成为浓度为100～1000IU/mL。再将该溶液用灭菌的无抗生素的脱脂乳稀释至0.006IU/mL，分装于无菌小试管中，密封备用。－20℃保存不超过6个月。

5. 溴甲酚紫葡萄糖蛋白胨培养基

准备称取10.0g蛋白胨、5.0g葡萄糖、4.0g琼脂加入1000mL蒸馏水，加热搅拌至完全溶解，调节pH至7.1±0.1，然后再加入溴甲酚紫乙醇溶液0.6mL，混匀后，115℃高压灭菌30min。

（二）嗜热链球菌抑制法

1. 活化菌种

取一接种环嗜热链球菌菌种，接种在9mL灭菌脱脂乳中，置36℃±1℃恒温培养箱中培养12～15h后，置2～5℃冰箱保存备用。每15d转种一次。

2. 测试菌液

将经过活化的嗜热链球菌菌种接种灭菌脱脂乳，36℃±1℃培养15h±1h，加入相同体积的灭菌脱脂乳混匀稀释成为测试菌液。

3. 培养

取样品9mL，置18mm×180mm试管内，每份样品另外做一份平行样。同时再做阴性和阳性对照各一份，阳性对照管用9mL青霉素G参照溶液，阴性对照管用9mL灭菌脱脂乳。所有试管置80℃±2℃水浴加热5min，冷却至37℃以下，加入测试菌液1mL，轻轻旋转试管混匀。36℃±1℃水浴培养2h，加4% TTC水溶液0.3mL，在漩涡混匀器上混合15s或振动试管混匀。36℃±1℃水浴避光培养30min，观察颜色变化。如果颜色没有变化，于水浴中继续避光培养30min做最终观察。观察时要迅速，避免光照过久出现干扰。

4. 判断方法

在白色背景前观察，试管中样品呈乳的原色时，指示乳中抗生素存在，为阳性结果。试管中样品呈红色为阴性结果。如最终观察现象仍为可疑，建议重新检测。

5. 报告

最终观察时，样品变为红色，报告为抗生素残留阴性。样品依然呈乳的原色，报告为抗生素残留阳性。

本方法检测几种常见抗生素的最低检出限为：青霉素 0.004IU，链霉素 0.5IU，庆大霉素 0.4IU，卡那霉素 5IU。

（三）嗜热脂肪芽孢杆菌抑制法

1. 芽孢悬液

将嗜热脂肪芽孢杆菌菌种划线移种于营养琼脂平板表面，56℃ ±1℃培养24h后挑取乳白色半透明圆形特征菌落，在营养琼脂平板上在此划线培养，56℃ ±1℃培养24h后转入36℃ ±1℃培养3～4d，镜检芽孢产率达到95%以上时进行芽孢悬液的制备。每块平板用1～3mL无菌磷酸盐缓冲液洗脱培养基表面的菌苔（如果使用克氏瓶，每瓶使用无菌磷酸盐缓冲液10～20mL）。将洗脱液5000r/min离心15min。取沉淀物加0.03mol/L的无菌磷酸盐缓冲液（pH7.2），制成10^9CFU/mL芽孢悬液，置80℃ ±2℃恒温水浴中10min后，密封防止水分蒸发，置2～5℃保存备用。

2. 测试培养基

在溴甲酚紫葡萄糖蛋白胨培养基中加入适量芽孢悬液，混合均匀，使最终的芽孢浓度为8×10^5～2×10^6 cfu/mL。混合芽孢悬液的溴甲酚紫葡萄糖蛋白胨培养基分装小试管，每管200μL，密封防止水分蒸发。配制好的测试培养基可以在2～5℃保存6个月。

3. 培养操作

吸取样品100μL加入含有芽孢的测试培养基中，轻轻旋转试管混匀。每份检样做两份，另外再做阴性和阳性对照各一份，阳性对照管为100μL青霉素G参照溶液，阴性对照管为100μL无抗生素的脱脂乳。于65℃ ±2℃水浴培养2.5h，观察培养基颜色的变化。如果颜色没有变化，需再于水浴中培养30min作最终观察。

4. 判断方法

在白色背景前从侧面和底部观察小试管内培养基颜色。保持培养基原有的紫色为阳性结果，培养基变成黄色或黄绿色为阴性结果，颜色处于二者之间，为可疑结果。对于可疑结果应继续培养20min再进行最终观察。如果培养基颜色仍然处于黄色－紫色之间，表示抗生素浓度接近方法的最低检出限，此时建议重新检测一次。

5. 报告

最终观察时，培养基依然保持原有的紫色，可以报告为抗生素残留阳性。

培养基变为黄色或黄绿色时，可以报告为抗生素残留阴性。

该方法检测几种常见抗生素的最低的最低检出限为：青霉素 3μg/L，链霉素 50μg/L，庆大霉素 30μg/L，卡那霉素 50μg/L。

五、思考题

（1）原料乳中抗生素对加工制品是否有影响？

（2）原料乳中抗生素阳性与阴性有什么区别？

项目三　液态乳加工技术

学习目标

1. 了解液态乳概念、分类及营养价值
2. 了解各种液态乳生产工艺
3. 了解各种灭菌方法的特点
4. 了解CIP清洗系统
5. 掌握液态乳生产的品质控制点
6. 填写液态乳生产报告

学习任务描述

全脂巴氏杀菌乳的生产。
关键技能点：灭菌、CIP原位清洗。
对应工种：乳品加工工中的灭菌工。
拓展项目：调制乳的生产。

案例分析

最近，北京某牛乳企业在北京家乐福超市做现场调查，随机选取200名顾客填写调查问卷。根据调查问卷统计结果显示，市民在饮用牛乳制品时，存在很大的误区，集中体现在以下几点：

（1）不清楚鲜乳与复原乳的区别；

（2）认为牛乳越香越好；

（3）认为灭菌温度越高越好；

（4）认为全脂乳更好。

问　题

1. 鲜乳与复原乳各指什么？二者有何区别？
2. 能否以香气来判断超市中出售的牛乳的好坏？
3. 不同的灭菌温度对牛乳有什么影响，市场上常见的液态乳从灭菌方式上可分为哪几类？
4. 脱脂牛乳对人体有哪些好处？

任务一　液态乳的概念、分类及营养价值

液态乳按杀菌方式主要分为巴氏杀菌乳和灭菌乳两种。按产品成分分为鲜牛乳、复原乳、低脂和脱脂乳、调制乳等。

（一）巴氏杀菌乳

GB 19645—2010 规定，巴氏杀菌乳是指仅以生牛（羊）乳为原料，经巴氏杀菌等工序制得的液体产品。其热处理强度主要会杀灭乳中的致病菌及部分其他微生物，但不足以杀死乳中的耐热芽孢，因而产品保质期短，需冷藏。

1. 生产原料与产品标识

按照国标规定，巴氏杀菌乳全部使用生牛（羊）乳作为原料，不添加乳粉等复原乳，其产品品质高，属于“鲜”乳的一种。因此，巴氏杀菌乳的产品在其产品包装主要展示面紧邻产品名称的位置标识有“鲜牛（羊）奶”或“鲜牛（羊）乳”字样，从而与复原乳及灭菌乳区别开来。

2. 巴氏杀菌加工工艺

（1）低温长时杀菌（LTLT）　低温长时杀菌是牛乳加热到 62～65℃，保持 30min，因其加热时间较长，而且不能连续生产，故生产效率低，且对产品营养成分和品质影响较大。现在很少有厂家采用这种方法。

（2）高温短时杀菌（HTST）　高温短时杀菌是牛乳在加热到 72～75℃后保持 15～20s。

（3）超高温瞬时杀菌（UHT）　超高温瞬时杀菌也称超巴氏杀菌，是牛乳在 125～138℃，保持 2～4s，该方法杀菌时间短，对牛乳品质影响较小，很好地保持了牛乳原有的营养和风味。

3. 巴氏杀菌乳的保质期

生乳的质量是决定巴氏杀菌乳保质期最重要的因素，乳生产工艺、卫生条件及仓储物流管理等其他条件也是非常重要的决定因素。

在良好的技术和卫生条件下，由高质量原料所生产的巴氏杀菌乳在未打开包

装，5～7℃贮存的条件下，保质期一般应该为8～10天。

（二）灭菌乳

灭菌的目的是杀死乳中所有能导致产品变质的微生物，使产品能在室温下贮存较长的时间。灭菌乳包括超高温灭菌乳（ultra high－temperature milk）和保持灭菌乳（retort sterilized milk）两种。

超高温灭菌乳指以生牛（羊）乳为原料，添加或不添加复原乳，在连续流动的状态下，加热到至少132℃并保持很短时间的灭菌，再经无菌灌装等工序制成的液体产品。

保持灭菌乳（retort sterilized milk）指以生牛（羊）乳为原料，添加或不添加复原乳，经过或不经过预热处理，在灌装并密封之后经灭菌等工序制成的液体产品。

1. 灭菌工艺与保存环境

灭菌乳生产工艺有以下两种：

（1）超高温灭菌（UHT） 产品被加热到135～150℃，保持4～15s，随后进行无菌灌装，包装可以保护产品不接触光线和空气中的氧。在环境温度下贮存即可。

（2）保持灭菌乳 产品经灌装后灭菌，产品和包装（罐）一起被加热到约116℃，保持20min，环境温度下贮存。

2. 生产原料与产品标识

按照国家标准规定，灭菌乳的生产原料可以是生乳，也可以是复原乳，仅以生牛（羊）乳为原料的超高温灭菌乳应在产品包装主要展示面紧邻产品名称的位置，汉字标注“纯牛（羊）奶”或“纯牛（羊）乳”字样。

全部用乳粉生产的灭菌乳应在紧邻产品名称部位标明“复原乳”或“复原奶”。

在生牛（羊）乳中添加部分乳粉生产的灭菌乳应在产品名称紧邻部位标明“含××%复原乳”或“含××%复原奶”。

（三）复原乳

复原乳，也称再制乳，是指以全脂乳粉、浓缩乳、脱脂乳粉和无水奶油等为原料，按一定比例混合溶解后，制成与牛乳成分相近的乳。通俗地讲，还原乳就是用乳粉勾兑还原而成的牛乳。它可分为以下两类：

（1）以全脂乳粉或全脂浓缩乳为原料，加水直接复原而成的乳制品；

（2）以脱脂乳粉和无水奶油等为原料按一定比例混合后加水复原而成的乳制品。

复原乳与纯鲜牛乳主要有两方面不同：一是原料不同，“复原乳”的原料属于乳制品中的乳粉，纯鲜牛乳的原料为液态生鲜乳；二是营养成分不同，“复原乳”在经过两次超高温处理后，营养成分损失较大，而纯鲜牛乳中的营养成分基本保存完整。

（四）调制乳

调制乳是指以不低于80%的生牛（羊）乳或复原乳为主要原料，添加其他原料或食品添加剂或营养强化剂，采用适当的杀菌或灭菌等工艺制成的液体产品。

调制乳的脂肪含量应不低于2.5g/100g，蛋白质含量应不低于2.3g/100g。

产品标识：全部用乳粉生产的调制乳应在紧邻产品名称部位标明“复原乳”或“复原奶”；在生牛（羊）乳中添加部分乳粉生产的调制乳应在紧邻产品名称部位标明“含××%复原乳”或“含××%复原奶”。

任务二　巴氏杀菌乳的生产

一、巴氏杀菌乳的生产工艺流程

巴氏杀菌乳的工艺流程如下：

原料乳验收→牛乳的脱气、净化和标准化→均质→巴氏杀菌→冷却→灌装→包装→贮藏→销售

二、操作要点

（一）原料乳验收预处理及标准化

只有优质的原料才能生产出高质量的产品，加工液态乳所需的原料乳，必须符合GB 19301—2010中规定的各项指标要求。原料乳进入工厂后应立即进行检验，将符合感官、理化、微生物标准的优质牛乳送入收乳工序。

原料乳经过验收后应及时进行过滤、净化、冷却和贮存等预处理。

原料乳验收后如不能立即加工，需贮存一段时间，则必须净化后经冷却器冷却到4~6℃，再打入贮槽进行贮存。牛乳在贮存期间要定期进行搅拌及温度和酸度检查。

1. 原料乳预处理

具体工艺流程如下：

原料乳→粗滤→称量记录→离心净乳→冷却至4℃以下→注入贮藏罐贮存→取样检验并做标准化→贮存或使用

2. 标准化

标准化的目的是为了使乳中的脂肪含量达到标准规定的要求，我国国家标准规定全脂乳的脂肪含量≥3.1%、脱脂乳的脂肪含量为1.0%~2.0%、脱脂巴氏杀菌乳的脂肪含量≤0.5%。

（1）标准化原理　乳脂肪的标准化可通过添加或去除部分稀奶油或脱脂乳进行调整，当原料乳中脂肪含量不足时，可添加稀奶油或除去一部分脱脂乳；当原料乳中脂肪含量过高时，则可添加脱脂乳或提取部分稀奶油。标准化的计算方法如下：

设：原料乳的脂肪含量为 w_a，脱脂乳或稀奶油的脂肪含量为 w_b，标准化后乳的脂肪含量 w_c，原料乳质量为 m_a，脱脂乳或稀奶油的质量为 m_b。

则：$m_a \times w_a + m_b \times w_b = w_c \times (m_a + m_b)$

用矩形图表示它们之间的比例关系为：

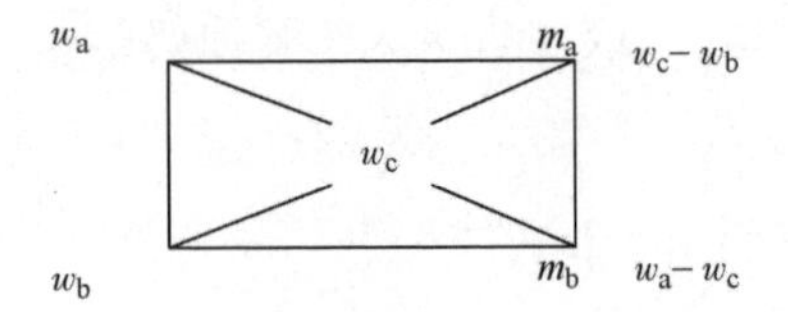

如以100kg 脂肪含量为4% 的原料乳生产脂肪含量为3% 的乳制品，应提取40% 的稀奶油多少千克？用矩形图解为：

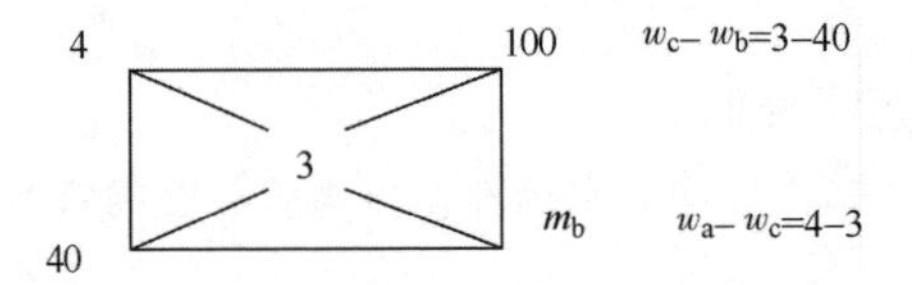

$-37\ m_b = 100\text{kg} \qquad m_b = -2.7\text{kg}$（负值表示提取）

（2）标准化方法　将牛乳加热至55～65℃，按计算好的脂肪含量设定脂肪含量控制器，分离出脱脂乳和稀奶油，并且根据最终产品的脂肪含量，控制混入的稀奶油的流量，多余的稀奶油流向稀奶油巴氏杀菌机。

乳的标准化流程如图3－1所示。

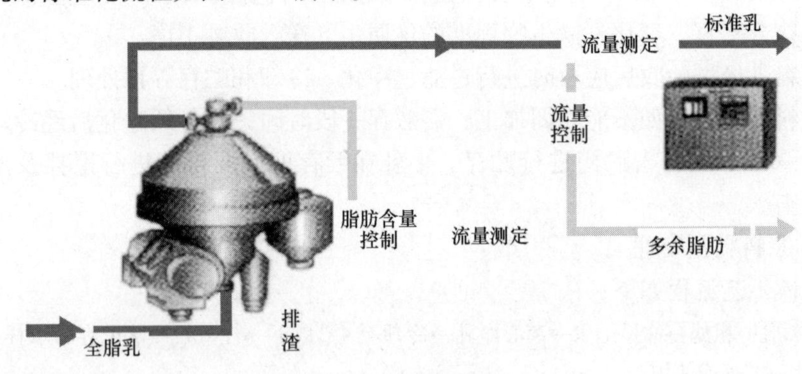

图3－1　乳标准化流程图

（二）牛乳的均质

1. 均质的作用

未均质的牛乳中脂肪球大小不均匀，直径为1～10μm，一般在2～5μm。脂肪球直径大，容易聚结成团块上浮。脂肪上浮会影响乳的感官质量，脂肪球的上浮速度与其直径呈正比。

均质是对脂肪球进行机械处理（图3-2），使其成为较小的脂肪球均匀地分散在乳中，牛乳经均质后，脂肪球直径可控制在1μm左右，脂肪球直径减小，浮力降低，脂肪球能在乳体系中稳定存在且易于被人体消化吸收。

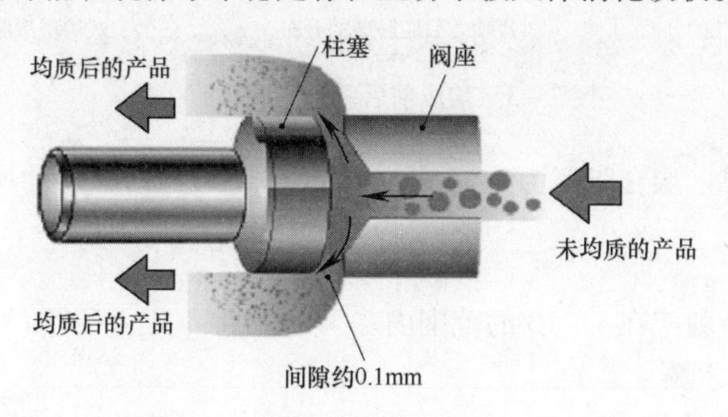

图3-2 均质阀中均质过程示意图

2. 均质原理

均质是在对脂肪球进行机械处理（图3-2）时，牛乳液体在间隙中加速的同时，静压能下降。

均质的作用是由三个因素共同作用的结果：

（1）牛乳以高速通过均质头中的狭缝会对脂肪球产生巨大的剪切力而使脂肪球变形而破碎。

（2）牛乳液体在间隙中加速的同时，静压能下降，可能降至脂肪的蒸汽压以下而产生气穴现象，使脂肪球受到非常强的爆破力而破碎。

（3）当脂肪球以高速冲击均质环时会在进一步产生的剪切力的作用下破碎。

3. 均质条件

较高的温度下均质效果较好，但温度过高会引起乳脂肪、乳蛋白质变性，牛乳的均质温度一般控制在50~70℃。均质包括一级均质和二级均质，一级均质适用于低脂产品和高黏度的产品，二级均质适用于高脂产品、高干物质产品和低黏度产品的生产。一般采用二级均质，二级均质是指让乳连续通过两个均质阀，将粘在一起的小脂肪球打开，从而提高均质效果（图3-3）。

4. 均质效果检查

均质后必须十分有效地防止形成乳脂层。均质效果可以通过测定均质指数进行检查。其方法如下：

乳样置于带刻度玻璃量筒里，在4~6℃温度条件下贮存48h，吸管吸走上层（容量1/10）乳液，余下的（容量9/10）进行充分混合，然后测定两部分的含脂率。上层与下层含脂率的差，除以上层含脂率的百分数，即为均质指数。

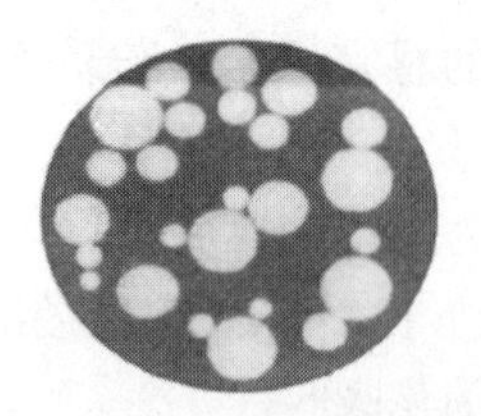
均质前脂肪球的分布

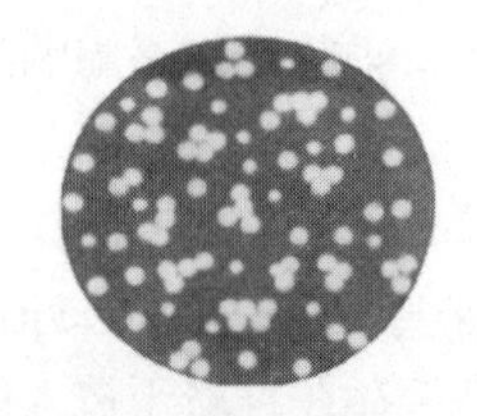
一级均质后脂肪球的分布

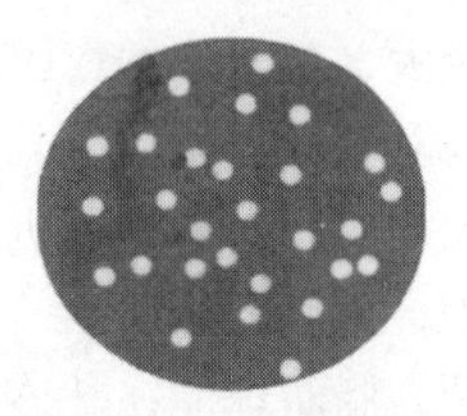
二级均质后脂肪球的分布

图 3－3 均质前后乳中脂肪球的变化

例如，如果上层含脂率为 3.15%，下层含脂率为 2.9%，均质指数为：

$$\frac{3.15-2.9}{3.15}\times 100=7.9$$

牛乳均质指数应在 1～10 的范围内。

（三）巴氏杀菌

1. 巴氏杀菌的作用

巴氏杀菌的目的首先是杀死引起人类疾病的所有微生物。经巴氏杀菌的产品必须完全没有致病微生物。除了致病微生物以外，牛乳中还含有能影响产品质量和保存期的其他成分和微生物，因此，巴氏杀菌的目的还包括尽可能多地破坏这些微生物和酶类系统，以保证产品质量。

从杀死微生物的观点来看，牛乳的热处理强度是越大越好。但是，较强的热处理对牛乳外观、味道和营养价值会产生不良影响。如牛乳中的蛋白质在高温下会发生变性；会使牛乳味道改变，首先是出现蒸煮味，然后是焦味。因此，时间和温度组合的选择必须考虑到微生物和产品质量两方面，以达到最佳效果。

2. 巴氏杀菌方式

（1）低温长时巴氏杀菌（LTLT） 这是一种间歇式的巴氏杀菌方法，即牛乳在 63℃下保持 30min 达到巴氏杀菌的目的。这种方法对牛乳营养成分及品质影响较大，因而已很少使用。

（2）高温短时巴氏杀菌（HTST） 具体时间和温度的组合可根据所处理的产品的类型而变化。用于新鲜乳的高温短时间杀菌工艺是把乳加热到 72～75℃，保持 15～20min 后再冷却。

（3）超巴氏杀菌 超巴氏杀菌的目的是延长产品的保质期，其采取的主要措施是尽最大可能避免产品在加工和包装过程中再次污染。这需要极高的生产卫生条件和优良的冷链分销系统。一般冷链温度越低，产品保质期越长，但最高不得超过 7℃。

超巴氏杀菌的温度为 125～138℃，时间 2～4s，然后将产品冷却到 7℃以下贮存和分销，如结合无菌灌装可使保质期延长至 40d 甚至更长。但超巴氏杀菌温度再高，时间再长，它仍然与超高温灭菌有根本的不同。

巴氏杀菌乳的生产过程如图 3－4 所示。

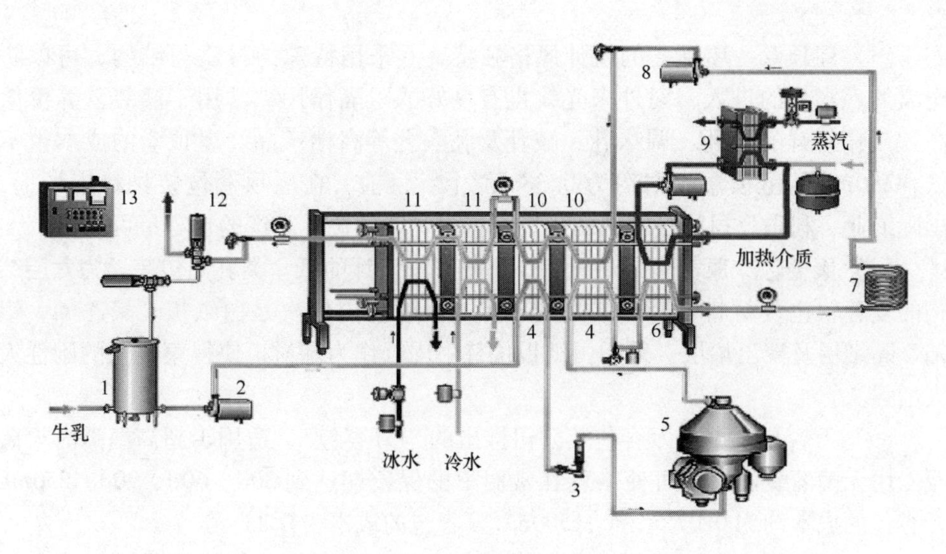

图3－4　巴氏杀菌乳生产线

1—平衡槽　2，8—奶泵　3—流量控制器　4—预热段　5—净乳机　6—杀菌段　7—保温管　9—加热介质　10—预冷却段　11—冷、冰水冷却段　12—转向阀　13—电控柜

（四）无菌包装

包装的目的是包容、保护和保藏食品以及便于产品销售。无菌包装广泛应用于液态乳制品生产中。根据包装材料结构的不同，可用于巴氏乳、UHT乳及调味乳的包装。

液态乳包装材料如下：

（1）玻璃瓶　传统的液态乳包装是玻璃瓶，玻璃瓶是一种可回收的包装形式，其可重复使用，但每次回收使用前必须注意检查，保证瓶子仍然完好无损，并须进行清洗和消毒。洗瓶机洗瓶的操作过程如下：

①预浸泡：将奶瓶浸泡在30℃的水中，目的是溶解瓶中残留的乳和其他杂质；

②预清洗：用46℃的水喷淋奶瓶，以去除粗的杂质；

③洗涤剂浸泡：将奶瓶浸泡在62℃的洗涤液中；

④洗涤剂洗涤：用62℃的洗涤剂喷淋，以去除残留杂质；

⑤热水冲洗：用49℃的水喷淋，以去除残留的洗涤剂；

⑥灭菌：用次氯酸盐喷雾，以达到商业无菌；

⑦最终冲洗：用30℃的水喷淋，以去除残留的化学试剂且降低玻璃瓶的温度。

（2）利乐砖　利乐砖是目前发达国家，乃至国内都普遍采用的一种乳品包装形式。该类包装是将鲜乳经过135℃超高温瞬间灭菌后在密封无菌的条件下，用6层纸铝塑复合无菌包装材料灌装后封合而成的。其成本较高，以250mL左右的液态乳包装为例，约为0.4元/个；“利乐枕”的成本相对较低，约为0.3元/个。

（3）屋顶盒　屋顶盒的设计风格独特，并采用特殊的材质与结构，可以防止氧气、水分的进入，对外来光线也有良好的阻隔作用，常用于灌装营养价值高、口味新鲜的鲜乳、调味乳、酸乳及乳酸乳等高档产品。屋顶盒的成本也不低，250mL的屋顶盒成本约为0.38元/个。目前，在屋顶盒包装材料市场上，国际纸业、利乐公司和日本产的包装材料占主导地位，国产的也零星可见。

（4）康美包　康美包是瑞士SIG集团开发设计的纸盒类乳品包装，为六层结构的复合软包装材料。最外层是聚乙烯，由外向内依次是白纸板、聚乙烯、铝箔、黏结层及聚乙烯层。采用白纸板代替牛皮纸作为基衬，使得康美包的刚性大大增强。

（5）万容包　湖南万容包装公司推出的“万容包”，适用于超高温瞬时灭菌及专用无菌灌装设备，可使牛乳在常温下的保质期达到30d、60d、90d。250mL万容包的成本约为0.07元/个，500mL万容包的成本为0.11元/个。

（6）百利包　百利包是一种较新的低成本无菌复合膜包装形式，成本为0.12~0.13元/个，自应用以来，一直受到市场的追捧。

（7）塑杯　塑杯使用的材料多为多层共挤无菌包装片材，其结构为PP/PE/ADH/PVDC或EVOH/ADH/PS。其中，PP为可剥离无菌包装保护膜，PVDC、EVOH为高阻隔性材料，PS为结构材料，塑杯的盖材为PE/PET多层复合膜。该类包装的成本约为0.12元/个。

（8）普通塑料袋　普通塑料袋包装是部分乳品生产企业降低成本、满足市场多元化需求的选择之一，其成本只有0.04元/个，但档次相对较低，将逐渐被市场淘汰。

近年来，许多新型包装材料和技术不断进入乳品工业，使乳品包装成为一个很有吸引力的研究领域。

（五）清洗

1. 相关概念

（1）清洁程度　生产之后要进行清洗。与产品直接接触的设备的清洗是食品生产过程中必不可少的部分。在讨论清洗结果时，常用下列术语来表示清洁程度：

物理清洁度——除去表面上所有可见污物；

化学清洁度——不仅除去全部可见污物，而且还除去了肉眼不可见的，但通过味觉或嗅觉能探测出的残留物；

细菌清洁度——通过消毒获得；

无菌清洁度——杀灭所有的微生物。

设备不需经过物理或化学清洗就能达到细菌清洗度。然而，需要清洗的表面如果首先经过最起码的物理清洗，就更容易达到细菌清洁度。

乳品厂清洗工作的要求是要经常达到化学和细菌清洁度。因此，设备表面应首先用化学洗涤剂进行彻底清洗，然后再进行消毒。

（2）污物　出现在乳品设备表面且需要除去的污物是哪种类型的污物呢？

在此，这些污物是粘在表面的沉淀物，其成分是乳中的成分，细菌“匿”于其中并利用这些物质进行繁殖。

（3）受热表面　当牛乳加热到60℃以上时，“乳石”开始形成。乳石就是磷酸钙（镁）、蛋白质、脂肪等的沉积物。经过较长一段时间的生产运行之后，在加热段和热回收第一部分的板式热交器的板片上，你就很容易看到，沉淀物紧紧地附着在设备表面上，运行时间超过8h，你就可以看到沉淀物的颜色从稍带白色变成褐色。在受热表面上，能看到的污物如图3－5所示。

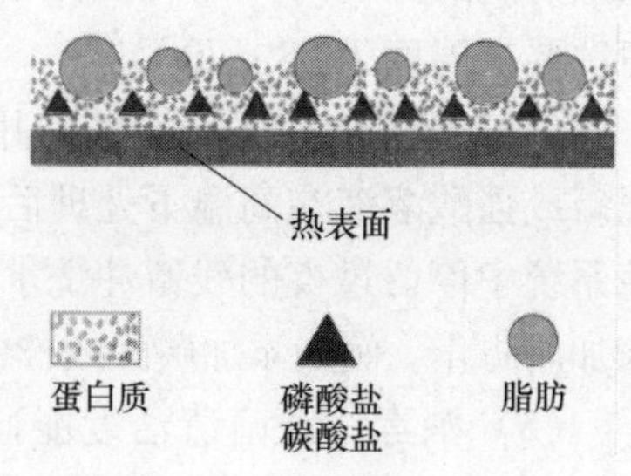

图3－5　受热表面的沉积物

一层牛乳膜会黏附在管、泵、缸等的壁面上（“冷”表面）。当系统排空时，要尽可能快地进行清洗，否则，这层牛乳膜将会干涸而难以除去。

2. 清洗程序

为了获得要求的清洁度，清洗操作一定要严格按照细致制定的清洗程序进行。每一步均需要一定的时间获得可靠的结果，一些化学作用和污物特性见表3－1。

表3－1　化学作用和污物特性

表面成分	溶解性	除去的容易程度	
		低温 中温巴氏杀菌	高温巴氏杀菌 超高温
糖	溶于水	容易	焦糖化，困难
脂肪	不溶于水	用碱困难	聚合作用困难
蛋白质	不溶于水	用碱非常困难 用酸稍好些	变性作用更难
无机盐冷表面	溶于水不定	大多数盐溶于酸	不定

这就意味着此程序在每一次清洗中一定要完全一样。

乳品厂中的清洗循环包括以下几个步骤：

（1）通过刮落、排出、用水置换或者用压缩空气排除等方法来回收残留的产品。

（2）用水预冲掉松散的污物。如用温水进行预冲洗，乳脂肪残留物很容易被冲走，但其温度不能超过55℃，以免蛋白变性。预冲洗阶段排出的水和乳的混合物可收集在贮罐中，进行特殊的加工。有效的预冲洗可以除去至少90%的非结焦残留物，该类特质一般占总残留的99%。

（3）用洗涤剂清洗　受热面上的污物通常用碱和酸性清洗剂进行清洗，按照这个顺序或反过来都行，但都要用中间介质水进行漂洗。为了保证使用某种洗涤剂溶液能取得满意的效果，必须仔细地控制以下几项：洗涤剂溶液的浓度、温度，对清洗表面的机械作用（速度），洗涤持续的时间。根据经验，采用碱性洗涤剂清洗的温度与产品在加工过程中的温度一样，至少为70℃，用酸性洗涤剂清洗要求温度为68～70℃。

（4）用清水漂洗　漂洗常用软化水来进行，以免形成钙垢沉淀在表面。经强碱或强酸溶液在高温下处理后，设备和管道系统实际上是无菌的。还需防止在该系统中停留过夜的残留冲洗水中的细菌的生长，这可用酸化漂洗水使其pH <5来加以防止。例如添加磷酸或柠檬酸等，酸性环境能阻止大部分细菌生长。

（5）消毒　细菌清洁度能通过消毒得到进一步提高，使设备实现无菌。在某些产品的（超高温牛乳，灭菌乳）生产中，必须对设备进行彻底灭菌，也就是使其表面完全无菌。乳品设备可用下列方法进行消毒：

①热消毒（沸水、热水、蒸汽）；

②化学消毒（氯、酸、界面碘剂、过氧化氢等）。

早晨，在牛乳开始加工前，应立即进行消毒，当设备排出全部消毒溶液后就可以接收牛乳。

如果在一天工作结束时进行消毒，应用清水把消毒剂溶液冲洗干净以防止残留物对金属表面的腐蚀。

3. CIP清洗

许多乳品企业都采用就地自动清洗，即设备（热交换器、罐体、管道、泵、阀门等）及整个生产线在无须人工拆开或打开的前提下，通过清洗液在闭合回路中的循环，以高速的液流冲洗设备的内部表面而达到清洗目的，此项技术被称为就地清洗（CIP），如图3－6所示。

与手工清洗相比，CIP具有如下优点：

（1）清洗成本低，水、清洗液、杀菌剂及蒸汽的消耗量少。

（2）安全可靠，设备无须拆卸，不必进入大型乳罐。

（3）清洗效果好，按设定程序进行，减少或避免了人为失误。

当然，适合进行CIP清洗的设备应具备一定的条件。为进行有效的CIP清洗，设备清洗流程可以设计成为多个回路，以便根据需要在不同时间进行清洗。若一套设备或一套生产流程希望采用同一回路的CIP，则其应具备以下三个条件：

（1）设备表面的残留物必须是同一种成分，这样就可以使用同一种清洗消毒剂进行清洗消毒。

（2）被清洗设备表面必须是同一种材料制成，或至少是能与同种清洗消毒剂相容的材料。

（3）整个回路的所有部件，要能同时进行清洗消毒。

4. CIP程序

（1）非受热管路及其设备的清洗程序　乳品加工中的非受热设备包括收奶

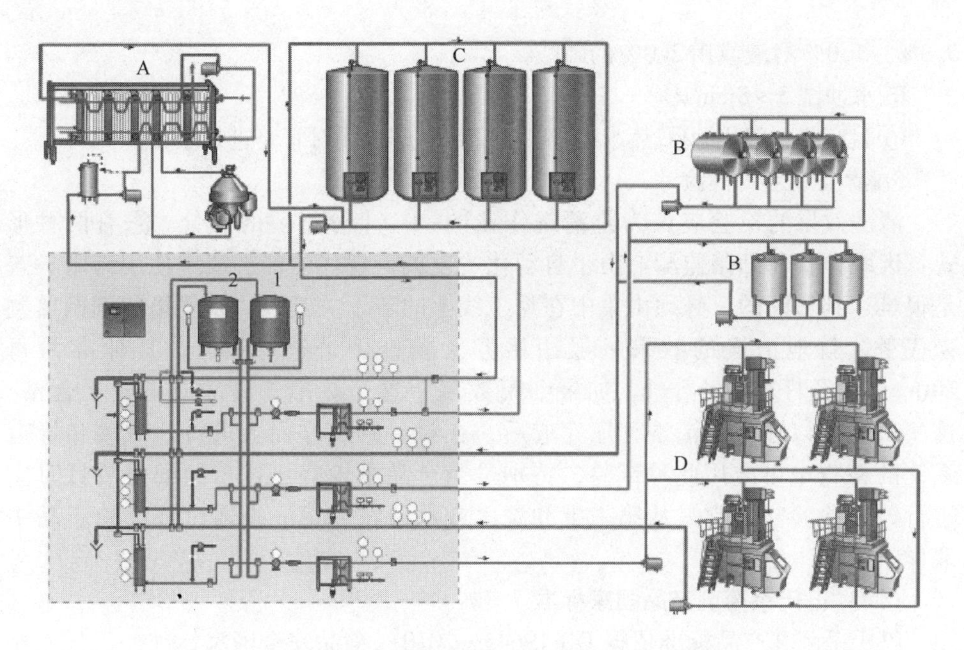

图 3－6　集中式就地清洗的原理清洗单元（虚线之内）：

1—碱性洗涤剂罐　2—酸性洗涤剂罐

清洗对象：A. 牛乳处理　B. 罐组　C. 乳仓　D. 灌装机

管路、原料乳贮奶罐、巴氏杀菌乳贮奶罐等，由于这些设备没有受到热处理，结垢相对较少，其清洗程序如下：

①温水（38～60℃）预冲洗 3～5min。

②用 75～85℃的热碱性清洗液循环 10～15min（如选择氢氧化钠，其浓度应控制在 0.8%～1.2%）。

③水冲洗 3～5min。

④每周用 65～75℃的热酸性清洗液循环 10min（如硝酸，浓度应为 0.8%～1.0%）。

⑤用 90～95℃热水消毒 5min。

⑥逐步冷却 10min（贮乳罐一般不需要冷却）。

（2）热管路及其设备的清洗程序　受热设备主要包括配料罐、发酵罐、杀菌器及其受热管路等，应根据其受热程度的不同，选择有效的清洗方法，通常的清洗程序如下：

①用温水（38～60℃）预冲洗 5～8min。

②用 75～85℃的热碱性清洗液循环 15～20min（如选择氢氧化钠，其浓度应控制在 1.2%～1.5%）。

③水冲洗 5～8min。

④用 65～75℃的热酸性清洗液循环 15～20min（如选择硝酸，浓度为

0.8%～1.0%溶液或用2.0%的磷酸）。

⑤水冲洗5～8min。

⑥生产前一般用90℃热水循环15～20min，以便对管路进行杀菌。

5. 清洗效果的检验

清洗效果的检验应认为是清洗作业的一个十分重要的部分。它有两种形式：肉眼检查和细菌监测。由于自动化的发展，现代的加工线中使用肉眼检查是很难达到目的的，必须由集中在加工线上的若干关键点，以严格的细菌监测来代替。就地清洗的效果一般用培养大肠杆菌来进行检查，其标准为每100cm^2大肠杆菌数小于1。如果细菌数多于这个标准，清洗结果就不合格。这些试验可以在就地清洗程序完成后，在设备的工作面上进行。对罐和管道系统的检查中可应用此种试验，特别是当产品中检查出过多的细菌数目时应进行该种检验。通常是从第一批冲洗水或从清洗后第一批通过该线的产品中取样。

（六）巴氏杀菌乳产品国家标准

巴氏杀菌乳产品标准依据GB 19645—2010《食品安全国家标准　巴氏杀菌乳》执行。

1. 感官要求

见表3－2。

表3－2　巴氏杀菌乳感官要求

项目	要求	检验方法
色泽	呈乳白色或微黄色	取适量试样置于50mL烧杯中，在自然光下观察色泽和组织状态，闻其气味，用温开水漱口，品尝滋味
滋味、气味	具有乳固有的香味，无异味	
组织状态	呈均匀一致液体，无凝块、无沉淀、无正常视力可见异物	

2. 理化指标

见表3－3。

表3－3　巴氏杀菌乳理化指标

项目	指标	检验方法
脂肪*/(g/100g)	≥3.1	GB 5413.3—2010
蛋白质/(g/100g)		
牛乳	≥2.9	GB 5009.5—2010
羊乳	≥2.8	
非脂乳固体/(g/100g)	≥8.1	GB 5413.39—2010

续表

项目	指标	检验方法
酸度/°T		
牛乳	≥12~18	GB 5413.34—2010
羊乳	≥6~13	

注：*仅适用于全脂巴氏杀菌乳。

3. 微生物限量

见表3-4。

表3-4 巴氏杀菌乳产品微生物限量

项目	采样方案*及限量（若非指定，均以cfu/g或CFU/mL表示）				检验方法
	n	*c*	*m*	*M*	
菌落总数	5	2	50000	100000	GB 4789.2—2010
大肠菌群	5	2	1	5	GB 4789.3—2010 平板计数法
金黄色葡萄球菌	5	0	0/25g（mL）	—	GB 4789.10—2010 定性检验
沙门菌	5	0	0/25g（mL）	—	GB 4789.4—2010

注：*样品的分析及处理按GB 4789.1—2010和GB 4789.18—2010执行。

4. 其他要求

应在产品包装主要展示面紧邻产品名称的位置，使用不小于产品名称字号且字体高度不小于主要展示面高度五分之一的汉字标注“鲜牛（羊）奶”或“鲜牛（羊）乳”字样。

任务三 灭菌乳的生产

一、灭菌乳与巴氏杀菌乳的区别

产品的灭菌即是对这一产品进行足够强度的热处理，使产品中所有的微生物和耐热酶类失去活性，达到商业无菌的要求。商业无菌的含义是在一般的贮存条件下，产品中不存在能够生长的微生物。灭菌乳较巴氏杀菌乳保质期长，并可在室温下长时间贮存。

二、灭菌乳加工工艺

超高温灭菌乳的加工工艺与巴氏杀菌乳相似：

原料乳验收→牛乳脱气、净化和标准化→均质→超高温灭菌→无菌灌装

两种杀菌乳工艺的主要不同之处在于对牛乳的热处理强度不同，因而热处理

效果不同。超高温灭菌（UHT）是采用升高灭菌的温度和缩短灭菌保持的时间的灭菌方式，通常超高温灭菌的温度在135～150℃，牛乳在该温度下保持很短的时间（数秒钟）以达到商业无菌水平，然后在无菌状态下灌装于经灭菌的包装容器中。由于采用了超高温瞬时杀菌工艺，因而在保证灭菌效果的同时减少了产品的化学变化，较好地保持了牛乳原有的品质。

三、超高温灭菌设备

超高温设备有板式加热系统和管式加热系统两种类型。

（一）板式加热系统

超高温板式加热系统具有很多优点，经过优化板片的组合和形状的设计，使板式热交换器结构比较紧凑，加热段、冷却段和热回收段有机地组合在一起，可以大大提高传热系数和单位面积的传热量。

最初板式热交换器的优点之一就是易于拆卸，便于人工清洗板片加热面，并且能定期拆开检查CIP清洗的效果。然而随着CIP系统的改进，不再进行板式热交换器的定期拆洗，也很少拆开检查清洗效果，这样对于UHT板式热交换器来说不利于设备结垢情况和清洗效果的检查。

UHT板式加热系统与板式巴氏杀菌加热系统的主要不同之处在于系统是否能承受高温（135～150℃）。也就是说，UHT板式加热系统应能承受较高的内压。

产品在加工过程中是不能沸腾的，因为产品沸腾后所产生的蒸汽将占据系统的流道，从而减少了物料的灭菌时间，使灭菌效率降低。在间接加热系统中，沸腾往往发生于灭菌段。在乳制品的加工过程中，沸腾所产生的气泡将增加产品在加热表面变性、结垢的几率，从而影响热传递效率。

为防止沸腾，产品在最高温度时必须保持一定的背压以使其达到该温度下的饱和蒸汽压。由于产品中水分含量很高，因此这一饱和蒸汽压必须等于灭菌温度下水的饱和蒸汽压。135℃下需保持0.2MPa的背压以避免料液沸腾，150℃则需要0.375MPa的背压。为承受高温和高压，超高温系统中的垫圈必须能耐高温和高压，因而其造价远比低温板式换热系统昂贵。垫圈材料的选择要使其与不锈钢板的粘合性越小越好，这样能防止垫圈与板片之间发生粘合，从而便于其拆卸和更换。

热交换器系统内的高压可导致不锈钢板片的变形和弯曲，为此，不同的厂家设计出了不同的板片及波纹形状，以加强物流的湍动性。在实际制造过程中，每片传热面上被加上了多个突起的接触点，以起到板片中间相互的机械支撑作用，同时形成流体的流道，增加流体的湍动性和整个片组的强度。

牛乳在离开简单的板式热交换器时，温度略高于进乳温度，这种系统的热回收率相对较低，一般为60%～65%，也就是说加热至灭菌温度所用的热量的60%可以得到回收。

（二）管式热交换器

超高温系统的管式热交换器包括两种类型，即中心套管式热交换器和壳管式热交换器。

UHT 实验设备生产流程如图 3－7 所示。

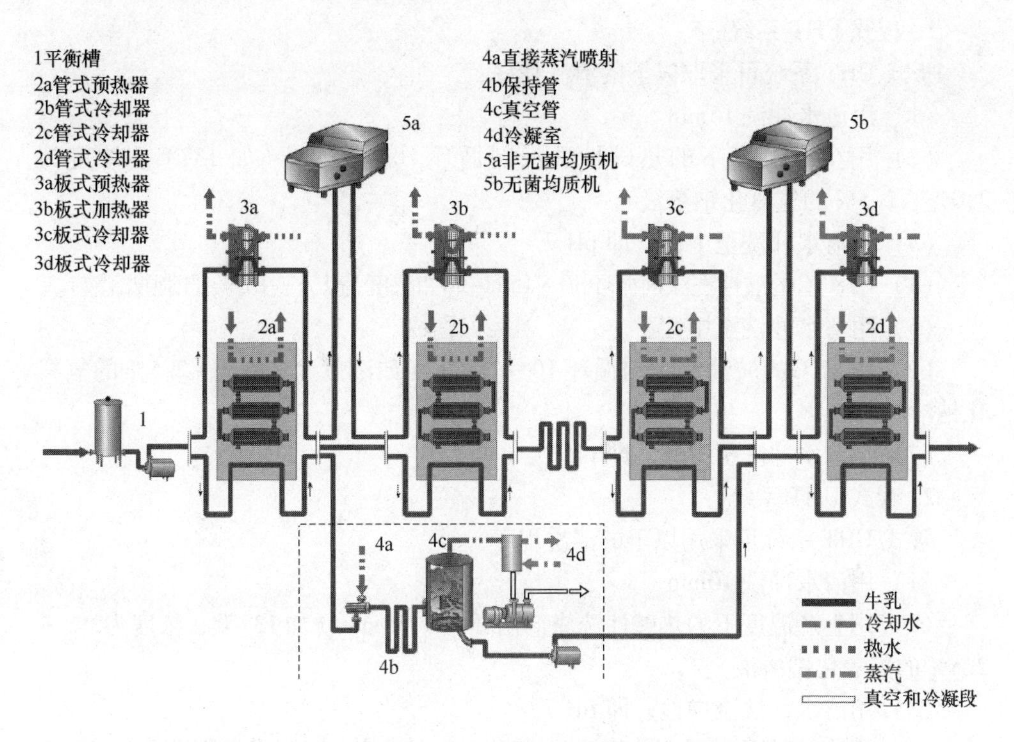

图 3－7　UHT 实验设备的生产流程［包括板式热交换器或管式热交换器的间接加热和直接加热模型（虚线以内）以及可选择的无菌或非无菌均质机］

1. 中心套管式热交换器

中心套管式系统是将两个或三个不锈钢管以同心的形式套在一起，管壁之间留有一定的空隙。通常情况下，套管以螺旋形式盘绕起来安装于圆柱形的套筒内，这样有利于保持卫生和形成机械保护。双管式系统用于进行加热和冷却。生产时，产品在中心管内流动，而加热或冷却介质在管壁间流动。在进行热量回收时，产品也在管壁间流动。所有的管式灭菌器共同的优点是能承受较高的均质压力，因此，在灭菌段前的均质机上可安装高压往复泵，而且均质阀的位置不受限制。

2. 壳管式热交换器

壳管式热交换器一般是多个不锈钢管（内管）装在一外管内，内管的内径一般为 10～15mm，在外管的末端由集合管将内管连接起来使产品平行流动：加热或冷却的介质在内管之间的空间流动，每个内外管单元的末端通过 180°R 弯头连接起来以达到所需的传热面积。

四、UHT 系统的正常清洗程序

UHT 系统的清洗程序与产品的类型、加工系统的工艺参数、原材料的质量、设备的类型等有很大的关系。

1. 板式 UHT 系统

板式 UHT 系统可采取以下的清洗程序：

（1）用清水冲洗 15min。

（2）用生产温度下的热碱性洗涤剂循环 10～15min（如 137℃，浓度为 2.0%～2.5% 的氢氧化钠溶液）。

（3）用清水冲洗至中性，即 pH 7。

（4）用 80℃的酸性洗涤剂循环 10～15min（如浓度为 1%～1.5% 的硝酸溶液）。

（5）用清水冲洗至中性。

（6）用 85℃的碱性洗涤剂循环 10～15min（如浓度为 2.0%～2.5% 的氢氧化钠溶液）。

（7）用清水冲洗至中性，即 pH 7。

2. 管式 UHT 系统

管式 UHT 系统可采用以下的清洗程序：

（1）用清水冲洗 10min。

（2）用生产温度下的热碱性洗涤剂循环 45～55min（如 137℃，浓度为 2%～2.5% 的氢氧化钠溶液）。

（3）用清水冲洗至中性，即 pH 7。

（4）用 105℃的酸性洗涤剂循环 30～35min（如浓度 1%～1.5% 的硝酸溶液）。

（5）用清水冲洗至中性。

3. UHT 系统的中间清洗

UHT 生产过程中除了以上的正常清洗程序外，还经常使用中间清洗（简称 AIC）。AIC 是指生产过程中在没有失去无菌状态的情况下，对热交换器进行清洗，而后续的灌装可在无菌罐供乳的情况下正常进行的过程。采用这种清洗是为了去除加热面上沉积的脂肪、蛋白质等垢层，以降低系统内压力，有效延长运转时间。AIC 清洗程序如下：

（1）用水顶出管道中的产品。

（2）用碱性清洗液（如浓度 2% 的氢氧化钠溶液）按“正常清洗”状态在管道内循环，但循环时要保持正常的加工流速和温度，以便维持热交换器及其管道内的无菌状态。循环时间一般为 10min，但标准是热交换器中的压力下降到设备典型的清洁状况，即水循环时的正常压降。

（3）当压降降到正常水平时，即认为热交换器已清洗干净，此时用清洁的水替代清洗液，随后转回产品的正常生产。当加工系统重新建立后，调整至正常的加工温度，热交换器可接回加工的顺流工序而继续正常生产。

五、灭菌乳产品国家标准

根据 GB 25190—2010《食品安全国家标准　灭菌乳》要求，灭菌乳感官指标、理化指标与巴氏杀菌相同，但灭菌乳的微生物要求较巴氏杀菌乳严格。灭菌乳应符合商业无菌的要求，按 GB/T 4789.26—2003 规定的方法检验。

六、标识要求

巴氏杀菌乳可以标识“鲜牛（羊）奶”或“鲜牛（羊）乳”，而灭菌乳如果仅以生牛（羊）乳为原料生产，在产品包装主要页面上标注“纯牛（羊）奶”或“纯牛（羊）乳”字样。如原料包含乳粉，则应在包装上标注“含　×%复原乳”字样。

任务四　ESL 乳的生产

延长保质期的乳饮料又称 ESL 乳，即把牛乳用介于巴氏杀菌和 UHT 之间的温度杀菌，采用无菌包装，使产品能在 7℃下保存 35d。由于产品并不需要彻底杀菌故受热程度不高，产品保质期较长，产品营养素保存较好，风味和口感得到更好保持，许多感官测试都很难区分巴氏杀菌乳和 ESL 乳，在世界各国都得到普遍的发展。

目前国内液态乳产品主要有巴氏杀菌乳和超高温灭菌乳两种。巴氏杀菌乳产品味道较新鲜，但保质期最多为 7d，这对于我国人口分布广、交通及贮存设施不完善的情况来说是一个大问题。超高温灭菌乳的保质期较长，但外观及味道却较为逊色。基于味道与保质期两者的考虑，则出现了 ESL 乳。

ESL 乳产品的货架期一般定在巴氏杀菌乳与 UHT 乳之间，其长短主要取决于产品从原料到分销的整个过程中的加工工艺、技术装备及卫生和质量控制。目前主要采用比巴氏杀菌更高的杀菌条件（125～138℃，2～4s），尽可能避免产品在加工、包装和分销过程中的再污染。ESL 乳解决了国内巴氏杀菌乳货架期短的问题，使产品的流通领域得以进一步扩大，在货架期得到延长的同时，满足了消费者对液态乳制品的口感和营养价值方面的需求。

随着我国乳品工业的快速发展和人们对液态乳风味的要求越来越高，针对目前我国乳品工业的现状，ESL 乳将是未来几年国内重点开发和生产的新品种。

生产 ESL 乳的基本工艺和其他液态乳的生产工艺基本相同，包括原料乳的预处理、标准化、均质、杀菌、灌装以及贮藏销售等，其加工流程如图 3－8 所示。

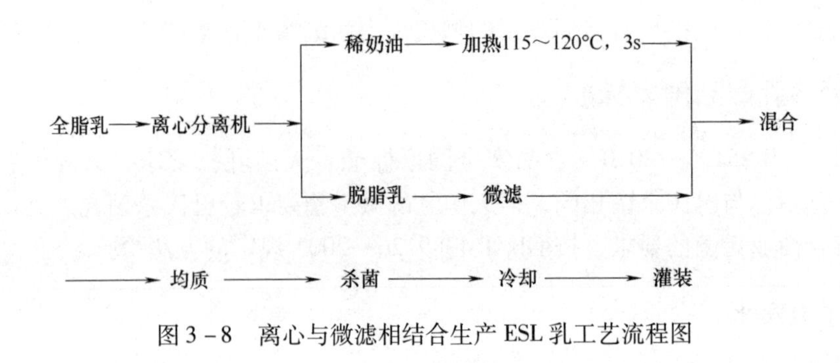

图3－8　离心与微滤相结合生产ESL乳工艺流程图

一、杀菌处理

不同温度的加热方法对产品货架期的影响也不同（见表3－5）。

表3－5　不同加热法对牛乳保质期及工艺要求比较*

	热处理	最低温度	最少时间	保质期	流通模式	工艺要求
原料乳	无	不适用	不适用	1d	冷链	无
巴氏杀菌乳（美国）	巴氏杀菌	72℃	15s	7～14d	冷链	净化灌装机
ESL乳（英国）	巴氏杀菌	90℃	5s	14～30d	冷链	超净化灌装机
ESL乳（美国）	超巴氏杀菌	138℃	2s	45～60d	冷链	超卫生灌装机
灭菌乳	加压高温灭菌	120℃	20min	90d	室温	净化灌装机及杀菌锅系统
超高温无菌乳	瞬时超高温灭菌	140℃ 149℃	4s 2s	90d	室温	无菌灌装生产线及无菌室

注：*李启明、顾瑞霞等，ESL乳的研究开发进展。

由表3－5可知，按美国标准，巴氏杀菌乳有7～14d的保质期。在英国，乳制品生产商在至少90℃/5s的条件下对牛乳加热，并采用超净化灌装过程来达到14～30d的保质期。一些美国牛乳生产商开始在至少130℃/2s的条件下加热牛乳，并采用超卫生灌装工艺，产品的保质期达到60d。超巴氏杀菌条件的制定不仅要考虑可显著减少牛乳中微生物数量来延长产品的货架期，同时又要最大限度地减轻由于热处理造成的产品感官质量的变化。

二、灌装及清洗

ESL乳是在改善杀菌工艺和提高灌装设备卫生等级基础上，生产出介于普通巴氏杀菌乳和超高温灭菌乳之间、在冷藏条件下（10℃以下）货架期超过15d以上的超洁净型液态乳制品。围绕ESL乳生产，要求灌装设备必须在特定小环境下完成乳品灌装和封合，设备须在过滤无菌空气保护下形成小环境的正压灌装区内完成灌装。如英国在生产 ESL 乳时，产品在 90℃下处理 5s 后，输送到超净灌装机中进行包装，同时进行瓶盖处理，以及在稍高压力下实现就地清洗，对灌装机进行彻底净化。美国在生产 ESL 乳时，在 138℃高温下处理 2s 后，采用位于 HEPA—过滤室中的超净灌装机灌装，容器及瓶盖也进行杀菌处理。此外，灌装机也要用 140℃的超热水进行处理。ESL 乳的包装材料需要经双氧水喷雾式杀菌、无菌空气干燥、紫外线区域照射等进行处理。包装材料表面双氧水的残留量须达到 IDF 标准或欧美标准。同时，乳中的许多营养成分如维生素 A、维生素 B_6、维生素 B_{12}、维生素 D、维生素 K、生育酚、色氨酸、β－胡萝卜素、不饱和脂肪酸等对光敏感，在乳的长时间贮存期间易发生光降解，所以应选用不透明或散光性强的包装材料。

三、贮藏销售

冷链系统对巴氏杀菌乳的保存和销售尤为重要。低温能够抑制细菌的生长，进而可以延长产品的货架期。据报道，贮藏温度提高 3℃，牛乳的货架期将缩短 50%。在美国和加拿大等发达国家，由于冷链系统十分健全，多数仓库的温度是 4℃，零售的冷柜温度为 7℃，因此这些国家巴氏杀菌乳的货架期都很长，长货架期乳已经逐渐成为主流产品。但是在冷链系统不完善的地区，ESL 乳的生产必须在生乳的质量、特定销售时间和温度的基础上选择适宜的杀菌、罐装系统和包装容器类型等。

总之，ESL 乳的生产技术已经比较完善。随着我国 ESL 乳品工业的发展，奶源分布的逐渐合理、物流的不断改善和人们对液态乳口味、营养的需求，在不久的将来，ESL 乳将是国内重点开发和生产的新品种。但是，ESL 乳生产技术对原料乳质量的较高要求以及产品需要完善的低温冷链系统，在短时期内将会制约 ESL 乳技术的广泛应用。

项目实施

巴氏杀菌乳、 灭菌乳的生产

巴氏杀菌乳、灭菌乳的生产主要包括原料乳验收组、预处理及标准化组、均质组、巴氏杀菌组、超高温灭菌组、冷却与灌装组，CIP 设备清洗组共 7 个工作组。

项目实施过程主要包括工作场景，工作安排，工作所需原料、设备、原材料，填写生产报告单，出具生产检测报告，评价与反馈 6 个过程，具体实施方法参考项目二。

课后思考

一、问答题

1. 牛乳标准化目的是什么？
2. 什么叫巴氏杀菌乳、UHT乳、ESL乳、含乳饮料？
3. 牛乳均质的目的和原理分别是什么？
4. 影响风味乳饮料的因素有哪些？
5. 简述调配型酸性含乳饮料的工艺流程？
6. 为什么乳品企业要采用CIP设备清洗系统？

二、计算题

100kg脂肪含量为5%的原料乳生产脂肪含量为3%的乳制品，应提取50%的稀奶油多少千克？

拓展学习

乳饮料的生产

乳饮料是指以新鲜牛乳或乳粉为原料，加入水与适量辅料，如可可、咖啡、果汁和蔗糖等物质，经有效杀菌制成的具有相应风味的含乳饮料。根据国家标准，乳饮料中的蛋白质及脂肪含量均应大于1%。

一、风味乳饮料

风味乳饮料除了具有乳香味外，还带有水果味或其他风味，几种风味相融合形成了风味乳饮料独特的风味，因此它深受广大消费者的欢迎。市场上常见的风味乳饮料有草莓乳、香蕉乳、巧克力乳、咖啡乳等产品，所采用的包装形式主要有无菌包装和塑料瓶包装。与无菌包装产品相比，塑料瓶包装的产品均采用二次灭菌，因此产品的风味较无菌包装产品要差，营养成分损失也较多。

（一）风味乳饮料的加工工艺

1. 工艺简介及流程

风味乳饮料一般以原料乳或乳粉为主要原料，然后加入水、糖、稳定剂、香精和色素等，经热处理而制成。

风味乳饮料具体的工艺流程如下：

（1）原料乳或乳粉→验收或还原→巴氏杀菌→冷却、贮存→配料（糖、香精、色素等）→超高温灭菌→无菌灌装→销售

（2）原料乳或乳粉→验收或还原→巴氏杀菌→冷却、贮存→配料（糖、香精、色素等）→超高温灭菌→灌装→二次灭菌→销售

2. 加工过程的质量控制点

（1）验收 原料乳必须经过检验，符合 GB 19301—2010 标准后才能用于风味饮料的生产。一般原料乳酸度应小于16°T，菌落总数最好控制在2×10^6cfu/mL 以内。对超高温产品来说，还应控制乳的芽孢数及耐热芽孢数。若采用乳粉还原来生产风味乳饮料，乳粉必须符合标准后方可使用；同时还应采用合适的设备来进行乳粉的还原。一般采用全脂乳粉来生产风味乳饮料。

（2）还原 首先将水加热到45～50℃，然后通过乳粉还原设备进行乳粉的还原，待乳粉完全溶解后，停止罐内搅拌器的搅拌，让乳粉在45～50℃的温度下水合20～30min。

（3）巴氏杀菌 待原料乳检验完毕或乳粉还原后，先进行巴氏杀菌，杀菌后将乳液冷却至4℃。

（4）糖处理 由于国内糖的质量参差不齐，因此为保证最终产品的质量，应先将糖溶解于热水中，然后煮沸15～20min，再经过滤后加入到原料乳中。

（5）加稳定剂、香精与色素 对风味乳饮料来说，若采用高质量的原料乳为原料，可不加稳定剂，但大多数情况下及在采用乳粉还原时，则必须使用稳定剂。

由于不同的香精对热的敏感程度不同，因此若采用二次灭菌，所使用的香精和色素应耐121℃的温度；若采用超高温灭菌，所使用的香精和色素应耐137～140℃的高温。

（6）灭菌 对超高温产品来说，灭菌温度与超高温纯牛乳一样，通常采用137℃，4s；对塑料瓶或其他包装的二次灭菌产品而言，常采用121℃，15～20min 的灭菌条件。

超高温灭菌设备应包括脱气和均质处理装置。通常均质前应先进行脱气，脱气后温度一般为70～75℃，此时再进行均质，均质通常采用两段均质工艺，压力分别为20MPa 和5MPa。

（二）影响风味乳饮料质量的因素

1. 原料乳质量

为生产高品质的风味乳饮料，必须使用高质量的原料乳，否则会出现许多质量问题，如：

（1）原料乳的蛋白稳定性差将直接影响到灭菌设备的运转情况和产品的保质期，可使灭菌设备容易结垢，清洗次数增多，停机频繁，从而导致设备连续运转时间缩短、能耗增加及设备利用率降低。

（2）若原料中菌落总数高，其中的致病菌产生的毒素经灭菌后仍可能会有残留，从而威胁到消费者的健康。

（3）若原料中的嗜冷菌数量过高，那么在贮藏过程中，这些细菌会产生非常耐热的酶类，灭菌后它们仍有少量残余，从而导致产品在贮存过程中组织状态方面发生变化。

2. 香精、色素

根据产品热处理情况的不同，分别选用不同的香精、色素，尤其对于超高温灭菌产品来说，若选用不耐超高温的香精、色素，生产出来的产品风味很差，而且可能影响产品应有的颜色。

二、调配型酸性含乳饮料

调配型酸性含乳饮料是指用乳酸、柠檬酸或果汁将牛乳的 pH 调整到酪蛋白的等电点（pH4.6）以下而制成的一种乳饮料。根据国家标准，这种饮料的蛋白质含量应大于1%，因此它属于乳饮料的一种。

（一）调配型酸性含乳饮料的加工工艺

1. 配料

调配型酸性含乳饮料一般以原料乳或乳粉、乳酸或柠檬酸、糖、稳定剂、香精、色素等为原料，有时根据产品需要也加入一些维生素和矿物质，如维生素 A、维生素 D 和钙盐等。调配型酸性含乳饮料的加工一般是先用酸溶液将牛乳的 pH 从 6.6 ~ 6.8 调整到 4.0 ~ 4.2，然后加入其他配料，再经混合搅拌均匀、热处理，最后进行灌装。参考配料：乳粉 3% ~ 12%，稳定剂 0.35% ~ 0.6%，柠檬酸钠 0.5%，果汁或果味香精适量，色素适量，柠檬酸调 pH 至 3.8 ~ 4.0。

2. 调配型酸性含乳饮料的工艺流程

原料乳验收（乳粉溶解）→巴氏杀菌→加稳定剂、糖等→混合→冷却至20℃→调酸→配料（加香精、色素等）→均质→杀菌、灌装（或灌装后杀菌）

（二）加工过程中的质量控制点

1. 乳粉的还原

首先用大约一半的水来溶解乳粉，在保证乳粉能很好还原的情况下水温应尽可能低。因为高温下不易控制，很难达到理想的酸化过程。

2. 稳定剂的溶解方法

（1）在高速搅拌下（2500 ~ 3000r/min），将稳定剂慢慢地加入冷水中溶解或将稳定剂溶于 60 ~ 80℃的热水中。

（2）将稳定剂与为其质量 5 ~ 10 倍的糖预先混合，然后在正常搅拌速度下将稳定剂和糖的混合物加入到 70 ~ 80℃的热水中溶解。

（3）将稳定剂在正常搅拌速度下加入到饱和糖溶液中，因为稳定剂不溶于饱和糖溶液，因此，在正常搅拌情况下它可均匀地分散于溶液里。

3. 混合

将稳定剂溶液、糖溶液等加入巴氏杀菌乳中，混合均匀后，再冷却至20℃以下。

4. 酸化

酸化过程是调配型酸性含乳饮料生产中最重要的步骤，成品的品质取决于调酸过程。

（1）为得到最佳的酸化效果，酸化前应先将牛乳的温度降至20℃以下。

（2）为保证酸溶液与牛乳充分均匀地混合，混料罐应配备一只高速搅拌器（2500～3000r/min），同时，酸液应缓慢地加入到配料罐内的湍流区域，以保证酸液能迅速、均匀地分散于牛乳中。加酸过快会使酸化过程形成的酪蛋白颗粒粗大，产品易产生沉淀。

（3）可将酸液薄薄地喷洒到牛乳的表面，同时进行足够的搅拌，以保证牛乳的界面能不断更新，从而得到较和缓的酸化效果。

（4）为易于控制酸化过程，通常在使用前先将酸液稀释成10%或20%的溶液，同时为避免局部酸度偏差过大，酸化前，可在酸液中加入一些缓冲盐类如柠檬酸钠等。

（5）为保证酪蛋白颗粒的稳定性，在升温及均质前，应先将牛乳的pH降至4.0以下。

5. 配料

酸化过程结束后，将香精、色素等配料加入到酸化的牛乳中，同时对产品进行标准化。

6. 均质

将奶液加温到60～65℃，进行均质、压力保持在18～22MPa。

7. 杀菌、灌装

由于调配型酸性含乳饮料的pH一般在3.8～4.2，因此它属于高酸食品，其杀灭的对象为霉菌和酵母菌。故采用高温瞬时的巴氏杀菌即可达到商业无菌。通常大多数工厂对无菌包装的产品，均采用105～115℃，15～30s的杀菌条件。也有一些厂家采用110℃，6s或137℃，4s的杀菌条件。对包装于塑料瓶中的产品来说，通常在灌装后，再采用85～98℃，20～30min的杀菌条件进行杀菌。

项目四　酸乳加工技术

学习目标

1. 了解酸乳分类及营养价值、酸乳发酵微生物的种类及性质、酸乳生产原料的要求。
2. 制备酸乳生产发酵剂。
3. 生产全脂加糖凝固型酸乳。
4. 操作酸乳发酵生产线。
5. 了解乳酸菌饮料的工艺。

学习任务描述

全脂加糖凝固型酸乳的生产。
关键技能点：发酵剂的制备、原料乳发酵。
对应工种：乳品加工工中的乳品发酵工。
拓展项目：乳酸菌饮料的生产。

案例分析

近日，市民王女士反映，说她订购的纯牛乳可能含有抗生素，“我自己用纯牛乳制作酸乳，前一阵做出来的酸乳都非常好，可最近连续做了四天，酸乳始终没法凝固，我就在网上查询，得知牛乳中如果含有抗生素的话，就会导致酸乳无法凝固。假如牛乳中真含有抗生素，还能卖吗？消费者还能喝吗？”

问 题

1. 牛乳中为何会有抗生素？抗生素对人体有什么危害？
2. 如何检测牛乳中的抗生素？
3. 抗生素为什么会影响酸乳的发酵？

新闻摘录

2012年9月4日，消费者投诉称购买的三元哈酸乳酸牛奶呈现豆腐块状，自己宝宝在喝完之后开始拉肚子并被送去治疗。当时厂家相关工作人员解释说是运输途中出现问题所致，产品本身无质量问题。

问 题

1. 对于此现象该做如何解释？
2. 呈现豆腐块状酸乳为什么会导致腹泻现象？

任务一 酸乳的概念、分类及营养价值

一、酸乳的概念

（一）酸乳的起源

一个传说告诉我们，酸乳和开菲尔是诞生在高加索地区阿尔卑斯山脉的一个自然奇迹，各种各样不同种类的微生物在同一时间且在适宜的温度下偶然降落到一瓶牛乳中，乳在一些微生物的作用下“变酸”并凝结，恰好这些细菌是无害的、产酸型的，而且不产毒素。在故事中可能更真实的传说是，酸乳作为一种“保护剂”使人长寿，如果你偶尔遇见一位哥萨克人骑着无鞍马飞跑在高加索山谷，他很可能是一个130~140岁的老人。

发酵乳制品是指乳在发酵剂（特定菌）的作用下发酵而成的乳制品。经微生物的代谢，产生CO_2、醋酸、双乙酰、乙醛等物质，赋予最终产品独特的风味、质构和香气。在保质期内，大多数该类产品中的特定菌必须大量存在，并能继续存活和具有活性。发酵乳是一个综合名称，包括酸乳、开菲尔、马奶酒、发酵酪乳、酸乳油和干酪等产品。

酸乳是最具盛名的，也是在世界上最流行且普及的发酵乳制品，在地中海地区，亚洲和中欧地区的国家消费量最大。世界卫生组织（WHO）与国际乳品联合会（IDF）于1977年给酸乳作出如下定义：酸乳是指在添加（或不添加）乳粉（或脱脂乳粉）的乳中（杀菌乳或浓缩乳），由于保加利亚乳杆菌和嗜热链球菌的作用进行乳酸发酵而制成的凝乳状产品，成品中必须含有大量的、相应的活性微生物。

（二）发酵乳与酸乳的定义（GB 19302—2010《食品安全国家标准 发酵乳》）

1. 发酵乳（fermented milk）

以生牛（羊）乳或乳粉为原料，经杀菌、发酵后制成的 pH 降低的产品。

2. 酸乳（yoghurt）

以生牛（羊）乳或乳粉为原料，经杀菌、接种嗜热链球菌和保加利亚乳杆菌（德氏乳杆菌保加利亚亚种）发酵制成的产品。

3. 风味发酵乳（flavored fermented milk）

以 80% 以上生牛（羊）乳或乳粉为原料，添加其他原料，经杀菌、发酵后 pH 降低，发酵前或后添加或不添加食品添加剂、营养强化剂、果蔬、谷物等制成的产品。

4. 风味酸乳（flavored yoghurt）

以 80% 以上生牛（羊）乳或乳粉为原料，添加其他原料，经杀菌、接种嗜热链球菌和保加利亚乳杆菌（德氏乳杆菌保加利亚亚种），发酵前或后添加或不添加食品添加剂、营养强化剂、果蔬、谷物等制成的产品。

二、酸乳的分类

目前全世界有 400 多种酸乳，其分类方法颇多。

1. 按组织状态进行分类

（1）凝固型酸乳　发酵过程在包装容器中进行，从而使产品因发酵而保留其凝乳状态。

（2）搅拌型酸乳　先发酵后灌装而得成品。发酵后的凝乳在灌装前搅拌成黏稠组织状态。

2. 按脂肪含量分类

分为全脂酸乳、部分脱脂酸乳和脱脂酸乳（见表 4－1）；按 FAO/WHO 规定，脂肪含量全脂酸乳为 3.0%，部分脱脂酸乳为 3.0%～0.5%，脱脂酸乳为 0.5%，酸乳非脂固体含量为 8.2%。

表 4－1　酸乳的分类

项目			纯酸乳	调味酸乳	果料酸乳
脂肪含量	全脂	≥	3.1	2.5	2.5
	部分脱脂		1.0～2.0	0.8～1.6	0.8～1.6
	脱脂	≤	0.5	0.4	0.4

续表

项目			纯酸乳	调味酸乳	果料酸乳
蛋白质含量	全脂、部分脱脂及脱脂	≥	2.9	2.3	2.3
非脂乳固体含量	全脂、部分脱脂及脱脂	≥	8.1	6.5	6.5

3. 按成品口味分类

（1）天然纯酸乳　产品只由原料乳接种菌种发酵而成，不含任何辅料和添加剂。

（2）加糖酸乳　产品由原料乳和糖接种菌种发酵而成。该类产品在我国市场上常见，糖的添加量较低，一般为6%～7%。

（3）调味酸乳　在天然酸乳或加糖酸乳中加入香料制成。酸乳容器的底部加有果酱的酸乳称为圣代酸乳。

（4）果料酸乳　成品是由天然酸乳与糖、果料混合制成。

（5）复合型或营养健康型酸乳　通常在酸乳中强化不同的营养素（维生素、食用纤维素等）或在酸乳中混入不同的辅料（如谷物、干果、菇类、蔬菜汁等）制成。这种酸乳在西方国家非常流行，人们常在早餐时食用。

（6）疗效酸乳　包括低乳糖酸乳、低热量酸乳、维生素酸乳或蛋白质强化酸乳。

4. 按发酵的加工工艺进行分类

（1）浓缩酸乳　将正常酸乳中的部分乳清除去而得到的浓缩产品。因其除去乳清的方式与加工干酪方式类似，有人也称它酸乳干酪。

（2）冷冻酸乳　在酸乳中加入果料、增稠剂或乳化剂，然后将其进行冷冻处理而得到该产品。

（3）充气酸乳　发酵后在酸乳中加入稳定剂和起泡剂（通常是碳酸盐），经过均质处理即得这类产品。这类产品通常是以充 CO_2 气的酸乳饮料形式存在。

（4）酸乳粉　通常使用冷冻干燥法或喷雾干燥法将酸乳中约95%的水分除去而制成该产品。

5. 按菌种种类进行分类

（1）酸乳　一般是指仅用保加利亚乳杆菌和嗜热链球菌发酵而得的产品。

（2）双歧杆菌酸乳　酸乳菌种中含有双歧杆菌，如法国的“Bio”、日本的“Mil－Mil”。

（3）嗜酸乳杆菌酸乳　酸乳菌种中含有嗜酸乳杆菌。

（4）干酪乳杆菌酸乳　酸乳菌种中含有干酪乳杆菌。

三、酸乳与牛乳的区别与联系

1. 延长保质期

乳酸菌把牛乳中的乳糖转变成乳酸，降低了原料乳的 pH，抑制了腐败细菌和其他有害微生物的生长，从而延长了产品的货架期；但另一方面，酸乳为酵母菌和霉菌提供了良好的生长环境，从而被这些微生物污染，会使产品产生不良风味。

2. 消除“乳糖不耐症”

有些人的消化系统缺乏乳糖酶，这些人饮用牛乳后，肠道会出现鼓肠、腹鸣、下痢等现象，这跟“乳糖不耐症”有关。因为成年人体内的乳糖酶活性降低，乳糖在消化过程中不能被分解成单糖，从而引起腹泻或肠道不适。有些小儿也会产生乳糖不适症。发酵酸乳中的乳酸菌具很强的β-乳糖酶活性，可将乳糖转化成葡萄糖，消除“乳糖不耐症”。

3. 酸乳生产需要加入专用的发酵剂

在发酵乳制品生产过程中必须为发酵剂创造最好的生长条件。牛乳的热处理即可达到这一要求，它破坏了原料乳中原有的微生物，为专用的发酵剂微生物的生长提供保障。此外，牛乳必须保持在相应发酵剂的最适温度。当发酵乳获得最好的滋味和香味时，必须迅速冷却以停止发酵。如果发酵时间过长或过短，风味和稠度都会相应地变差。

发酵乳制品除了风味和香味外，良好的外观和凝块也是它的重要方面，这些特点决定于预处理参数。要想使酸乳在生产时凝块的结构坚硬，需要对乳进行充分的热处理和均质，有时还通过增加非脂乳固体含量等方法来获得。

四、酸乳的营养价值

经过乳酸菌发酵，牛乳中的蛋白质、乳糖、脂肪以及维生素、矿物质等组分发生了变化。

1. 蛋白质

酸乳含有易于消化的优质蛋白质，和普通牛乳相比，由于酸乳中乳酸菌的作用，乳蛋白（主要是酪蛋白）变性凝固成为微粒子，并相互连结形成豆腐状的组织结构。这种由乳酸作用产生的酪蛋白粒子小于乳蛋白在胃酸作用下产生的粒子，更易于人体消化吸收。

2. 乳糖和维生素

发酵过程中，乳酸菌将乳糖转化为乳酸，减少了罹患“乳糖不耐症”的风险。

和牛乳相比，酸乳中含有更多的维生素A和B族维生素，直接饮用发酵乳能使人体更加有效地吸收维生素A。作为理想食品，牛乳欠缺的是植物纤维及维生素C。果汁发酵乳，特别是在日本、欧洲风行的大粒果肉发酵乳，含有大量水果纤维及维生素C，能补足普通牛乳在营养上的欠缺，是营养成分更加完善、合理的食物佳品。

3. 矿物质元素

牛乳里含有丰富的钙，在发酵乳制造过程中，牛乳中的钙不仅没有受到破坏，还被转化为更易于人体吸收的可溶性乳酸钙。同时在乳酸菌作用下，乳蛋白分解产生的多肽类物质也有帮助钙吸收的功能。

五、酸乳中的益生菌及其保健功能

酸乳中含有活性乳酸菌，它们大多是益生菌，发挥着特殊的营养保健功能。常用的乳酸菌有：保加利亚乳杆菌、嗜热链球菌、干酪乳杆菌、嗜酸乳杆菌、植物乳杆菌、两歧双歧杆菌、长双歧杆菌、婴儿双歧杆菌、短双歧杆菌等。

益生菌的生理功能如下：

（1）改善肠内菌群　肠道内菌群按照对人体的作用可分为：有益菌群、中性菌群和有害菌群。有害菌产生的肠毒素、细菌毒素及肠内菌群腐败等可引起病原性疾病，所以肠内有益菌群占优势分布对保持人体健康、预防疾病具有十分重要的作用。发酵乳中乳酸菌属于人体有益菌群，经常摄入乳酸菌，能增加体内益生菌数量，使乳酸菌占优势，抑制有害微生物生长，维持肠道健康。

（2）降低血中胆固醇　过多的胆固醇对机体有害，乳酸菌可吸收部分胆固醇并将其转变为胆酸盐从体内排出。有研究表明，嗜热链球菌和保加利亚乳杆菌单独或混合发酵均可使蛋乳中胆固醇含量下降10%左右，嗜热链球菌比保加利亚乳杆菌降胆固醇的能力稍强。

（3）有抗肿瘤效果　有研究表明，乳酸菌能够降低罹患癌症的风险。

（4）预防衰老，延长寿命　生物体衰老学说之一是自由基及其诱导的氧化反应可引起生物膜损伤和交链键形成，使细胞受到损害。自由基活性越强，细胞损伤作用越强，而发酵乳中的SOD、维生素E、维生素C可起到协同抗氧化作用，这些物质会跟过氧化自由基反应，消除体内的过氧化自由基，从而阻止老化的发生。故在高龄化社会中发酵乳饮品作为老年食品具有更重要的意义。

任务二　发酵剂的制备

一、概念及种类

（一）概念

发酵剂是指生产酸乳制品及乳酸菌制剂时所使用的特定微生物培养物。它的质量的优劣与发酵乳产品质量的高低密切相关。

发酵剂的制备是乳品厂中最困难也是最主要的工艺之一。因为现代化乳品厂加工量很大，发酵剂制作的失败会导致重大的经济损失。在酸乳（和所有其他发酵乳制品）生产中，发酵剂的制备要求最大程度的准确性和最好的卫生条件。

（二）种类

通常用于乳酸菌发酵的发酵剂可按下列方式进行分类。

1. 按制备过程分类

（1）商品发酵剂　商品发酵剂即一级菌种，是乳酸菌纯培养物。实际上指从专业发酵剂公司或有关研究所购买的原始菌种。它一般多接种在脱脂乳、乳清、肉汁或其他培养基中，或者用冷冻升华法制成一种冻干菌苗。

（2）母发酵剂　一级菌种扩大再培养制得的发酵剂，它是生产发酵剂的基础，即在酸乳生产厂用商品发酵剂制得的发酵剂。

（3）生产发酵剂　即母发酵剂扩大培养制得的发酵剂，也称工作发酵剂，是用于发酵乳实际生产的发酵剂。

2. 按发酵剂类型分类

（1）混合发酵剂　含有两种或两种以上菌种的发酵剂，如保加利亚乳杆菌和嗜热链球菌按1:1或1:2比例混合的酸乳发酵剂，日本特有名的发酵乳“Yakult”生产所用发酵剂就是由嗜酸乳杆菌、干酪乳杆菌和双歧杆菌组合而成的。

（2）单一发酵剂　只含有一种菌种的发酵剂，生产时可以将各菌株混合。

3. 按发酵剂产品形式分类

发酵剂在生产、分发时，有液态、粉状（或颗粒状）及冷冻状三种形式。

（1）液态发酵剂　液态发酵剂中的母发酵剂、中间发酵剂一般由乳品厂化验室制备，而生产用的工作发酵剂由专门的发酵剂室或酸乳车间生产。其制备过程如图4－1所示。所用培养基为脱脂乳粉，干物质含量一般控制稍高，必要时，也可添加生长促进因子，工作发酵剂的培养基也可使用原料乳。

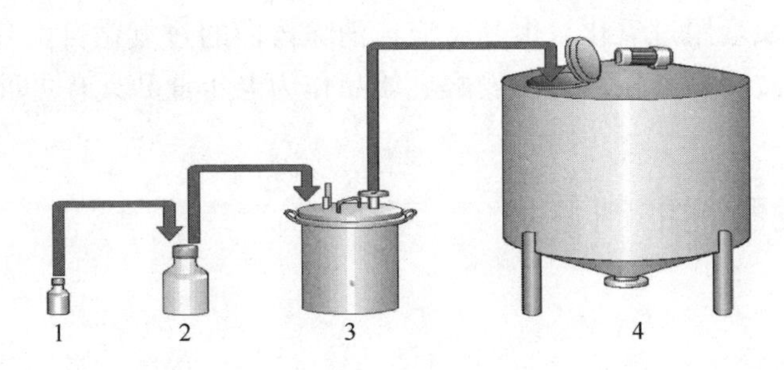

图4－1　发酵剂

1—商品发酵剂　2—母发酵剂　3—中间发酵剂　4—生产发酵剂

（2）粉状（或颗粒状）发酵剂　该发酵剂通过冷冻干燥培养得到的最大乳酸菌数的液体发酵剂制得。因冷冻干燥是在真空下进行，故能最大限度地减少高温对乳酸菌的破坏。

一般在使用前再将冷冻干燥发酵剂接种制成母发酵剂。但使用浓缩冷冻干燥发酵剂时，可将其直接制备成工作发酵剂，不需经过中间扩培过程。与液态发酵剂相比，冷冻干燥发酵剂具有以下优点：①保存了良好的质量；②稳定性更好和乳酸菌活力更强；③因接种次数减少，降低了被污染的机会。未一次用完的发酵剂，应在无菌条件下将开口密封好，以免污染，然后放入冷冻的冰柜中，并尽快用完。

（3）冷冻发酵剂　冷冻发酵剂是通过冷冻浓缩乳酸菌生长活力最高点时的液态发酵剂制成的，包装后放入液氮罐中储存。

超浓缩冷冻发酵剂也属于冷冻发酵剂，是在乳培养基中添加生长促进剂，由氨水来不断中和产生的乳酸，最后用离心机浓缩菌种而制得。将浓缩发酵剂单个滴在液氮罐中，由于冷冻作用其形成片种，然后存于-196℃的液氮中。

一般来讲，一次性发酵剂来源稳定，当其价格能接受时，可以选择一次性发酵剂；若发酵剂来源不稳定，考虑到价格因素，同时又不仅仅依赖于一次性发酵剂，则以不使用一次性发酵剂为好。

二、发酵剂的主要作用及菌种选择

1. 发酵剂的主要作用

（1）发酵乳糖产生乳酸。

（2）产生风味物质，如丁二酮、乙醛等，使酸乳具有典型的风味。

（3）分解蛋白质和脂肪，使酸乳更容易被消化吸收。

（4）酸化过程抑制致病菌生长。

2. 菌种选择

菌种选择对发酵剂的质量起着重要作用，在实际生产过程中，应根据所产酸乳的品种、口味及消费者需求来选择合适的发酵剂。选择时以产品的主要技术特性，如产香性、产酸力、产黏性及蛋白水解力的作为发酵剂菌种的选择依据。

（1）产酸能力　不同发酵剂的产酸能力有很大不同。同样条件下测得的发酵酸度随时间的变化关系即产酸曲线，从曲线上就可以判断出这几种发酵剂产酸能力的强弱。此外，还可通过测定酸度的方法来判断发酵剂菌种的产酸能力。酸度检测实际上也是常用的活力测定方法，活力是指在规定时间内，发酵过程的酸生成率。

产酸能力强的发酵剂在发酵过程中容易导致产酸过度和后酸化过强（在冷却和冷藏时继续产酸）。生产中一般选择产酸能力中等的发酵剂，即2%接种量，在42℃条件下发酵3h后，滴定酸度为90～100°T。

后酸化是指酸乳酸度达到一定值时，终止发酵，进入冷却和冷藏阶段后仍继续缓慢产酸的过程。后酸化过程包括三个阶段：①冷却过程产酸，即从发酵终点（42℃）冷却到19℃或20℃时酸度增加的过程。产酸能力强的菌种，此过程产酸量较大，尤其在冷却比较缓慢时；②冷却后期产酸，即从19℃或20℃冷却至10℃或12℃时酸度的增加；③冷藏阶段产酸，即在0～6℃冷库中酸度增加的过程。

应选择后酸化尽可能弱的发酵剂，以便于控制产品质量。后酸化的选择应符合以下要求：①从发酵结束到冷却的产酸强度应选择产酸弱到产酸中等程度者；②冷藏过程中的产酸（后酸化），应尽可能地选择弱产酸；③冷链中断时的产酸化（10～15℃），应尽可能地选择弱产酸。

目前我国冷链系统尚不完善，从酸乳产品出厂到消费者饮用之前，冷链经常被打断，因此在酸乳生产中选择产酸较温和的发酵剂显得尤为重要。

（2）滋气味和芳香味的产生　优质酸乳必须具有良好的滋气味和芳香味。与酸乳特征风味相关的芳香物质主要有乙醛、双乙酰、乙偶联、丙酮和挥发酸等，因此选择能产生良好滋气味和芳香味的发酵剂很重要。评估方法有：

①感官评定。感官评定的评估方法首选三角实验，即进行感官评定时应考虑样品的温度、酸度和存放时间对品评的影响。品尝时样品温度应为常温，而低温对味觉会有阻碍作用；酸度不能过高，酸度过高会造成样品对口腔黏膜刺激过强；样品要新鲜，以生产后24～48h内的酸乳进行品评为佳，因该阶段是滋气味和芳香味的形成阶段。

②测定挥发酸。通过测定挥发酸的量来判断芳香物质的生成量。挥发酸含量越高，意味着生成芳香物质的含量越高。

③测定乙醛。酸乳的典型风味是由乙醛（主要由保加利亚乳杆菌产生）形成的，不同菌株生成乙醛的能力不一样，因此乙醛的产生能力是选择优良菌株的重要指标之一。

（3）黏性物质的产生　酸乳发酵过程中产生的微量黏性物质，有助于改善酸乳的组织状态和黏稠度，这对固形物含量低的酸乳尤为重要。但一般情况下，产黏性菌株通常对酸乳的其他特性如酸度、风味等有不良影响，其发酵产品风味都稍差些。因此在选择这类菌株时，最好和其他菌株混合使用。生产过程中，如正常使用的发酵剂突然产黏，则可能是发酵剂发生变异所致，应引起注意。

（4）蛋白质水解能力　嗜热链球菌的蛋白水解活性很弱，而保加利亚乳杆菌表现出一定的蛋白水解活性，能将蛋白质水解为游离的氨基酸和肽类。影响发酵剂蛋白质水解活性的主要因素有：

①温度。低温时（如3℃冷藏时）弱，常温下强。

②pH。不同的蛋白质水解酶具有不同的最适pH，pH过高，容易积累蛋白质水解的中间产物，从而使酸乳出现苦味。

③菌种与菌株。嗜热链球菌和保加利亚乳杆菌的比例和数量会影响蛋白质水解的程度。不同菌株水解蛋白质的能力也有很大不同。保加利亚乳杆菌的某些菌株由于水解蛋白质能力强而会产生苦味。

④时间间隔。贮藏时间的长短对蛋白质水解作用有一定影响。乳酸菌的蛋白质水解作用可能对发酵剂和酸乳产生一些影响，如刺激嗜热链球菌的生长、促进

酸的生成、增加了酸乳的可消化性，但也会产生产品黏度下降、出现苦味等不利影响。所以若酸乳保质期短，蛋白质水解问题可不予考虑；若酸乳保质期长，应选择蛋白质水解能力弱的菌株。

三、发酵剂的制备

1. 菌种的复活及保存

菌种通常保存在试管或安瓿瓶中，当需恢复其活力时，即在无菌操作条件下将其接种到灭菌的脱脂乳试管中进行多次传代、培养。而后保存在 0 ~ 4℃ 冰箱中，每隔 1 ~ 2 周移植一次。但在长期移植过程中，可能会有杂菌污染，造成菌种退化或菌种老化、裂解。因此，菌种须不定期地纯化、复壮。

2. 母发酵剂的调制

将充分活化的菌种接种于盛有灭菌脱脂乳的三角瓶中，混匀后，放入恒温箱中进行培养。凝固后再移入灭菌脱脂乳中，如此反复 2 ~ 3 次，使乳酸菌保持稳定活力，然后再制备生产发酵剂。纯菌种活化或母发酵剂制备工艺流程如下：

复原脱脂乳（总固形物 10% ~ 12%）→灭菌，115℃/15min→冷却至43℃→接种（接种量 1% ~ 3%）→培养至凝乳（42℃）→冷却至 4℃→冰箱保存

3. 工作发酵剂的制备

工作发酵剂室最好与生产车间隔离，要求有良好的卫生状况，最好有换气设备。每天要用 200mg/L 的次氯酸钠溶液进行喷雾消毒，在操作前操作人员要用 100 ~ 150mg/L 的次氯酸钠溶液洗手消毒。氯水由专人配制并每天更换。

工作发酵剂制备可在小型发酵罐中进行，整个过程可全部自动化，并采用 CIP 清洗。其工艺流程如下：

原料乳→加热至 90℃，保持 30 ~ 60min→冷却至 42℃（或菌种要求的温度）→接种母发酵剂→发酵到酸度 >0.8%→冷却至 4℃→工作发酵剂（$1\times10^8 \sim 1\times10^9$ cfu/mL）

为了不影响生产，发酵剂要提前制备，可在低温条件下短时间贮藏。发酵剂常用乳酸菌的形态、特性及培养条件等见表 4 – 2。

表 4 – 2 常用乳酸菌的形态、特性及培养条件

细菌名称	细菌形状	菌落形状	发育最适温度/℃	最适温度下凝乳时间	极限酸度/°T	凝块性质	滋味	组织形态	适用的乳制品
乳酸链球菌	双球菌	光滑、微白、有光泽	30 ~ 35	12h	120	均匀稠密	微酸	针刺状	酸乳、酸稀奶油、牛乳酒、酸性奶油、干酪
乳油链球菌	链状	光滑微白有光泽	30	12 ~ 24h	110 ~ 115	均匀稠密	微酸	酸稀奶油状	酸乳、酸稀奶油、牛乳酒、酸性奶油、干酪

续表

细菌名称	细菌形状	菌落形状	发育最适温度/℃	最适温度下凝乳时间	极限酸度/°T	凝块性质	滋味	组织形态	适用的乳制品
产芳香物质细菌、柠檬明串珠菌、戊糖明串珠菌、丁二酮乳酸链球菌	单球状双球状长短不一的细长链状	光滑、微白、有光泽	30	不凝结 48～72h 18～48h	70～80 100～105	—	—	—	酸乳、酸稀奶油、牛乳酒、酸性奶油、干酪
嗜热链球菌	链状	光滑、微白有光泽	37～42	12～24	110～115	均匀	微酸	酸稀奶油状	酸乳、干酪
嗜热性乳酸杆菌、保加利亚乳杆菌、干酪杆菌、嗜酸杆菌	长杆状有时呈颗粒状	无色的小菌落如絮状	42～45	12h	300～400	均匀稠密	酸	针刺状	酸牛乳、马乳酒、干酪、乳酸菌制剂
双歧杆菌 两歧双歧杆菌 长双歧杆菌 婴儿双歧杆菌 短双歧杆菌	多形性杆菌，呈Y、V形弯曲状、勺状、棒状等	中心部稍突起，表面灰褐色或乳白色，稍粗糙	37	17～24	—	均匀	微酸有醋酸味	酸稀奶油状	酸乳、乳酸菌制剂

四、发酵剂活力及质量控制

（一）感官检查

对于液态发酵剂，首先是检查其组织状态、色泽及有无乳清分离等；其次是检查凝乳的硬度；然后是品尝酸味及风味，检查其是否有苦味、异味等。

（二）发酵剂活力测定

发酵剂的活力，可通过乳酸菌在规定时间内产酸状况或色素还原情况来进行判断。

1. 酸度测定

在10mL灭菌脱脂乳或复原脱脂乳（固形物含量11.0%）中接入3%的待测发酵剂，在37.8℃的恒温箱下培养3.5h，然后迅速从培养箱中取出试管加入20mL蒸馏水及2滴1%酚酞指示剂，用0.1mol/L NaOH标准溶液滴定，按下式进行计算：

$$X=\frac{c\times V\times 100}{m\times 0.1}\times 0.009$$

式中　X——试样乳酸度；

c——氢氧化钠标准溶液的浓度，mol/L；

V——滴定时所用氢氧化钠溶液的体积，mL；

m——称取样品的质量，g；

0. 1——酸度理论定义氢氧化钠的浓度，mol/L。

如果滴定乳酸度达0. 8%以上，则可以认为发酵剂活力良好。

2. 刃天青还原试验

在9mL灭菌脱脂乳中加1mL发酵剂和0. 005%刃天青溶液1mL，在36. 7℃的恒温箱中培养35min以上，如完全褪色则表示活力良好。

3. 污染程度检查

在实际生产过程中对连续传代的母发酵剂进行定期检查：①纯度可通过催化酶试验进行判定，乳酸菌催化酶试验应呈阴性，阳性反应是污染所致；②阳性大肠菌群试验用以检测粪便污染情况；③检查是否污染酵母、霉菌，乳酸发酵剂中不允许出现酵母或霉菌；④检查噬菌体的污染情况。

五、发酵剂的保存

目前市场已出现新一代浓缩、深冻和冻干发酵剂，很多大型乳品厂使用冻干或深冻的直投式发酵剂。但是发酵剂的卫生要求不能降低。拿到供应商提供的发酵剂后应仔细阅读产品介绍，注意保存和使用条件，以便获得最佳效果。

一般深冻发酵剂比冻干发酵剂需要更低的贮存温度。而且要求用装有干冰的绝热塑料盒包装运输，时间不能超过12h，而冻干发酵剂在20℃温度下运输10天也不会缩短原有的货架期，货到达购买者手中后，按建议的温度贮存即可。一些浓缩发酵剂的贮存条件和货架期如表4－3所示：

表4－3　一些浓缩发酵剂的贮存条件和货架期

发酵剂类型	贮存条件	货架期/月	作用
冻干超浓缩发酵剂DVS	低于－18℃冷冻室	≥12	直接用于生产
深冻发酵剂	低于－45℃冷冻室	≥12	
冻干超浓缩发酵剂	低于－18℃冷冻室	≥12	为制备生产发酵剂
深冻浓缩发酵剂	低于－45℃冷冻室	≥12	为制备生产发酵剂
冻干粉末发酵剂	低于＋5℃冷藏室	≥12	为制备母发酵剂

任务三　酸乳生产

一、酸乳加工工艺

酸乳制品的种类，由于所用原料和发酵剂的不同而名目繁多；又因生产目的不同其生产方法也有所不同，最基本的生产工艺是凝固型酸乳和搅拌型酸乳工艺，此外还有部分的饮用型酸乳。凝固型酸乳生产与其他的发酵产品的生产技术有许多相似之处，如牛乳的预处理几乎完全相同，因此对其他产品的工艺描述主要集中在与酸乳生产不同的生产阶段。

（一）凝固型酸乳

1. 凝固型酸乳生产工艺流程

原料乳→预处理→标准化→均质→杀菌→冷却→接种→装罐→发酵→冷却后熟

凝固型酸乳生产示意图（图4-2）。

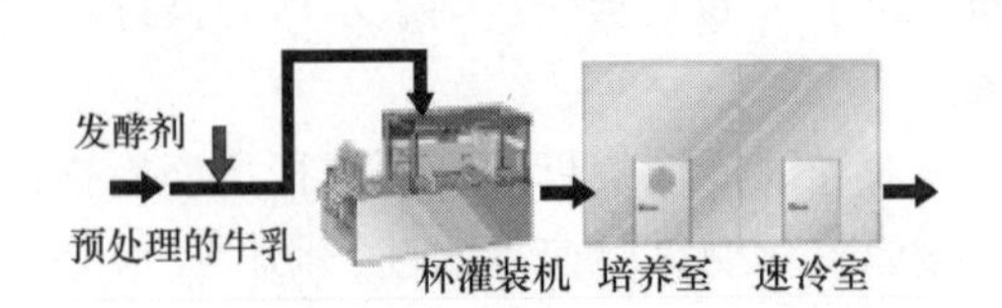

图4-2　凝固型酸乳生产示意图

2. 凝固型酸乳工艺操作要点

（1）原料乳的选择　用于酸乳生产的牛乳必须具有最高的卫生质量，细菌含量低，无阻碍酸乳发酵的物质，牛乳中不得含有抗生素、噬菌体、CIP清洗剂残留物或杀菌剂。因此乳品厂用于制作酸乳的原料乳要经过选择，并对原料乳进行认真的检验，原料乳应符合GB 19301—2010的规定，要求牛乳酸度在18°T以下，杂菌数不高于2×10^{6}个/mL。

（2）均质　均质处理可使原料充分混匀，有利于提高酸乳的稳定性和黏稠度，并使酸乳质地细腻，口感良好。均质压力为20～25MPa。

（3）杀菌　杀菌的目的在于杀灭原料乳中的杂菌，确保乳酸菌的正常生长和繁殖；钝化原料乳中对发酵菌有抑制作用的天然抑制物；使牛乳中的乳清蛋白变性，以达到改善组织状态、提高黏稠度和防止成品乳清析出的目的。杀菌条件为90～95℃，5min。

（4）接种　杀菌后的乳应马上降至45℃左右，以便接种发酵剂。菌种的接种量根据菌种活力、发酵方法、生产时间安排和混合菌种配比不同而定。一般生产发酵剂，产酸活力在0.7%～1.0%，此时接种量应为2%～4%。加入的发酵剂应事先在无菌操作条件下搅拌成均匀细腻的状态，不应有大凝块，以免影响成品质量。

（5）灌装　凝固型酸乳灌装时，可根据市场需要选择玻璃瓶或塑料杯，在装瓶前需对玻璃瓶进行蒸汽灭菌，一次性塑料杯可直接使用。搅拌型酸乳灌装时，应注意对果料进行杀菌，杀菌温度应控制在能抑制一切有生长能力的细菌，而又不影响果料的风味和质地的范围内。

（6）发酵　使用保加利亚乳杆菌与嗜热链球菌的混合发酵剂时，温度应保持在41～42℃，培养时间为2.5～4.0h（2%～4%的接种量）。达到凝固状态时即可终止发酵。发酵终点可依据如下条件进行判断：①滴定酸度达到80°T以上；②pH低于4.6；③表面有少量水痕；④乳变黏稠。发酵时应注意避免振动，否则会影响发酵乳的组织状态；发酵温度应恒定，避免忽高忽低；掌握好发酵时间，防止酸度不够或过度以及乳清析出。

（7）冷却　发酵好的凝固酸乳，应立即移入0～4℃的冷库中，迅速抑制乳酸菌的生长，以免继续发酵造成酸度过高。在冷藏期间，酸度仍会有所上升，同时风味物质双乙酰含量也会增加。试验表明冷却24h，双乙酰含量达到最高，超过24h又会减少。因此，发酵凝固后需在0～4℃贮藏24h后再出售，该过程也称为后成熟。一般最大冷藏期为7～14d。

（8）包装　酸乳在出售前，其包装物上应有清晰的商标、标识、保质期限、产品名称、主要成分的含量、食用方法、贮藏条件以及生产商和生产日期。

目前，酸乳的包装多种多样，砖形的、杯状的、圆形的、袋状的、盒状的、家庭经济装的等；其包装材质也种类繁多，复合纸的、PVC材质的、瓷罐的、玻璃的等。不同的包装材料和包装形式，为消费者提供了多种的选择，以满足不同层次消费者的需求和繁荣酸乳市场。但不论哪种形式和材质的包装物都必须无毒、无害、安全卫生，以确保消费者的健康。

凝固型酸乳整体生产示意图（图4-3）。

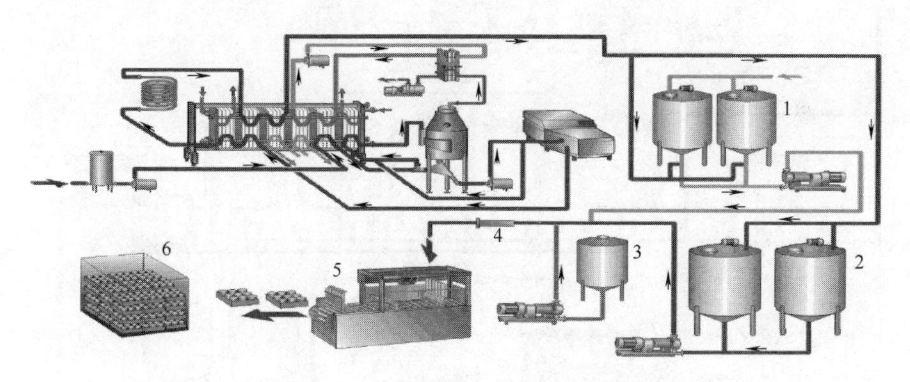

图4-3　凝固型酸乳整体生产示意图

1—种子罐　2—平衡罐　3—果料罐　4—过滤器　5—灌装机　6—发酵室

（二）搅拌型酸乳

1. 搅拌型酸乳工艺流程

原料乳验收→预处理→标准化→均质→杀菌→冷却→接种→发酵罐中发酵→冷却→添加果料→打碎搅拌→灌装→冷藏后熟

搅拌型酸乳的生产示意图见图4-4。

2. 搅拌型酸乳工艺操作要点

（1）原料乳的验收、预处理、标准化、均质、杀菌、冷却、接种　其工艺同凝固型酸乳。

（2）发酵　搅拌型酸乳的发酵过程是在发酵罐中进行的，应控制好发酵的

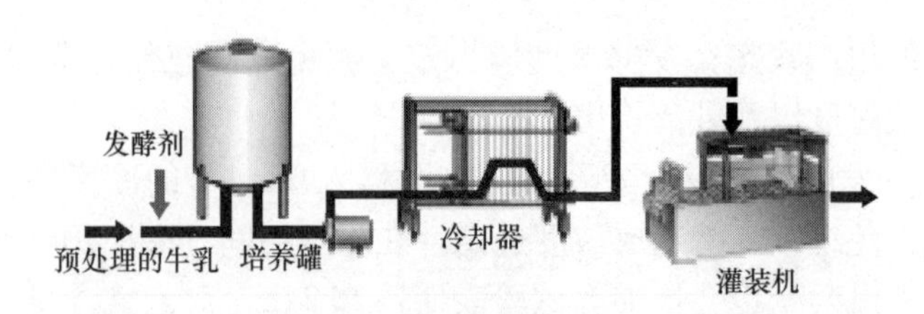

图4-4 搅拌型酸乳生产示意图

温度，也要避免温度的忽高忽低。发酵罐上部和下部温差不要超过1.5℃。

（3）搅拌　搅拌是搅拌型酸乳生产的一道重要工序，搅拌时应注意凝胶体的温度、pH及固体含量等。通常搅拌开始时用低速，然后用较快的速度。

（4）冷却　冷却的目的除为防止产酸过度外，还可防止搅拌时脱水。冷却过程应稳定进行，过快将造成凝块收缩迅速，导致乳清分离；过慢则会造成产品过酸和所添加果料的脱色。

搅拌型酸乳整体生产示意图见图4-5。

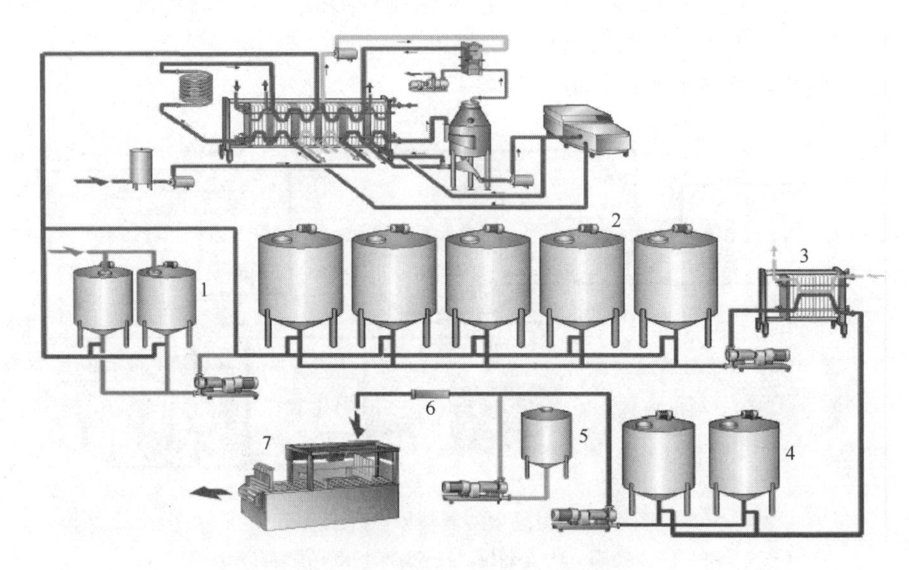

图4-5 搅拌型酸乳整体生产示意图

1—种子罐　2—发酵罐　3—均质器　4—平衡罐　5—果料罐　6—过滤器　7—灌装机

（三）饮用型酸乳

饮用型酸乳是一种低黏度、饮用型的酸乳，在许多国家很流行，正常情况下其脂肪含量较低。其生产示意图见图4-6。

饮用型酸乳生产中，酸乳用普通方法制作，然后进行搅拌，冷却至18～20℃之后，再送到缓冲罐，并向罐中加入稳定剂和香精，并与酸乳混合。酸乳混合可用不同的方法，取决于产品需要的货架期。

凝固型、搅拌型、饮用型酸乳流程图见图4-7。

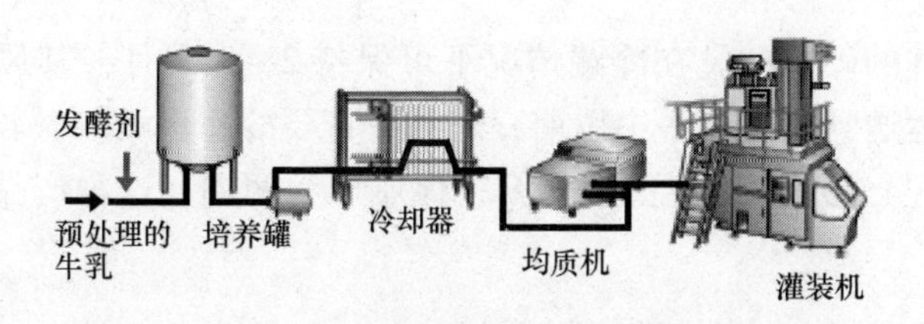

图4－6 饮用型酸乳生产示意图

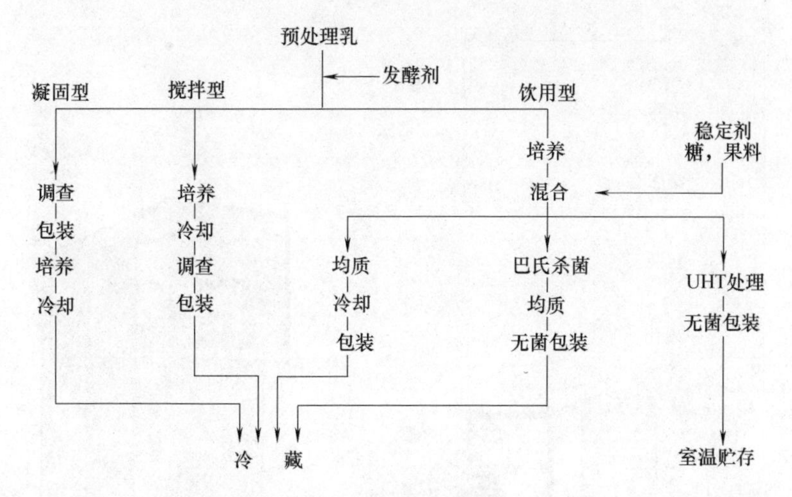

图4－7 凝固型、搅拌型和饮用型酸乳流程图

（四）冷冻酸乳

冷冻酸乳有两种方法，酸乳与冰淇淋混合物混合，或者基料混合后再进行发酵加工。冷冻酸乳可分成软硬两种类型。

当达到所需酸度时，酸乳混料在热交换器中冷却以阻止进一步发酵。在酸乳被送到中间贮存罐以前，把所有的香料和糖通过计量泵加到混料装置里。

从中间贮存罐出来，产品可以沿几种不同的途径进行加工：①酸乳混料直接送到冰淇淋凝冻机，冻成冰棒或灌杯/散装，连续硬化成硬冷冻酸乳；②做冷冻酸乳的混料直接灌装于任何包装物内，如传统的牛乳包装或盒装，然后直接送到销售点做软冰淇淋；③为了延长货架期，可以把做软冻酸乳的冰淇淋料在无菌包装前进行 UHT 灭菌。冷冻酸乳工艺流程示意图见图4－8。

与传统冰淇淋制作方法一样，酸乳在连续冰淇淋机中被预冻和搅打（图4－9），搅打起泡时周边为含氮的气体，以避免随后贮存期间的氧化问题。凝冻的酸乳在－8℃时离开凝冻机，这样会使产品更适合于大多数灌装机。液体果料香味料和糖可以在凝冻机里进行添加。同一种酸乳基料，在同一台凝冻机中可以生产出不同香型的冷冻酸乳。凝冻以后，冷冻酸乳用传统冰淇淋一样的方式进行包装成蛋卷、杯或散装产品，然后把产品送入硬化隧道（图4－10），温度降至－25℃。冷冻酸乳棒可以在一个规则的冰淇淋机中冷冻。因为酸乳直接在－25℃

冷冻，搅有氮气的硬冻酸乳在冷藏情况下可保持2～3个月，其风味和质地没有任何变化。在运送到消费者手中以前，产品一直要冷冻保藏。做软冻酸乳的基料（不经UHT处理）最高贮存温度为6℃，保质期为两周，这种产品应该在凝冻后立刻消费。

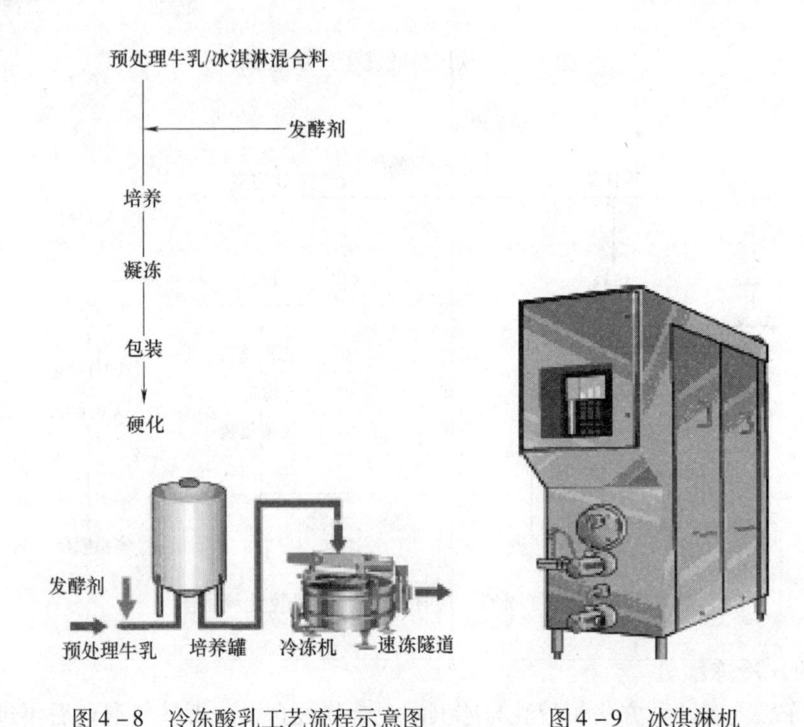

图4－8　冷冻酸乳工艺流程示意图

图4－9　冰淇淋机

图4－10　冷冻隧道

二、发酵乳产品国家标准

发酵乳产品的国家标准为 GB 19302—2010《食品安全国家标准 发酵乳》

1. 感官要求

见表 4－4。

表 4－4 发酵乳感官要求

项目	要求		检验方法
	发酵乳	风味发酵乳	
色泽	色泽均匀一致，呈乳白色或微黄色	具有与添加成分相符的色泽	取适量试样置于 50mL 烧杯中，在自然光下观察色泽和组织状态，闻其气味，用温开水漱口，品尝滋味
滋味、气味	具有发酵乳特有的滋味、气味	具有与添加成分相符的滋味和气味	
组织状态	组织细腻、均匀，允许有少量乳清析出	风味发酵乳具有添加成分特有的组织状态	

2. 理化指标

见表 4－5。

表 4－5 发酵乳理化指标

项目	指标		检验方法
	发酵乳	风味发酵乳	
脂肪 * /(g/100g) ≥	3.1	2.5	GB 5413.3—2010
非脂乳固体/(g/100g) ≥	8.1	—	GB 5413.39—2010
蛋白质/(g/100g) ≥	2.9	2.3	GB 5009.5—2010
酸度/(°T) ≥		70.0	GB 5413.34—2010

注：* 仅适用于全脂产品。

3. 微生物限量

见表 4－6。

表 4－6 发酵乳产品微生物限量

项目	采样方案 * 及限量（若非指定，均以 cfu/g 或 cfu/mL 表示）				检验方法
	n	c	m	M	
大肠菌群	5	2	1	5	GB 4789.3—2010 平板计数法
金黄色葡萄球菌	5	0	0/25g（mL）	—	GB 4789.10—2010 定性检验
沙门菌	5	0	0/25g（mL）	—	GB 4789.4—2010
酵母≤	—	—	100	—	GB 4789.15—2010
霉菌≤	—	—	30	—	

注：* 样品的分析及处理按 GB 4789.1—2010 和 GB 4789.18—2010 执行。

4. 乳酸菌数

见表4－7。

表4－7　发酵乳乳酸菌数

项目	限量/［cfu/g（mL）］	检验方法
乳酸菌数* ≥	1×10^6	GB 4789.35—2010

注：*发酵后经热处理的产品对乳酸菌数不作要求。

5. 其他要求

（1）发酵后经热处理的产品应标识“××热处理发酵乳”、“××热处理风味发酵乳”、“××热处理酸乳/奶”或“××热处理风味酸乳/奶”。

（2）全部用乳粉生产的产品应在紧邻产品名称部位标明“复原乳”或“复原奶”；在生牛（羊）乳中添加部分乳粉生产的产品应在紧邻产品名称部位标明“含××%*复原乳”或“含××%复原奶”。

（3）“复原乳”或“复原奶”与产品名称应标识在包装容器的同一主要展示版面；标识的“复原乳”或“复原奶”字样应醒目，其字号不小于产品名称的字号，字体高度不小于主要展示版面高度的五分之一。

项目实施

酸乳的制作

酸乳的生产主要包括原料乳验收组、均质杀菌组、接种组、灌装组、发酵组、冷却组和包装组，共7个工作组。

项目实施过程主要包括工作场景，工作安排，工作所需原料、设备、原材料，填写生产报告单，出具生产检测报告，评价与反馈6个过程，具体实施方法参考项目二。

课后思考

1. 超市中酸乳陈列在（选择冷藏柜台或常温柜台）销售，酸乳的保质期通常为______。
2. 酸乳产品的标签与消毒乳的标签相比，前者增加了__________活菌和__________活菌的内容。
3. 与消毒乳相比，酸乳有明显的________味，口感更加（选择稠或稀）。
4. 请查资料，写出我国全脂加糖凝固型酸乳的质量标准。
5. 什么是酸乳发酵剂？酸乳发酵剂常用的菌种有哪些？
6. 全脂加糖凝固型酸乳的加工工艺流程和操作要点是什么？

注：*指所添加乳粉占产品中全乳固体的质量分数。

拓展学习

乳酸菌饮料的加工

乳酸菌饮料是一种发酵型的酸性含乳饮料。通常以牛乳或乳粉、植物蛋白乳（粉）、果蔬菜汁或糖类为原料，添加或不添加食品添加剂与辅料，经杀菌、冷却、接种乳酸菌发酵剂培养发酵，再经稀释而制成。乳酸菌饮料因其加工处理的方法不同，一般分酸性乳和果蔬型两大类。同时又可分为活性乳酸菌饮料（未经杀菌）和非活性乳酸菌饮料（经后杀菌）。活菌型乳酸菌饮料在加工过程中对工艺控制要求较高，且需无菌灌装，加之在销售过程中需冷藏销售，我国虽早有生产，但产量较低。目前我国销量最大的品种仍然是杀菌型乳酸菌饮料。

（一）乳酸菌饮料的加工工艺流程

活性乳酸菌饮料与非活性乳酸菌饮料在加工过程的区别主要在于配料后是否杀菌。其工艺流程如下图：

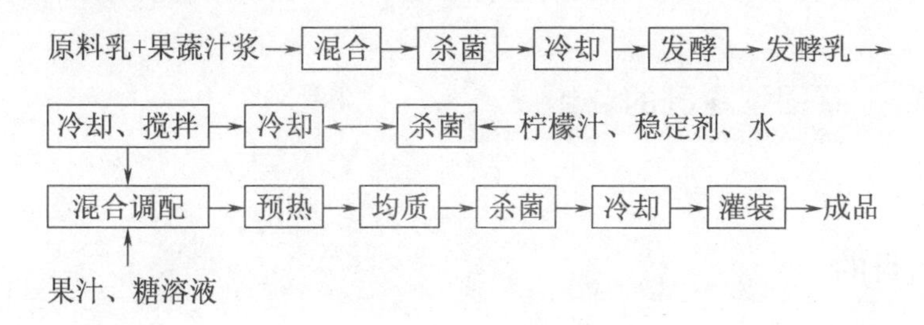

（二）加工要点

1. 配方及混合调配

（1）乳酸菌饮料配方Ⅰ　酸乳，30%；糖，10%；果糖，0.4%；果汁，6%；45%的乳酸，0.1%；香精，0.15%；水，53.35%。

（2）乳酸菌饮料配方Ⅱ　酸乳，46.2%；白糖，6.7%；蛋白糖，0.11%；果胶，0.18%；耐酸羧甲基纤维素钠（CMC），0.23%；柠檬酸，0.29%；磷酸二氢钠，0.05%；香兰素，0.018%；水蜜桃香精，0.023%；水，46.2%。

先将白砂糖、稳定剂、乳化剂与螯合剂等一起搅拌均匀，加入到70~80℃的热水中充分溶解，经杀菌、冷却后，同果汁、酸味剂一起与发酵乳混合并搅拌，最后加入香精等。

在乳酸菌饮料中最常使用的稳定剂是纯果胶或纯果胶与其他稳定剂的混合物。通常果胶对酪蛋白颗粒具有最佳的稳定性，这是因为果胶是一种聚半乳糖醛酸，在pH为中性和酸性时带负电荷，将果胶加入到酸乳中时，它会附着于酪蛋白颗粒的表面，使酪蛋白颗粒带负电荷。由于同性电荷互相排斥，可避免酪蛋白颗粒间相互聚合成大颗粒而产生沉淀，考虑到果胶分子在使用过程中的降解趋势以及它在pH=4时稳定性最佳的特点。因此，杀菌前一般将乳酸菌饮料的pH调整为3.8~4.2。

2. 均质

均质使其液滴细微化，提高料液黏度，抑制粒子的沉淀，并增强稳定剂的稳定效果。乳酸菌饮料较适宜的均质压力为20～25MPa，温度53℃。

3. 杀菌

发酵调配后杀菌目的是延长饮料的保存期。经合理杀菌、无菌灌装后的饮料，其保存期可达3～6个月。由于乳酸菌饮料属于高酸食品，故采用高温短时巴氏杀菌即可得到商业无菌，也可采用更高的杀菌条件如95～105℃、30s或110℃、4s。生产厂家可根据自己的实际情况，对以上杀菌制度作相应的调整。对塑料瓶包装的产品来说，一般灌装后采用95～98℃，20～30min的杀菌条件，然后进行冷却。

4. 果蔬预处理

在制作果蔬乳酸菌饮料时，要首先对果蔬进行加热处理，以起到灭酶作用。通常在沸水中放置6～8min。经灭酶后打浆或取汁，再与杀菌后的原料乳混合。

实训项目　凝固型酸乳的制作

一、实训目的

（1）了解酸乳加工过程中发酵的目的；

（2）掌握酸乳加工工艺及操作要点。

二、实验材料及设备

1. 材料

原料乳，蔗糖。

2. 菌种

保加利亚乳杆菌，嗜热链球菌。

3. 设备仪器

高压均质机，高压灭菌锅，酸度计，酸性pH试纸，超净工作台，恒温培养箱等。

三、实训步骤与方法

（一）发酵剂的制备

1. 脱脂乳培养基制备

脱脂乳用三角瓶和试管分装，置于高压灭菌器中，121℃灭菌15min。

2. 菌种活化与培养

用灭菌后的脱脂乳将粉状菌种溶解，用接种环接种于装有灭菌乳的三角瓶和试管中，42℃恒温培养直到凝固。取出后置于4℃下培养24h（有助于风味物质的提高），再进行第二次、第三次接代培养，使保加利亚杆菌和嗜热链球菌的滴定酸度分别达110°T和90°T以上。

3. 发酵剂混合扩大培养

将已活化培养好的液体菌种以球菌∶杆菌为1∶1的比例混合，接种于灭菌脱脂乳中恒温培养。接种量为2%～6%，培养温度42℃，时间3.5～4.0h。制备成母发酵剂，备用。

（二）酸乳的制作

1. 工艺流程

原料乳验收 → 预处理 → 标准化 → 均质 → 杀菌 → 冷却 → 接种 → 装罐 → 发酵 → 冷却后熟

2. 操作要点

（1）加糖　原料中加入5%～7%的砂糖。

（2）均质　均质前将原料乳预热至53℃，20～25MPa下均质处理。

（3）杀菌　均质料乳杀菌温度为90℃，时间15min。

（4）冷却　杀菌后迅速冷却至42℃左右。

（5）接种　接种量为2%～6%。保加利亚乳杆菌：嗜热链球菌为1∶1。

（6）培养　接种后分装于酸乳瓶中，置于42℃恒温箱中培养至凝固，3～4h。

3. 质量评定

（1）感官指标

①组织状态：凝块均匀细腻，无气泡，允许有少量乳清析出。

②滋味和气味：具有纯乳酸发酵剂制成的酸牛乳特有的滋味和气味，无酒精发酵味、霉味和其他外来的不良气味。

③色泽：色泽均匀一致，呈乳白色或稍带微黄色。

（2）微生物指标　大肠菌群数≤90个/100mL，不得有致病菌。

（3）主要理化指标　脂肪≥3.0%（扣除砂糖计算），全乳固体≥11.5%，酸度70～110°T，砂糖≥5.0%。

4. 注意事项

（1）加发酵剂后尽快分装完毕。

（2）实验过程中，应做到无菌操作，以免二次污染。

四、思考题

（1）凝固型酸乳制作过程中应注意哪些方面？

（2）对发酵剂的品质及酸乳的质量应从哪些方面加以控制？

项目五　干酪加工技术

学习目标

1. 说出干酪的概念、分类及营养价值。
2. 知道干酪凝乳原理。
3. 掌握切达干酪生产工艺及质量控制点。
4. 进行凝乳操作。
5. 进行凝块切割。
6. 进行排乳清操作。
7. 操作切达干酪生产线。

学习任务描述

天然干酪（切达干酪）的生产。
关键技能点：牛乳凝乳、排乳清。
对应工种：凝乳工。
拓展项目：再制干酪的生产。

案例分析

关于干酪的故事

假设一个人处于与世隔绝的境况，仅仅有一种食物可供选择，你会选择什么呢？

从世界范围来看，我相信很多人会像我一样选择干酪，因为它不仅营养丰富，而且口味众多。从新鲜的稀奶油干酪、精致的山羊乳干酪到第一流的青纹干酪，如罗奎福干酪、斯蒂尔顿干酪，只要它制作精良，并达到适当的成熟度，我想象不出哪种干酪我会不喜欢。我尝过的切达干酪有英国的萨默赛特干酪、美国的佛蒙特干酪、美味绝伦的瑞士山区干酪和法国的卡门培尔稀奶油干酪。如果需要风味浓郁一些的，还可以选择风味强烈的意大利南部和西班牙中部产的绵羊乳干酪，以及充满辛辣味的庞特依维克干酪，或者是两年成熟期的楔形帕尔马逊干酪。干酪品种的选择可以说是无穷无尽的。

——摘自《干酪鉴赏手册》

问 题

1. 中国有品茶、品酒等深厚底蕴的饮食文化，西方国家有没有饮食文化？对于干酪文化你了解多少？

2. 在超市中有没有看到过干酪产品？去干酪相关网站看看，请找出3~5种干酪的图片及对其风味特性的描述。

3. 买块干酪尝尝，说说它与液态乳、酸乳有什么区别。

据英国路透社驻比利时布鲁塞尔记者（2008年）3月25日报道，欧洲委员会（European Commission）要求意大利政府保证其生产的顶级莫扎来拉（Mozzarella）干酪能够安全食用。近日，媒体广泛报道意大利部分地区生产的莫扎来拉干酪含有致癌物质二噁英。欧洲委员会向路透社表示，要求意大利最晚于3月26日做出相关回复。

目前，韩国已经禁止进口意大利产的莫扎来拉干酪，并且将通过本国机构对这些干酪进行检测，看其是否含有致癌物质二噁英。日本和中国也停止了对意大利产莫扎来拉干酪的进口。日本市场莫扎来拉干酪的销量迅速降低40%。

问 题

1. 为什么小小的干酪会引发国际贸易摩擦？干酪在西方人日常生活中占有什么地位？

2. 为什么干酪中会有二噁英？

3. 莫扎来拉干酪是什么？你在国内市场上见到过这种干酪吗？

新闻摘录

蒙牛的“未来星儿童成长奶酪”的产品写有“适用人群范围为‘儿童’的说明”。“乳矿物盐”赫然在列，而且该产品也没有标识适用年龄段。卫生部2009年18号文件规定，乳矿物盐等7种新资源食品的使用范围不含婴幼儿食品。

有乳业专家对记者表示，2岁以下的婴幼儿肾脏还没有发育成熟，无法吸收高蛋白、高钙的食物，即使是全脂牛乳中的营养都无法消化吸收，需要兑水才能喝，更何况含钙量高达普通牛乳六七倍的乳酪。据了解100mL全脂牛乳中平均仅含110mg的钙，而市面上大部分儿童乳酪产品的钙含量都大大超过这个含量。

问 题

（1）干酪中什么要加乳矿物质？

（2）乳矿物质是干酪的必需成分吗？

任务一 认识干酪

一、干酪的概念

干酪也称奶酪、芝士，是指在乳（牛乳、羊乳及其脱脂乳、稀奶油等）中加入适量的发酵剂和凝乳酶，使乳蛋白（主要是酪蛋白）凝固后排除乳清，并将凝块压成所需形状而制成的产品。

干酪制成后不经发酵成熟所制得的产品称为新鲜干酪，它是一种生产后短时间内消费的干酪。

成熟干酪是一种不准备在加工后短期内消费，并在一定温度和湿度条件下保存一段时间的干酪，保存期间干酪中的微生物和酶发挥作用，使干酪发生生化、物理变化，形成成熟干酪所特有的风味和质地。

国际上将以上两种干酪统称为天然干酪。传统意义上的干酪通常是指天然干酪。天然干酪是再制干酪和干酪食品制作的基础原料。

与天然干酪相对应的，还有再制干酪和干酪食品。再制干酪，也叫融化干酪，是用一种或一种以上的天然干酪，添加食品卫生标准所允许的添加剂（或不加添加剂），经粉碎、混合、加热融化、乳化后制成的产品，其乳固体含量在40%以上。此外，还有下列两项规定：

（1）允许添加稀奶油、奶油或乳脂肪以调整脂肪含量；

（2）在添加香料、调味料及其他食品时，其添加量必须控制在乳固体总量的1/6以内，但不得添加脱脂乳粉、全脂乳粉、乳糖、干酪素以及非乳源的脂肪、蛋白质及碳水化合物。

干酪食品是指用一种或一种以上的天然干酪或融化干酪，添加食品卫生标准所规定的添加物（或不加添加剂），经粉碎、混合、加热融化而制成的产品，产品中干酪的质量需占干酪食品总质量的50%以上。此外，还规定：

（1）添加香料、调味料或其他食品，其添加量需控制在产品干物质总量的1/6以内；

（2）可以添加非乳源的脂肪、蛋白质或碳水化合物，但添加量不得超过产品总质量的10%。

与天然干酪相比，再制干酪和干酪食品风味更易被初尝者接受，我国市场上目前再制干酪和干酪食品所占比重较大。上市的食品都有产品标签，再制干酪和天然干酪属于不同产品，标签都会标明产品种类。

二、干酪的基础知识

（1）在古代干酪就已在许多文明中出现过，其已有2000多年的历史。

（2）干酪是一种固态乳制品，是由乳浓缩凝聚形成的，其基础干固物主要是蛋白质，实际是酪蛋白和脂肪，液体称为乳清，乳清在干酪生产过程中被排除出去。

（3）在生产硬质干酪和一些半硬质干酪时，乳中的酪蛋白和脂肪被浓缩约10倍。

（4）干酪的品种太多，所以干酪的概念不存在严格的定义。

（5）各类干酪都可通过一系列特性，如结构（组织、质地）、滋味和外观来鉴别，干酪风味质地特性的形成是选用不同发酵剂和加工工艺的结果。

三、天然干酪的分类

干酪制作历史悠久，不同的产地、制造方法、组成成分、形状外观都会产生不同的名称和品种的干酪。因此在乳制品中干酪的种类最多。据美国农业部统计，世界上已命名的干酪种类多达800余种，其中400余种比较著名。

干酪依据原产地、制造方法、外观、理化性质和微生物学特性等进行命名和分类。

国际上比较通行的干酪分类方法是以质地、脂肪含量和成熟情况三个方面对干酪进行描述和分类：

按水分在干酪非脂成分中的比例可分为特硬质、硬质、半硬质、半软质和软质干酪；

按脂肪在干酪非脂成分中的比例可分为全脂、中脂、低脂和脱脂干酪；

按发酵成熟情况可分为细菌成熟的、霉菌成熟的和新鲜的干酪。

天然干酪分类见表5-1。

表 5－1　天然干酪分类

种类		与成熟有关的微生物	水分含量	主要品种
软质干酪	新鲜	不成熟	40%～60%	农家干酪（Cottage Cheese） 稀奶油干酪（Cream Cheese） 里科塔干酪（Ricotta Cheese）
	成熟	细菌		比利时干酪（Limburg Cheese） 手工干酪（Hand Cheese）
		霉菌		法国浓味干酪（Camembert Cheese） 布里干酪（Brie Cheese）
半硬质干酪		细菌	36%～40%	砖状干酪（Brick Cheese） 修道院干酪（Trappist Cheese）
		霉菌		法国羊乳干酪（Roqucfort Cheese） 青纹干酪（Blue Cheese）
硬质干酪	实心	细菌	25%～36%	荷兰干酪（Goude Cheese） 荷兰圆形干酪（Edam Cheese）
	有气孔	细菌（丙酸菌）		埃门塔尔干酪（Emmentaler Cheese） 瑞士干酪（Swiss Cheese）
特硬干酪		细菌	<25%	帕尔马逊干酪（Parmesan Cheese） 罗马诺干酪（Romano Cheese）
再制干酪			40%以下	再制干酪（Processed Cheese）

四、干酪的营养价值

干酪的营养成分种类繁多，含有丰富的蛋白质、脂肪等有机成分和钙、磷等无机盐类，以及多种维生素及微量元素。几种主要干酪的成分组成及热量（每100g 干酪）见表 5－2。

表 5－2　几种干酪的成分组成及热量（每 100g 干酪）

干酪名称	类型	水分/%	热量/cal	蛋白质/g	脂肪/g	钙/mg	磷/mg	维生素			
								A/IU	B_1/mg	B_2/mg	烟酸/mg
切达干酪	硬质（细菌成熟）	37.0	398	25.0	32.0	750	478	1310	0.03	0.46	0.1
法国羊乳干酪	半硬（霉菌发酵）	40.0	368	21.5	30.5	315	184	1240	0.03	0.61	0.2

续表

干酪名称	类型	水分/%	热量/cal	蛋白质/g	脂肪/g	钙/mg	磷/mg	维生素			
								A/IU	B_1/mg	B_2/mg	烟酸/mg
法国浓味干酪	软质（霉菌成熟）	52.2	299	17.5	24.7	105	339	1010	0.04	0.75	0.8
农家干酪	软质（新鲜不成熟）	79.0	86	17.0	0.3	90	175	10	0.03	0.28	0.1

注：1cal = 4.2J。

在传统的天然硬质干酪制作工艺中，用4～5kg乳才能制得0.5kg干酪，所以干酪浓缩了原料乳中的精华，具有很高的营养价值。干酪中的脂肪和蛋白质含量比原料乳中的脂肪和蛋白质含量提高了将近10倍。干酪所含的钙、磷等无机成分，除能满足人体的营养需要外，还具有重要的生理功能。干酪中所含的维生素主要是维生素A，其次是胡萝卜素、B族维生素和烟酸等。

在干酪的发酵成熟过程中，乳蛋白质在凝乳酶和乳酸菌发酵剂产生的蛋白酶的作用下分解形成胨、肽、氨基酸等小分子物质，易被人体消化吸收，使得干酪蛋白质的消化率高达96%～98%。

干酪中所含的乳酸菌，对人体健康大有裨益。大量研究结果表明，经乳酸菌发酵后的乳制品，不仅可以缓解乳糖不耐症，还可以改善和平衡肠道菌群，抑制腐败菌的生长，降低胆固醇和血氨的含量，具有护肝、抗衰、抗肿瘤作用。因此，干酪是一种兼营养与保健为一体的功能性食品。

任务二　干酪凝乳原理

一、干酪发酵剂

干酪是固态食品，酪蛋白凝聚是干酪生产中的基本工序。干酪在凝乳过程中主要用到发酵剂和凝乳酶。

与酸乳发酵剂一样，在制作干酪的过程中，用来使干酪发酵与成熟的特定微生物培养物，称为干酪发酵剂。

干酪的种类繁多，各种干酪由于其特异的发酵成熟过程而产生不同的风味，这主要是由于使用了不同的菌种。干酪发酵剂可分为细菌发酵剂和霉菌发酵剂两大类。

细菌发酵剂主要以乳酸菌为主，应用的主要目的在于产酸和产生相应的风味物质。使用的主要细菌有：乳酸链球菌、乳油链球菌、干酪乳杆菌、丁二酮乳链球菌、嗜酸乳杆菌、保加利亚乳杆菌以及嗜柠檬酸明串珠菌等。有时为了使干酪形成特有的组织状态，还要使用丙酸菌。

霉菌发酵剂主要是指脂肪分解能力强的卡门培尔干酪霉菌、干酪青霉、娄地青霉等。某些酵母，如解脂假丝酵母等也在一些干酪的制作工艺中得到应用。干酪发酵剂微生物及其使用制品如表5－3所示。

表5－3　干酪发酵剂微生物及其使用制品

发酵剂种类	发酵剂微生物		使用制品
	一般名	菌种名	
细菌发酵剂	乳酸球菌	嗜热乳链球菌	各种干酪，产酸及风味
		乳酸链球菌	各种干酪，产酸
		乳油链球菌	各种干酪，产酸
		粪链球菌	切达干酪
细菌发酵剂	乳酸杆菌	乳酸杆菌	瑞士干酪
		干酪乳杆菌	各种干酪，产酸
		嗜热乳杆菌	干酪，产酸、风味
		胚芽乳杆菌	切达干酪
	丙酸菌	薛氏丙酸菌	瑞士干酪
霉菌发酵剂	短密青霉菌	短密青霉菌	砖状干酪 林堡干酪
	曲霉类	米曲霉 娄地青霉 卡门培尔干酪青霉	法国绵羊乳干酪 法国卡门培尔干酪
酵母	酵母类	解脂假丝酵母	青纹干酪 瑞士干酪

（一）发酵剂的作用

从干酪发酵剂菌种的组成、特性及干酪的生产工艺条件方面看，其主要有以下作用：

（1）发酵乳糖产生乳酸，促进凝乳酶的凝乳作用　由于在原料乳中添加一定量的发酵剂，可产生乳酸，使乳中可溶性钙的浓度升高，为凝乳酶创造了一个良好的酸性环境，从而促进了凝乳酶的凝乳作用。

（2）降解蛋白质　发酵剂中的某些微生物可以产生相应的分解酶来分解蛋白质、脂肪等物质，提高制品的消化率，最重要的是蛋白质和脂肪的分解化合反应还可形成天然干酪特有的风味物质。

（3）在加工和成熟过程中产生一定浓度的乳酸从而降低干酪的pH，有的菌种还可以产生相应的抗生素，可以较好地抑制所污染的杂菌的繁殖，保证成品的品质。

（4）在干酪的加工过程中，乳酸可促进凝块的收缩，使其产生良好的弹性，利于乳清的渗出，赋与制品良好的组织状态。

（5）由于丙酸菌的丙酸发酵，使乳酸菌所产生的乳酸被还原，产生丙酸和二氧化碳气体，使某些硬质干酪产生特殊的孔眼特征。

综上所述，在干酪的生产中使用发酵剂可以促进凝块的形成，使凝块收缩和容易排出乳清，防止制造过程和成熟期间杂菌的污染和繁殖，在干酪的成熟过程中为酶的作用创造适宜的条件促进产品的组织状态和风味的形成。

（二）发酵剂组成

根据菌种组成情况可将干酪发酵剂分为单一菌种发酵剂和混合菌种发酵剂两种。根据微生物培养的最适温度可分为：①嗜温菌发酵剂，最适温度在20～40℃；②嗜热菌发酵剂，在45℃仍能生长。

单一发酵剂只含有一种菌种，如乳酸链球菌或干酪链球菌等。其优点主要是经过长期活化和使用，菌种的活力和性状的变化较小；缺点是容易受到噬菌体的侵染，造成繁殖受阻和酸的生成迟缓等。单一发酵剂主要用于只需生成乳酸和以降解蛋白质为目的的干酪，如切达干酪及相关类型的干酪。

最常用的发酵剂都是由几种菌种混合而成的发酵剂，即混合菌种发酵剂，其中无论嗜温或嗜热菌，混合菌株中有两个或更多的菌种相互之间存在共生关系，这些发酵剂不仅会产生乳酸，而且还会生成香味物质和二氧化碳（CO_2），而二氧化碳则是孔眼干酪和小气孔型干酪生成空穴所必须的。例如，由嗜温发酵剂生产的荷兰干酪（Gouda）、曼彻格干酪（Manchego）和由嗜热发酵剂生产的埃门塔尔和格鲁耶尔干酪。

（三）发酵剂的制备

1. 乳酸菌发酵剂的制备

通常乳酸菌发酵剂的制备依次经过以下三个阶段，即乳酸菌纯培养物的复活、母发酵剂的制备和生产发酵剂的制备。干酪乳酸菌发酵剂的制备与酸乳类似。传统乳品工厂多采用自身逐级扩大培养来制备发酵剂。目前，很多生产厂使用专门机构生产的直投发酵剂，使用时按照说明书以无菌操作直接接种到发酵罐中进行发酵。

2. 霉菌发酵剂的制备

将除去表皮的面包切成小立方体，放入三角瓶中，加入适量的水及少量的乳酸后进行高温灭菌，冷却后在无菌条件下将悬浮着霉菌菌丝或孢子的菌种喷洒在灭菌的面包上，然后置于21～25℃的培养箱中培养8～12d，使霉菌孢子布满面包表面。然后将培养物取出，于30℃条件下干燥10d，或在室温下进行真空干燥。最后，将所得物破碎成粉末，放入容器中备用。

干酪发酵剂一般采用冷冻干燥技术进行生产、真空复合金属膜进行包装。

（四）发酵剂失常

发酵剂有时会发生酸化缓慢或产酸失败等形式的失常现象，可能由以下原因造成：

（1）乳中含有治疗牛乳房疾病的抗生素。

（2）乳中含有嗜菌体，噬菌体耐热病毒可在空气和土壤中见到。

（3）乳品厂中使用洗涤剂和灭菌剂时粗心大意，尤其在使用消毒剂时粗心大意，是发酵剂失常的多发原因。

二、凝乳酶

酪蛋白凝聚是干酪生产中的基本工序，通常情况下，这一过程由凝乳酶来完成。皱胃酶（rennin）是最常用的凝乳酶。

凝乳酶是由小牛或小羊等反刍动物的第四胃（皱胃）分泌的一种具有凝乳功能的酶类，这种皱胃的提取物便称为粗制凝乳酶。凝乳酶强度为1∶(10000～15000)，即一份凝乳酶在35℃下40min内可凝聚10000～15000份牛乳。成年牛和猪凝乳酶也有使用，但通常要与牛犊凝乳酶进行复合（50∶50，30∶70等），粉末状的凝乳酶的活力通常是液体凝乳酶活力的10倍。

（一）凝乳酶作用原理

凝乳酶凝固酪蛋白可分为两个过程：

（1）酪蛋白在凝乳酶的作用下，形成副酪蛋白（Para-casein），此过程称为酶性变化；

（2）产生的副酪蛋白在游离钙的存在下，在副酪蛋白分子间形成“钙桥”，使副酪蛋白的微粒之间发生团聚作用而产生凝胶体。此过程为非酶变化。

（二）凝乳酶使用方法

1. 在添加凝乳酶前可加入氯化钙

水解氯化钙盐可依最高20g/100kg乳的剂量使用。

2. 注意凝乳酶活力

制造干酪时，凝乳酶的添加量是根据其活力而定的，凝乳酶活力越高，使用量越少。活力为1∶(10000～15000)的液体凝乳酶的剂量在每100kg乳中可用到30mL。

3. 凝乳酶要均匀分散在牛乳中

为了便于分散，凝乳酶至少要用双倍的水进行稀释。为进一步利于凝乳酶分散，可用适量水稀释凝乳酶并通过自动计量系统分散喷嘴将凝乳酶喷洒在牛乳表面。这个系统最初应用于大型密封（10000～20000L）的干酪槽或干酪罐。

4. 静置

加入凝乳酶后，小心搅拌牛乳不超过2～3min。在随后的8～10min内使乳静止下来是很重要的，这样可以避免影响凝乳过程和造成酪蛋白的损失。

（三）影响凝乳酶作用的因素

1. pH

凝乳酶等电点p*I*为4.45～4.65，最适pH为4.8左右，皱胃酶在弱碱（pH为9）、强酸、热、超声波的作用下会失活。

2. 温度

凝乳酶最适温度为40～41℃。实际上用皱胃酶制造干酪时的凝固温度通常为30～35℃，时间为20～40min。温度升高，某些乳酸菌的活力就会降低，影响了干酪的凝聚时间；如果使用过量的皱胃酶、温度上升或延长时间，则会使凝块变硬。温度在20℃以下或50℃以上则会使凝乳酶活性减弱。

3. 钙离子的影响

钙离子不仅对凝乳有影响，而且也会影响副酪蛋白的形成。酪蛋白所含的胶质磷酸钙是凝块形成所必需的成分。增加乳中的钙离子浓度可缩短皱胃酶的凝乳时间，并使凝块变硬。因此在许多干酪的生产中，会向杀菌乳中加入氯化钙。

4. 牛乳加热的影响

牛乳若先加热至42℃以上，再冷却到凝乳所需的正常温度后添加皱胃酶，则凝乳时间延长，凝块变软，这种现象称为滞后现象，其主要是由于乳在42℃以上加热处理时，酪蛋白胶粒中的磷酸盐和钙被游离出来所致。

（四）皱胃酶的活力及活力测定方法

皱胃酶的活力单位（RU）是指皱胃酶在35℃条件下，使牛乳40min凝固时，单位质量（通常为1g）皱胃酶能凝固牛乳的体积（mL）。

凝乳酶活力常用的测定方法是：将100mL脱脂乳（若想得到较好的再现性，应取脱脂乳粉9g配成100mL的溶液），调整酸度为0.18%，用水浴加热至35℃，添加1%的皱胃酶食盐溶液10mL，迅速搅拌均匀，准确记录开始加入酶液直到凝乳时所需的时间（s），此时间也称皱胃酶的绝对强度。按下式计算活力：

$$活力=\frac{供试乳量}{皱胃酶量}\times\frac{2400(s)}{凝乳时间(s)}$$

式中：2400s为测定皱胃酶活力时所规定的时间（40min），活力确定后可根据活力计算皱胃酶的用量。

例：今有原料乳80kg，用活力为100000单位的皱胃酶进行凝固，需加皱胃酶多少？

解：$1:100000=X:80000$

则 $X=0.8(g)$，即80kg原料乳需加皱胃酶0.8g。

（五）凝乳酶的替代品

20世纪，随着干酪加工业在世界范围内的兴起，先前以宰杀小牛而获得皱胃酶的方式已经不能满足工业生产的需要，且其成本较高。为此，人们开发了多种皱胃酶的替代品，现在使用较多的有植物来源凝乳酶和微生物凝乳酶等。

1. 植物来源凝乳酶

（1）无花果蛋白酶　无花果蛋白酶存在于无花果的汁液中，可通过结晶分离。用无花果蛋白酶制作切达干酪时，凝乳速度快且成熟效果较好。但由于它的蛋白分解能力较强，脂肪损失多，所以获得的干酪成品收率低，并略带轻微的苦味。

（2）木瓜蛋白酶　木瓜蛋白酶是从木瓜中提取获得的，其凝乳能力比对蛋白的分解能力要强，制成的干酪带有一定的苦味。

（3）菠萝蛋白酶　菠萝蛋白酶是从菠萝的果实或叶中提取获得的，具有凝乳作用。

2. 微生物来源的凝乳酶

微生物凝乳酶按来源可以分为霉菌、细菌、担子菌3种制剂。生产中应用最多的是来源于霉菌的凝乳酶，代表酶是从微小毛霉菌中分离出的凝乳酶，其凝乳的最适温度为56℃，蛋白分解能力比皱胃酶强，但比其他的蛋白分解酶分解蛋白的能力弱，对牛乳凝固能力强。目前，日本、美国等国将其制成粉末状凝乳酶制剂而应用到干酪的生产中。另外，还有其他一些霉菌性凝乳酶在美国等国被广泛开发和利用。

微生物来源的凝乳酶生产干酪时的缺点是在凝乳作用强的同时，蛋白分解力比皱胃酶高，干酪的收得率较用皱胃酶生产的干酪低，成熟后产生苦味。另外，微生物凝乳酶的耐热性高，给乳清的利用带来不便。

3. 利用遗传工程技术生产皱胃酶

美国和日本等国利用遗传工程技术，将控制犊牛皱胃酶合成的DNA分离出来，导入微生物细胞内，利用微生物来合成皱胃酶获得成功，并得到美国食品与药物管理局（FDA）的认定和批准。美国Pfizer公司和Gist - Brocades公司生产的生物合成皱胃酶制剂在美国、瑞士、英国、澳大利亚等国得到广泛推广和应用。

任务三　干酪加工工艺

一、加工工艺

各种天然干酪的生产工艺基本相同，只是在个别工艺环节上有所差异。干酪生产的基本工艺为：

原料乳→标准化→杀菌→冷却→添加发酵剂→调整酸度→加氯化钙→加色素→加凝乳酶→凝块切割→搅拌→加温→排出乳清→压榨成型→盐渍→成熟→上色挂蜡

二、操作要点

1. 原料要求

生乳：应符合GB 19301—2010的要求。

其他原料：应符合相应的安全标准和/或有关规定。

2. 原科乳的预处理

原料乳的预处理包括净乳、标准化及巴氏杀菌，这些预处理方法和设备操作同酸乳相似，不同的干酪产品操作参数不同。但是，与酸乳预处理不同的是，用于生产干酪的生乳通常不用均质。因为均质会导致其结合水分的能力大大上升，因此很难生产硬质和半硬质类型的干酪。

但是也有例外，比如用牛乳生产蓝霉和 Feta 干酪时，乳脂肪以 15% ~20% 稀奶油的状态被均质。这样做可使产品更白，而重要的原因是使脂肪更易脂解成为自由脂肪酸；这些自由脂肪酸是这两种干酪风味物质的重要组成成分。

3. 添加发酵剂和预酸化

原料乳经杀菌后，直接打入干酪槽（图 5 - 1） 中。干酪槽为水平卧式长椭圆形不锈钢槽，且有保温（加热或冷却）夹层及搅拌器（手工操作时为干酪铲和干酪耙）。将干酪槽中的牛乳冷却到 30 ~32℃，按要求取原料乳量的 1% ~3% 制好工作发酵剂，边搅拌边加入，并在 30 ~32℃充分搅拌 3 ~5min。然后进行 20 ~30min 短期发酵使牛乳酸度下降，此过程称为预酸化。

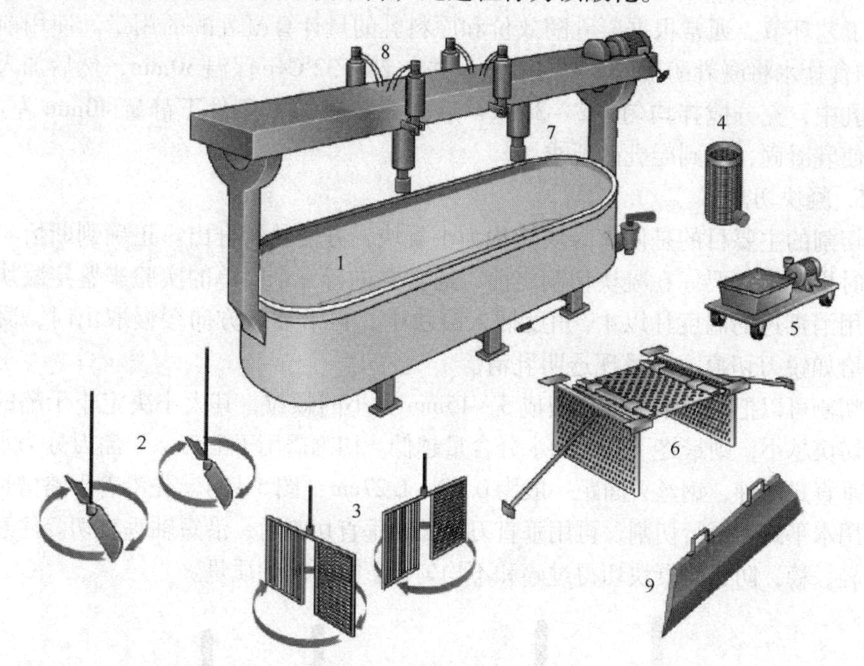

图 5 - 1 带有干酪生产用具的普通干酪槽

1—带有横梁和驱动电机的夹层干酪槽 2—搅拌工具 3—切割工具 4—置于干酪槽内侧的过滤器
5—带有一个浅容器小车上的乳清泵 6—用于圆孔干酪生产的预压板
7—工具支撑架 8—用于预压设备的液压筒 9—干酪切刀

不同类型的干酪所需要使用的发酵剂的剂量不同。在所有的干酪生产过程中要避免牛乳进入干酪槽时裹入空气，因为这将影响凝块的质量而且似乎会引起酪蛋白溶解于乳清中而损失。

4. 添加凝乳酶和凝乳的形成

（1）调整酸度 添加发酵剂并经 20 ~30min 发酵后，取样测定酸度，乳酸度应为 0. 20% ~0. 22% 。但该乳酸发酵酸度很难控制。为使干酪成品质量一致，可用1mol/L的盐酸进行酸度调整，一般将酸度调整到0.21%左右。具体的酸度值应根据干酪的品种而定。

（2）加入添加剂　为了使加工过程中凝块硬度适宜、色泽一致，防止产气菌的污染，保证成品质量一致，要在调整酸度之后，加入相应的添加剂。

为了改善凝乳性能，提高干酪质量，可在100kg原料乳中添加5～20 g $CaCl_2$（预先配成10%的溶液），以调节盐类平衡，促进凝块的形成。干酪的颜色取决于原料乳中脂肪的色泽。为了使产品的色泽一致，需在原料乳中加胡萝卜素等色素物质，现多使用胭脂树橙（Annato）的碳酸钠抽提液。通常每1000kg原料乳中加30～60g。色素以水稀释约6倍，充分混匀后加入。

（3）加入凝乳酶凝乳　在干酪的生产中，添加凝乳酶以形成凝乳是一个重要的工艺环节。通常根据凝乳酶效价和原料乳的量计算凝乳酶的用量。使用前用1%的食盐水将凝乳酶配成2%的溶液，并在28～32℃下保温30min，然后加入到原料乳中，充分搅拌均匀（2～3min）后加盖。在32℃条件下静置40min左右，即可使乳凝固，达到凝乳的要求。

5. 凝块切割

切割的主要目的是使大凝块转化为小凝块，方便乳清排出。正确判断恰当的切割时机非常重要。在凝块切割之前，通常要进行一个简单的实验来鉴定凝块质量：用消毒过的温度计以45°角度插入凝块中，再沿插入方向缓慢取出时，凝乳裂口恰如锐刀切痕，而呈现透明乳清。

切割可以把凝块柔和地分裂成3～15mm大小的颗粒，其大小决定于干酪的类型。切块越小，则最终干酪中的水分含量越低。切割需用干酪刀。干酪刀分为水平式和垂直式两种，钢丝刃间距一般为0.79～1.27cm（图5－2）。先沿着干酪槽长轴方向用水平式刀平行切割，再用垂直刀沿长轴垂直切割后，沿短轴垂直切。注意动作要轻、稳，防止将凝块切得过碎和不均匀，影响干酪的质量。

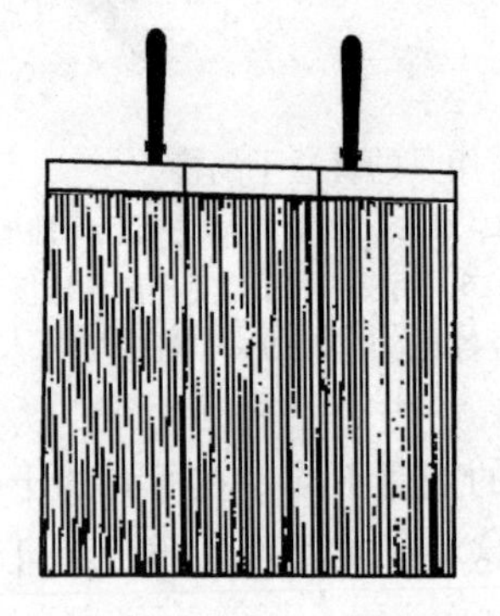
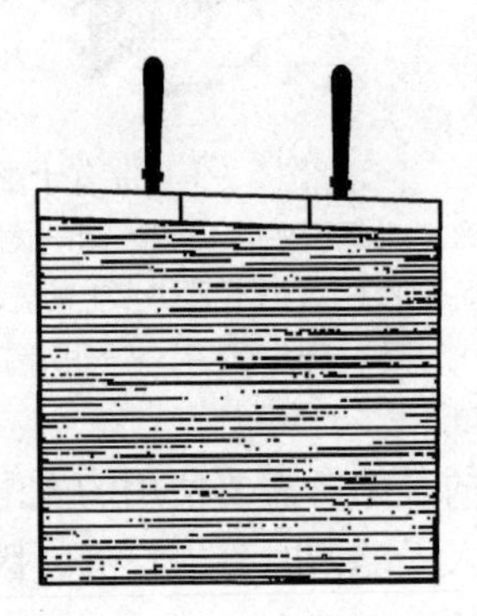

图5－2　干酪切割刀

6. 凝块的搅拌及加温

凝块切割后用干酪耙或干酪搅拌器轻轻搅拌，应注意的是此时凝块较脆弱，搅拌必须很缓和而且必须足够快，以确保颗粒能悬浮在乳清中。凝块的机械处理和由细菌持续生产产生的乳酸有助于挤出颗粒中的乳清。

经过15min后，搅拌速度可稍微加快。与此同时，在干酪槽的夹层中通入热水，使温度逐渐升高。升温的速度应严格控制，初始时每3～5min升高1℃；当温度升高至35℃时，每隔3min升高1℃；当温度达到38～42℃（应根据干酪的品种确定具体终止温度）时，停止加热并维持此时的温度。在整个升温过程中应不停地搅拌，以促进凝块的收缩和乳清的渗出，防止凝块沉淀和相互粘连。注意升温的速度不宜过快，否则会导致干酪凝块收缩过快，表面形成硬膜，影响干酪粒内部乳清的渗出，使成品水分含量过高。

升温和搅拌是干酪制作工艺中的重要过程，它关系到生产的成败和成品质量的好坏，因此，必须按工艺要求进行严格控制和操作。凝块的搅拌及加温终止时期可依下列标准来判断：①乳清酸度达到0.17%～0.18%时；②凝乳粒收缩为切割时的一半时；③凝乳粒内外硬度均一时。

7. 排出乳清/堆叠

凝乳粒和乳清达到要求时即可将乳清通过干酪槽底部的金属网排出。未达到适当酸度就排出乳清会影响干酪以后的成熟。反之，酸度过高则制品酸味太强，且会干燥过度。排出乳清时应将干酪粒堆积在干酪槽的两侧，促进乳清的进一步排出。

对切达干酪来说，排除乳清后凝块要经过“堆叠”（cheddaring）的特殊处理。当乳清的滴定酸度已达到0.2%～0.22%乳酸时（大约加入凝乳酶后2h），要进行乳清排放，同时在排掉所有乳清后，凝块要留下来继续发酵和熔融。在此期间，典型堆叠时间为2～25h，凝块被制成砖块状，并不断被翻转堆叠。当被挤出的乳清的滴定酸度达到0.75%～0.85%乳酸时，干酪块被切成“条”，这些条在上箍（切达干酪的模具称“箍”）之前，加干盐。切达干酪（cheddaring）加工工序如图5-3所示。

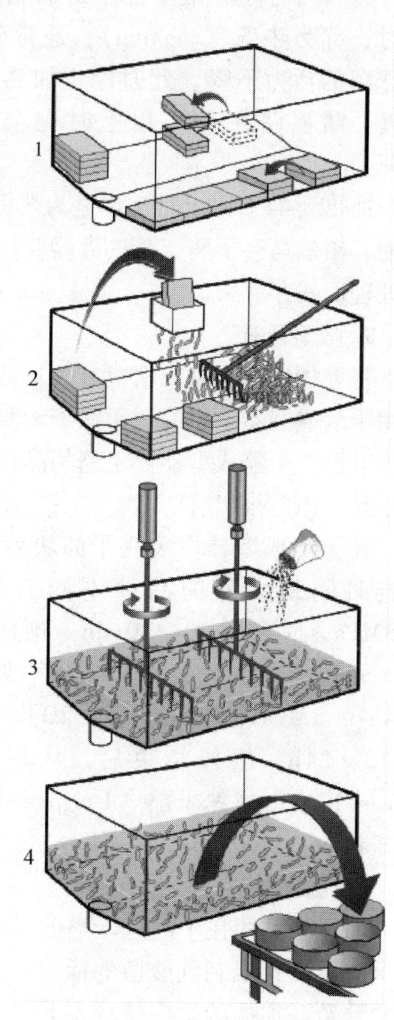

图5-3　切达干酪生产工艺

1—堆叠　2—磨成碎条

3—搅拌已加盐的碎条

4—将碎条入模成型

8. 加热/热烫

在干酪的制造过程中，为使凝块的大小和酸度符合要求需要进行加热处理。通过加热，产酸细菌的生长受到抑制，这样使得乳酸的生成量符合要求。除了对细菌的影响以外，加热亦可促进凝块的收缩并伴以乳清的析出（脱水收缩）。

随干酪类型的不同，加热可通过以下方式进行：①通过干酪槽或罐夹套中的蒸汽加热。②通过夹套中的蒸汽伴以在凝块/乳清混合物中加入热水。③向凝块/乳清混合物中加入热水。

加热的时间和温度程序由加热的方法和干酪的类型决定。加热到40℃以上时，称为热煮（cooking），通常分两个阶段进行。在37～38℃，嗜温乳酸链球菌的活力下降，此时停止加热，检查酸度，随后继续加热到预期的最终温度。嗜温菌在44℃以上时完全失活，并在52℃下保持10～20min时被杀死。

加热到44℃以上时，称之为热烫（scalding）。某些类型的干酪，如埃门塔尔干酪、帕尔马逊干酪，其热烫温度甚至高达50～56℃，只有极耐热的乳酸菌可经此处理而残存下来。

9. 成型压榨

将堆积后的干酪块切成方砖形或小立方体形，装入成型器中进行定型压榨。使用干酪成型器的目的在于赋予干酪一定的形状，使其中的干酪在一定的压力下排出乳清。干酪成型器依干酪的品种不同，其形状和大小也不同。成型器周围设有小孔，由此排出乳清。

在干酪成型器内装满干酪块后，放入压榨机中进行压榨定型。压榨的压力与时间依干酪的品种不同而异。先进行预压榨，一般压力为0.2～0.3MPa，时间为20～30min。预压榨后取下干酪成型器进行调整，视其情况，可以再进行一次预压榨或直接正式压榨。将干酪反转后装入成型器内以0.4～0.5MPa的压力在15～20℃（有的品种要求在30℃左右）条件下再压榨12～24h。压榨结束后，从成型器中取出的干酪称为生干酪（Green Cheese）或未成熟干酪（Unripened Cheese）。如果制作软质干酪，则凝乳不需压榨。

10. 加盐

加盐的目的在于改进干酪的风味、组织和外观；排出内部乳清或水分，增加干酪硬度；限制乳酸菌的活力，调节乳酸生成和干酪的成熟；防止和抑制杂菌的繁殖。加盐的量应按成品所需的含盐量来确定，一般在1.5%～2.5%范围内。

依据干酪品种的不同，加盐方式也不同。加盐的方法有三种：①干法加盐，指在定型压榨前，将所需的食盐撒布在干酪粒（块）或者将食盐涂布于生干酪表面（如法国浓味干酪）；②湿法加盐，指将压榨后的生干酪浸于盐水池中腌制，盐水浓度在第1～2d时为17%～18%，以后保持20%～23%的浓度。为了防止干酪内部产生气体，盐水浓度应控制在15%～25%，浸盐时间4～6d（如荷兰圆形干酪，荷兰干酪）；③混合法，指在定型压榨后先涂布食盐，过一段时间后再浸入食盐水中的方法（如瑞士干酪）。

11. 干酪的成熟

干酪成熟是指将新鲜干酪置于一定的温度和湿度下，经一定时间（一般3～6个月）存放，通过乳酸菌等有益微生物和凝乳酶的作用，使干酪发生一系列的物理化学及生物学变化，并使新鲜的凝块转变成具有独特风味、组织状态和外观的干酪的过程。成熟的目的在于改善干酪的组织状态和营养价值，增加干酪的特有风味。干酪成熟的过程主要包括前期成熟、上色挂蜡、后期成熟和贮藏。

前期成熟是指将待成熟的新鲜干酪放入温度、湿度适宜的成熟库中，每天用洁净的棉布擦拭其表面以防止霉菌的繁殖。擦拭后要翻转放置以使表面的水分蒸发均匀。

上色挂蜡是指将前期成熟后的干酪清洗干净后，用食用色素染成红色（也有不染色的）。待色素完全干燥后，在160℃的石蜡中进行挂蜡。所选石蜡的熔点应以54～56℃为宜，因熔点高者挂蜡后易硬化脱落。近年来已逐渐采用合成树脂膜取代石蜡。为了食用方便和防止形成干酪皮，现多采用食用塑料膜进行热缩密封或真空包装。

后期成熟和贮藏是指将挂蜡后的干酪放在成熟库中继续成熟2～6个月，以使干酪完全成熟，并形成良好的口感、风味。成品干酪应放在5℃及相对湿度为80%～90%的条件下贮藏。

三、产品标准

生产的干酪应符合GB 5402—2010的要求。

（一）感官要求（表5-4）

表5-4 干酪感官要求

项目	要求	检验方法
色泽	具有该类产品正常的色泽	取适量试样置于50mL烧杯中，在自然光下观察色泽和组织状态。闻其气味，用温开水漱口，品尝滋味
滋味、气味	具有该类产品特有的滋味和气味	
组织状态	组织细腻，质地均匀，具有该类产品应有的硬度	

（二）微生物指标（表5-5）

表5-5　　干酪微生物限量

项 目	采样方案①及限量（若非指定，均以 cfu/g 表示）				检验方法
	n③	c	m	M	
大肠菌群	5	2	100	1000	GB 4789.3—2010 平板计数法
金黄色葡萄球菌	5	2	100	1000	GB 4789.10—2010 平板计数法
沙门菌	5	0	0/25g	—	GB 4789.4—2010
单核细胞增生李斯特菌	5	0	0/25g	—	GB 4789.30—2010
酵母②≤	50	—	—	—	GB 4789.15—2010
霉菌②≤	50	—	—	—	

注：①样品的分析及处理按 GB 4789.1—2010 和 GB 4789.18—2010 执行。

②不适用于霉菌成熟干酪。

③ n：同一批次产品应采集的样品件数；c：最大可允许超出 m 值的样品数；m：微生物指标可接受水平的限量值；M：微生物指标的最高安全限量值。

项目实施

切达干酪的制作

切达干酪的制作主要包括原料预处理组、添加发酵剂和预酸化组、凝乳、排乳清组、成型压榨组共5个工作组。

项目实施过程主要包括工作场景，工作安排，工作所需原料、设备、原材料，填写生产报告单，出具生产检测报告，评价与反馈6个过程，具体实施方法参考项目二。

课后思考

1. 天然干酪生产工艺和液态乳生产、酸乳生产有何异同？
   液态乳工艺：原料乳→______→______→______→______
   酸乳工艺：原料乳→______→______→______→______→______→______→______→______
2. 请查资料，写出我国切达干酪的质量标准。
3. 什么是干酪发酵剂？切达干酪用的菌种有哪些？
4. 试述应用凝乳酶生产干酪时的注意事项？
5. 切达干酪的加工工艺流程和操作要点是什么？
6. 制作干酪的牛乳需要均质吗？为什么？

拓展学习

几种干酪的介绍

一、夸克干酪

夸克干酪（Quark）是一种未经成熟的酸性新鲜凝块干酪，其非脂乳固体含量一般为14%～24%。通常与稀奶油混合，有时也拌有果料和调味品，不同国家其生产标准不同。

在夸克干酪生产过程中，原料乳经巴氏杀菌后，冷却至25～28℃进入乳罐，在罐中通常也加入发酵剂，一般为乳酸/乳脂链球菌和少量的凝乳酶（每100kg乳加入2mL液体凝乳酶），以获得较硬的凝块。经约16h当pH为4.5～4.7时凝乳形成。搅拌凝块，预杀菌并冷却至37℃，随后进行离心分离，经板式冷却器进入缓冲缸，而后进行包装。如果夸克需要拌奶油，则在产品到达包装机之前，加入足够量的甜奶油或发酵奶油，在水力混合器中充分混合。夸克干酪机械化生产的流程如图5－4所示。

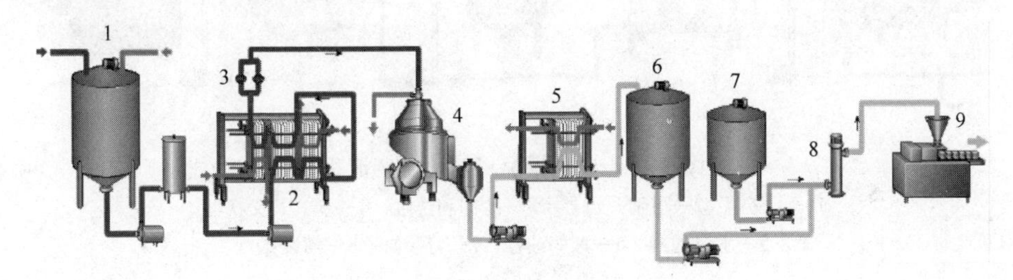

图5－4　夸克干酪机械化生产的流程图

1—成熟缸　2—用于初次杀菌的板式热交换器　3—过滤系统　4—夸克分离机
5—板式热交换器　6—中间缸　7—稀奶油缸　8—水力混合器　9—灌装机

二、农家干酪

农家干酪（Cottage Cheese）属于典型的非成熟软质干酪，它具有爽口、温和的酸味，光滑、平整的质地。其酸度较低，因此生产过程中必须进行彻底清洗消毒以防杂菌污染。

农家干酪是以脱脂乳或浓缩脱脂乳为原料，使用脱脂乳粉对其进行标准化，使无脂固形物含量达到8.8%以上，采用63℃/30min或72℃/15s的条件对原料乳进行杀菌处理。冷却温度应根据菌种和工艺方法来确定，一般为22～30℃。农家干酪凝乳分为长时凝乳和短时凝乳。

将杀菌后的原料乳注入干酪槽中，保持在25～30℃，添加制备好的生产发酵剂（多由乳酸链球菌和乳油链球菌组成）。添加量为：短时法（5～6h）5%～6%，长时法（16～17h）1.0%。加入前要检查发酵剂的质量，加入后应充分搅拌。凝乳在25～30℃条件下进行。一般短时法需静置4.5～5h以上，长时法则需静置12～14h。当乳清酸度达到0.52%（pH为4.6）时凝乳完成。凝乳后即进行凝块切割，切割后静置15～30min，加入45℃温水（长时法加30℃温水）至凝块表面10cm以上位置。边缓慢搅拌，边在夹层加温，在45～90min内达到49℃（长时法2.5h达到49℃），搅拌使干酪粒收缩至0.5～0.8cm大小。将乳清全部排除后，分别用29℃、16℃、4℃的杀菌纯水在干酪槽内漂洗干酪粒三次，以使干酪粒遇冷收缩，相互松散，并使其温度保持在7℃以下。水洗后将干酪粒堆积于干酪槽的两侧，尽可能排除多余的水分。再根据实际需要加入各种风味物质。最常见的是加入食盐（1%）和稀奶油，使成品含乳脂率达4%～4.5%。农家干酪机械化生产流程如图5－5所示。

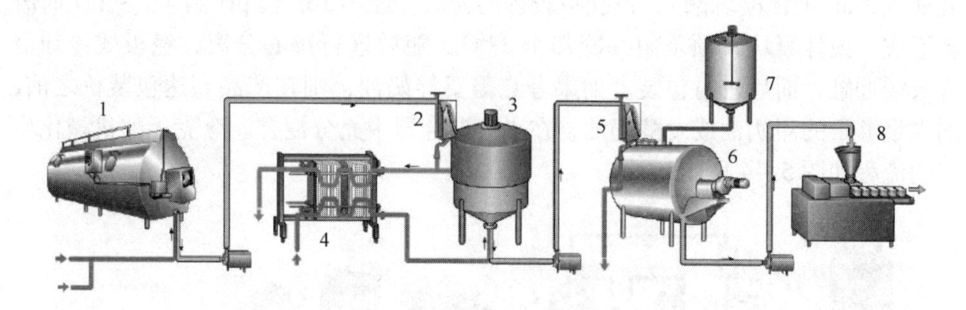

图5－5　农家干酪机械化生产流程

1—干酪槽　2—乳清过滤器　3—冷却和洗缸　4—板式热交换器
5—水过滤器　6—加奶油器　7—着装缸　8—灌装机

三、荷兰干酪

荷兰干酪（Edam Cheese）属于典型的半硬质干酪，主要采用牛乳加工而成，也有用羊乳加工的。主要生产工艺如下。

1. 原料乳的验收与标准化

原料乳经感官、理化及微生物检验合格后，进行过滤、净化，按乳脂率为2.5%～3.0%进行标准化。

2. 原料乳的杀菌

在干酪槽内，采用63～65℃/30min的条件对原料乳进行杀菌处理，而后冷却至29～31℃。

3. 添加发酵剂

向原料乳中添加2%的发酵剂，搅拌均匀后，加入0.02%的$CaCl_2$（事先配成10%溶液），调整酸度至0.18%～0.20%。

4. 添加凝乳酶

加凝乳酶（用1%的食盐水配成2%的溶液）搅拌均匀，保温静置25～

40min 进行凝乳。凝乳酶的添加量应按其效价进行计算，当效价为 7 万单位时，一般加入量为原料乳量的 0.003%。

5. 切割及凝块的处理

首先应用温度计插入法检查凝乳的状态。如果裂口整齐，平滑光亮，有均匀的乳清渗出，此时即可用干酪横刀和纵刀分别进行切割，使切割后的凝块大小约为 1.0～1.5cm，然后用干酪耙搅拌 25min；当凝块达到一定硬度后排出全乳清量的 1/3，再加温搅拌，在 25min 内使温度由 31℃升至 38℃，并在此温下继续搅拌 30min。当凝块收缩，达到规定硬度时排除全部乳清。

6. 堆积、成型压榨

将凝块在干酪槽内进行堆积，彻底排除乳清。此时乳清的酸度应为 0.13%～0.16%。然后，切成大小适宜的块并装入成型器内，置于压榨机上预压榨约 30min，取下整形后反转压榨，最后进行 3～6h 的正式压榨。取下后进行整理。

7. 盐浸

将干酪放在温度为 10～15℃、浓度为 20%～22% 的盐水中浸盐 2～3d，每天翻转一次。

8. 成熟

将浸盐后的干酪擦干放入成熟库中进行成熟。条件为：温度 10～15℃，相对湿度 80%～85%。每天进行擦拭和反转。至 10～15d 后，上色挂蜡。最后放入成熟库中进行后期成熟（5～6 个月）。

四、切达干酪

切达干酪是一种酶凝乳酸性硬质成熟干酪，堆积工艺是切达干酪传统加工工艺中必不可少的程序，可以赋予切达干酪独特的质地和功能特性。标准规定切达干酪水分含量应≤39%，脂肪在总干物质中的含量应大于48%，成熟后水分含量为 33%～35%，脂肪占总干物质的 52%～54%。切达干酪的生产工艺和机械化生产流程如图 5－3 和图 5－6 所示。

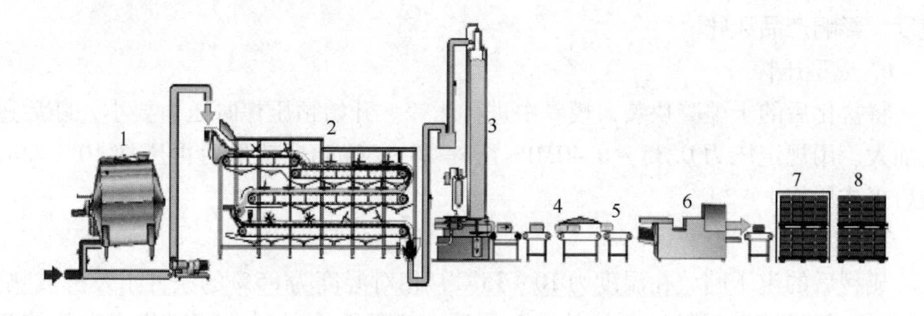

图 5－6 切达干酪机械化生产流程图

1—干酪槽 2—切达机 3—坯块成形及装袋机 4—真空密封

5—称重 6—纸箱包装机 7—排架 8—成熟贮存

1. 原料乳的预处理

验收合格的原料乳经净化处理后，必须进行标准化，要求将原料乳中的酪蛋白和乳脂肪比例调整为0.69～0.71，具体数值因生产厂家不同略有差异。经巴氏杀菌（63～65℃/30min）处理后，冷却至30～32℃。

2. 发酵剂和凝乳酶的添加

向经标准化和巴氏杀菌的原料乳中添加适量发酵剂和凝乳酶。切达干酪的发酵剂一般为同型发酵的嗜温型菌株，主要为乳酸乳球菌乳酸亚种和乳酸乳球菌乳脂亚种。当乳温在30～32℃时添加原料乳量1%～2%的发酵剂，搅拌均匀后徐徐加入原料量0.01%～0.02%的$CaCl_2$。由于成熟中酸度高，抑制产气菌，故不需添加硝酸盐。静置发酵30～40min后，酸度达到0.18%～0.20%时，再添加0.002%～0.004%的凝乳酶，搅拌4～5min后，静置凝乳。

3. 切割、加温搅拌及排除乳清

凝乳形成后切割成体积较小的凝块，一般为0.5～0.8cm；在31℃下搅拌25～30min以促进乳酸菌发酵产酸和凝块中乳清的排出。排出1/3量的乳清后，开始以1℃/min的速度加温搅拌。当温度最后升至38～39℃后停止加温，继续搅拌60～80min。当乳清酸度达到0.20%左右时，排除全部乳清。

4. 凝块的重叠堆积

排出乳清并静置15min后，进行翻转，每10～15min将切块翻转叠加一次，一般按每次2枚、4枚的次序翻转叠加堆积。重叠堆积的层数越多，最终产品中的水分含量越高。当堆积过程中排出乳清的pH为5.2～5.3时，停止此过程。在现代化生产过程中，切达干酪的翻转堆积过程多采用自动化的连续生产线。

5. 粉碎与加盐

堆积结束后，进行粉碎和加盐，不断搅拌粉碎后的干酪屑使其均匀地平铺于干酪槽的底部。然后采用干盐法将盐粉（2.3～3.5kg NaCl/100kg干酪）分3次撒到干酪屑表面，每次搅拌30min使盐粉全部溶解。需严格控制加盐量，当切达干酪的含盐量超过2%时，不仅会造成产品水分含量过低，还会减缓干酪成熟的速度，影响产品风味。

6. 成型压榨

将盐化后的干酪凝块装入模具中进行压榨。开始预压榨时压力要小，随后逐渐加大。用规定压力0.35～0.40MPa压榨20～30min，整形后再压榨10～12h，最后正式压榨1～2d。

7. 成熟

成型后的生干酪放在温度为10～15℃，相对湿度为85%的条件下发酵成熟。开始时，每天擦拭反转一次，约经一周后，进行涂布挂蜡或塑料袋真空热缩包装。整个成熟期在6个月以上。若在4～10℃条件下，成熟期需6～12月。包装后的切达干酪应在冷藏条件下贮存，以防止霉菌生长，延长产品货架期。

五、再制（融化）干酪（Processed cheese）

再制干酪是指以天然干酪或其他乳制品为原料，经粉碎、混合、加热融化、充分乳化后制成的产品。再制干酪可以分为加工干酪、干酪食品和涂抹干酪三种。再制干酪种类繁多，但生产工艺基本相同。根据产品的需要选择不同种类和不同成熟度的原干酪，经清洗粉碎后与乳化盐和其他辅料充分混合，然后在一定温度下加热溶融，再经冷却包装后即可。其工艺流程为：

原料选择→原料预处理→切割→粉碎→加水→加乳化剂→加色素→加热融化→浇灌包装→静置冷却→冷却→成熟→出厂

1. 原料干酪的选择与预处理

原料干酪一般选择细菌成熟的硬质干酪如切达干酪、荷兰干酪等。为满足制品的风味及组织要求，一般选择 2 ~ 3 种不同成熟期的干酪，成熟期为 7 ~ 8 个月风味浓的干酪占 20% ~ 30%。适当搭配中间成熟度的干酪 50%，使平均成熟期在 4 ~ 5 个月，含水分 35% ~ 38%，可溶性氮 0.6% ~ 0.7%。成熟度过高的干酪不宜作原料，有霉菌污染、气体膨胀、异味等缺陷者也不能使用。生产再制干酪前，要对原干酪进行预处理，主要包括去掉干酪的包装材料，削去表皮，清拭表面等。

2. 切碎与粉碎

用切碎机将原料干酪切成适当大小后，用粉碎机粉碎。

3. 熔融、乳化

在大型再制干酪加工厂，切成片、条的干酪连续被融化，而在小型工厂就会被传送至不同类型的熔融釜。在熔融釜（图 5 - 7）中加入原料干酪重 5% ~ 10% 的水，按配料要求加入适量的调味料、色素等添加物，然后加入经预处理粉碎后的原料干酪，开始向溶融釜的夹层中通入蒸汽进行加热。当温度达到 50℃左右时，加入 1% ~ 3% 的乳化剂，如磷酸钠、柠檬酸钠、偏磷酸钠或酒石酸钠等。最后将温度升至 60 ~ 70℃，保温 20 ~ 30min，使原料干酪完全融化。加乳化剂后，如果需要调整酸度时，可以单独使用乳酸、柠檬酸、醋酸等，也可以混合使用。涂布型再制干酪的 pH 为 5.6 ~ 5.8，不得低于 5.3；切成片型再制干酪的 pH 应为 5.4 ~ 5.6。原材料 pH 的差别可通过混合不同 pH 的干酪、加入乳化/稳定剂来进行调整。在进行乳化操作时，应加快釜内搅拌器的转数，使乳化更完全。在乳化结束时，应检测水分、pH、风味等，然后抽真空进行脱气。

4. 充填、包装、贮藏

将乳化后的干酪趁热充填包装于玻璃纸或涂塑性蜡玻璃纸、铝箔、偏氯乙烯薄膜等包装材料内。将包装后的再制干酪静置于 10℃以下的冷藏库中进行定型和贮藏。

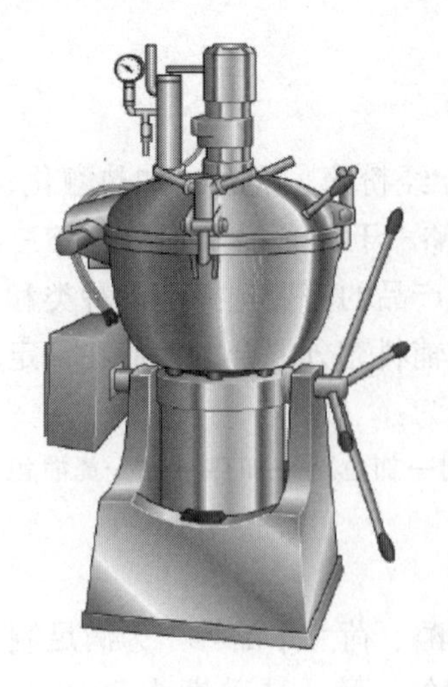
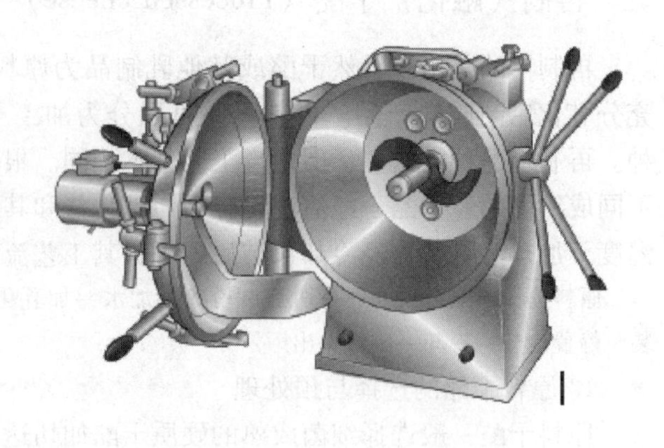

图 5－7　熔融釜的外型及内部构造

实训项目一　马苏里拉干酪的加工

一、实训目的

通过实践操作，使学生进一步掌握马苏里拉干酪的制作方法。

二、实训材料及设备

1. 材料

原料乳，凝乳酶，氯化钙，发酵剂，食盐。

2. 设备

杀菌锅，干酪槽，干酪刀，干酪耙，干酪布，温度计，压板。

三、实训步骤及关键控制点

1. 原料乳的验收与标准化

将理化及微生物指标合格的原料乳按含脂率 2.7%～3.5%进行标准化处理。

2. 杀菌

将标准化乳杀菌，杀菌采用 75 ℃、15 s 的方法，或者 63～65 ℃，30 min。

3. 添加发酵剂和凝乳酶

杀菌后迅速冷却到 30～32℃，注入事先杀菌处理过的干酪槽内。添加 1%～2%的发酵剂，搅拌均匀后添加 0.01%～0.02% $CaCl_2$ 水溶液，静止发酵 30 min，添加 0.02%～0.04%凝乳酶，低速搅拌不超过 5 min。静止凝乳。

4. 凝乳的切块、加温、排除乳清

当凝乳具有一定的硬度时，将凝乳进行切割，一般大小为0.5～0.8 cm，低速搅拌25～30 min后，排除约1/3的乳清，同时升温，以每分钟升高1 ℃的速度加温搅拌。当温度最后升至38～39 ℃后停止加温，继续搅拌60～80 min。当乳清酸度达到0.20%左右时，排除全部乳清。

5. 凝块的反转堆积

排除乳清，将凝块平摊于干酪槽底部，形成厚度均匀的片层。待乳清全部排出之后，静置15min。将呈饼状的凝块切成15cm×25cm大小的板块，进行反转堆积，即将两个独立的板块重叠堆放并翻转，以促进新的板块的形成。在干酪槽的夹层加温，一般为38～40℃。每10～15min将切块反转叠加一次，当酸度达到0.5%～0.6%时即可。

6. 粉碎与加盐

堆积结束后，将饼状干酪块处理成1.5～2.0cm的碎块。然后采取干盐撒布法加盐。按凝块量的2%～3%，加入食用精盐粉。分2～3次加入，并不断搅拌（使凝块pH达到5.25左右，不要再切碎）。

7. 热盐水拉伸

拉伸水1.5L，食盐量浓度3%，加入70℃热烫拉伸水中，浸泡1min后拉伸3min。

8. 成型压榨

将凝块装入定型器中，在27～29℃下进行压榨。用规定压力0.35～0.40MPa压榨20～30min，开始预压榨时压力要小，并逐渐加大。整形后再压榨10～12h，最后正式压榨1～2d。

9. 成熟

成熟后的生干酪放在温度10～15℃，相对湿度85%条件下发酵成熟。开始时，每天擦拭反转一次，约经1周后，进行涂布挂蜡或塑袋真空热缩包装。整个成熟期6个月以上。

四、思考题

马苏里拉干酪加工的工艺特征是什么？

实训项目二　再制干酪的加工

一、实训目的

掌握再制干酪的加工工艺及加工关键控制点。

二、实训材料与设备

1. 材料

干酪（切达干酪、荷兰干酪等不同成熟期的干酪 2 ~ 3 种）。

2. 设备

电动搅拌器、恒温水浴锅。

三、实训步骤及关键控制点

1. 原料干酪的选择与预处理

选择质量符合国家标准的优质干酪 2 ~ 3 种。除掉干酪的包装材料，剥去表皮，轻拭表面等。

2. 切碎与粉碎

称取各种干酪各 10 g，用切碎机将原料干酪切成小块，用粉碎机粉碎。

3. 熔融、乳化

将切碎后的原料放入烧杯中，称取辅料（磷酸盐添加量 4%，卡拉胶添加量为 0.4%、大豆分离蛋白添加量为 1%、变性淀粉添加量为 8%，纯净水 9 mL、绵白糖 3%，食盐 0.4%）。将以 200 ~ 300r/min 搅拌，水浴加热至 40℃，加入辅料，持续搅拌升温至 50 ~ 55℃，待混合基本均匀后，开始搅拌乳化，在一定温度条件下，以 1500 ~ 2000r/min 进行高速搅拌一定时间，保温一定时间，使其充分混合均匀，使制品组织细腻、光滑，并具有一定的黏度。

4. 充填、包装、贮藏

将乳化后的干酪趁热充填包装于玻璃纸或涂塑性蜡玻璃纸、铝箔等包装材料内。将包装后的再制干酪静置于 10℃ 以下的冷藏库中进行定性和贮藏。

四、思考题

熔化温度、搅拌时间、保温时间对再制干酪的品质有什么影响？

项目六　乳粉加工技术

学习目标

1. 了解乳粉概念、分类及营养价值。
2. 掌握乳粉生产工艺。
3. 掌握真空浓缩、喷雾干燥原理。

学习任务描述

乳粉的加工。
关键技能点：真空浓缩、喷雾干燥。
对应工种：乳品加工工。
拓展项目：婴儿乳粉的加工。

案例分析

2008 年 6 月 28 日，位于兰州市的解放军第一医院收治了首例患“肾结石”病症的婴幼儿，据家长们反映，孩子从出生起就一直食用某知名乳品企业生产的婴幼儿乳粉。随后短短两个多月内，该医院收治的患婴人数就迅速扩大到 14 名。至 9 月 11 日，甘肃等地报告多例婴幼儿泌尿系统结石病例，其他省如陕西、宁夏、湖南、湖北、山东、安徽、江西、江苏等地也都有类似案例发生。卫生部指出，近期调查发现患儿多有食用该企业婴幼儿配方乳粉的历史，经相关部门调查，高度怀疑该企业生产的婴幼儿配方乳粉受到三聚氰胺污染。9 月 13 日，党中央、国务院对严肃处理该婴幼儿乳粉事件作出部署，要求立即启动国家重大食品安全事故Ⅰ级响应，并成立应急处置领导小组。

问　题

乳粉中为什么会含有三聚氰胺?

新闻摘录

8月2日，新西兰恒天然集团向新西兰政府通报称，其生产的3个批次浓缩乳清蛋白粉中检出肉毒杆菌，受污染产品总量达40t左右。

据相关专家称，肉毒毒素是不耐热的，一般100℃加热10min或者75～85℃加热30min就可以杀灭。肉毒毒素对1岁以下的婴幼儿是有危害的，因为他们的肠道菌群还不够强大，不能对肉毒杆菌产生强有力的对抗。另外，肠道本身就是一个缺氧的环境，所以会给肉毒杆菌提供一个产生肉毒毒素的有利环境，从而引起中毒。

问　题

1. 浓缩乳清蛋白粉中为什么会检出肉毒杆菌?
2. 加工生产过程中如何避免肉毒杆菌的产生?

任务一　乳粉的概念和种类

一、乳粉的概念

乳粉是以新鲜乳为原料，或以新鲜乳为主要原料，添加一定数量的植物或动物蛋白质、脂肪、维生素、矿物质等配料，经杀菌、浓缩、干燥等工艺除去乳中几乎全部的水分，而制得的粉末状产品。由于产品含水量低，因而耐藏性得到大大提高，减少了乳的质量和体积，为贮藏运输带来了方便，利于调节地区间供应的不平衡。而且乳粉冲调方便，便于饮用，可以调节产乳淡、旺季乳制品的市场供应。

二、乳粉的化学组成

乳粉的化学组成随原料乳种类及添加物的不同而有所差异，现将几种主要乳粉的化学成分平均值列表，见表6－1，以供参考。

表6－1　各种乳粉的化学成分平均值　　单位:%

品种	水分	脂肪	蛋白质	乳糖	无机盐	乳酸
全脂乳粉	2.00	27.00	26.50	38.00	6.05	0.16

续表

品种	水分	脂肪	蛋白质	乳糖	无机盐	乳酸
脱脂乳粉	3.23	0.88	36.89	47.84	7.80	1.55
乳油粉	0.66	65.15	13.42	17.86	2.91	—
甜性酪乳粉	3.90	4.68	35.88	47.84	7.80	1.55
酸性酪乳粉	5.00	5.55	38.85	39.10	8.40	8.62
干酪乳清粉	6.10	0.90	12.50	72.25	8.97	—
干酪素乳清粉	6.35	0.65	13.25	68.90	10.50	—
脱盐乳清粉	3.00	1.00	15.00	78.00	2.90	0.10
婴儿乳粉	2.60	20.00	19.00	54.00	4.40	0.17
麦精乳粉	3.29	7.55	13.19	72.40*	3.66	—

注：*包括蔗糖、麦精及糊精。

三、乳粉的种类

目前我国生产的乳粉主要有全脂乳粉、全脂加糖乳粉、婴儿乳粉及少量保健乳粉等，其中全脂加糖乳粉的产量占到90%以上，其他乳粉，尤其是婴儿乳粉的产量正在逐步上升。

根据所用原料、原料处理及加工方法的不同，将乳粉进行分类，如表6－2所示。

表6－2　乳粉的分类

品　种	原　料	制造方法	特　点
全脂乳粉	牛乳	净化→标准化→杀菌→浓缩→干燥	保持牛乳的香味、色泽
全脂加糖乳粉	牛乳、砂糖	标准化→加糖→杀菌→浓缩→干燥	保持牛乳香味并带适口甜味
脱脂乳粉	脱脂牛乳	牛乳的分离→脱脂乳杀菌→浓缩→干燥	不易氧化、耐保藏、乳香味差
速溶乳粉	全脂或脱脂牛乳、卵磷脂	在干燥工序中施以速溶加工条件	比普通乳粉颗粒大、容易冲调、使用方便
婴儿配方乳粉	牛乳、稀奶油、植物油、脱盐乳清、铁、维生素	高度标准化→调配→杀菌→浓缩→均质→干燥	改变了牛乳营养成分的含量及比例、使之与人乳成分相似，是婴儿较理想的代母乳食品

续表

品　种	原　料	制造方法	特　点
调制乳粉	牛乳、大豆、植物油、饴糖、钙、磷、铁	原料调配→杀菌→浓缩→均质→干燥	含有婴幼儿生长发育所需的各种营养成分，无牛乳蛋白质过敏及乳糖不适症反应
乳清粉	利用制造干酪、干酪素的副产品——乳清	乳清过滤→脱盐→超滤或真空浓缩→干燥	含有大量乳清蛋白、乳糖、适于配制婴幼儿食品、牛犊代乳品
奶油粉	稀奶油、非脂乳固体、添加剂	标准化→配料→均质→干燥	非冷藏条件下可长时间保存、便于食用及用作食品工业配料
酪乳粉	利用制造奶油的副产品——酪乳	酪乳杀菌→浓缩→干燥	含有较多磷脂及蛋白质、可作为冷食、面包、糕点等的辅料，改善产品的质量
干酪粉	成熟的干酪、添加剂	干酪去皮→切小块→水蒸气熔融→加水使呈浓乳状→干燥	改善了干酪在储藏中容易发生膨胀变质现象
麦乳精粉	乳与乳制品、蛋类、可可、麦芽糖、饴糖	配料→均质→脱气→干燥	含多种营养成分
冰淇淋粉	乳与乳制品、蛋类、糖、添加剂	配料→杀菌→均质→老化→浓缩→干燥	便于保藏、运输
断乳幼儿乳粉	脱脂乳、植物油、维生素、糖、谷物	配料→杀菌→浓缩→均质→干燥	能满足6个月以上婴幼儿的营养需要
强化乳粉	牛乳、维生素、铁、糖	配料→杀菌→均质→浓缩→干燥	对喂乳的婴儿可避免因缺铁、钙、维生素而引发疾病

摘自武建新，《乳品生产技术》. 2004.

从比较结果来看，强化乳粉、调制乳粉、婴儿配方乳粉、断乳幼儿乳粉的生产工艺虽然有所差异，但是仍有一些相似的地方，所以有时也可以将其统称为配方乳粉。

随着乳品工业的不断发展，科学技术的不断进步，会出现各种类型的乳粉，如老人乳粉、降糖乳粉等，凡是制成干燥粉末状态的最终乳固体含量不低于70%的乳制品均可归为乳粉系列。

任务二　乳粉加工工艺

乳粉生产方法分为冷冻法和加热法两大类。冷冻法生产乳粉可分离心冷冻法和低温冷冻升华法两种。

离心冷冻法是先将牛乳在冰点以下浇盘冻结，并经常搅拌，使其冻成雪花状的薄片或碎片，而后放入高速离心机中，将呈胶状的乳固体分离析出，再在真空下加微热，使之干燥形成粉末状。

低温冷冻升华法是将牛乳在高度真空下（绝对压力67Pa），使乳中的水分冻结成极细冰结晶，而后在此压力下加微热，使乳中的冰屑升华，乳中固体物质便成为干燥粉末。

以上两种方法因为设备造价高，耗能大，生产成本高，仅适用于特殊乳粉的加工，大规模生产不宜使用。目前国内乳粉的生产普遍采用加热干燥法，其中被广泛使用的干燥法是喷雾干燥法。本章主要讲解用喷雾干燥法生产乳粉。

一、全脂乳粉

（一）工艺流程

将新鲜原料乳经标准化后，直接加工成干燥的粉末状制品即为全脂乳粉；经添加蔗糖后制成的乳粉称为加糖全脂乳粉或甜乳粉。

采用喷雾干燥法生产全脂乳粉，其工艺流程如下：

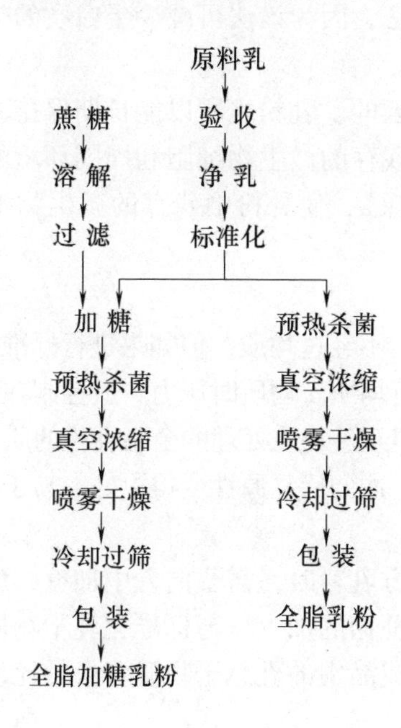

（二）技术要点

1. 原料乳的验收及处理

只有优质的原料才能生产出高质量的产品，加工乳粉所需的原料乳，必须符合国家标准中规定的各项要求。原料乳进入工厂后应立即进行检验，将符合感官、理化、微生物标准的优质牛乳送入收乳工序。

原料乳经过验收后应及时进行过滤、净化、冷却和贮存等预处理过程。

原料乳验收后若不能立即加工，需贮存一段时间，则必须净化后经冷却器冷却到4～6℃，再打入贮槽进行贮存。牛乳在贮存期间要定期进行搅拌及检查温度和酸度。具体工艺流程如下：

原料乳→粗滤→称量记录→离心净乳→冷却至4℃以下→注入贮藏罐贮存→取样检验并做标准化→贮存或使用

2. 标准化

现代的净乳机在通过离心作用把乳中难以过滤除去的细小污染物及芽孢分离的同时，还能够对乳中的脂肪进行标准化，离心和净乳同时进行。如果净乳机没有分离乳油的功能，只好用稀奶油分离机分离后再对脂肪进行标准化。为使成品中含有26%的脂肪，一般工厂将成品的脂肪含量控制在27%左右，全脂加糖乳粉中脂肪含量应控制在20%以上。常用的标准化方法是皮尔逊法。

3. 杀菌

乳粉生产中的预热杀菌，目前几乎全部采用高温短时（HTST）杀菌法和UHT瞬间灭菌法。前者采用管式或板式杀菌器，杀菌条件为86～94℃，24s或80～85℃，15s；后者采用UHT灭菌机，杀菌条件为125～150℃，1～2s。目前最常见的是高温短时杀菌法，因为该法可减少蛋白质的热变性，有利于提高乳粉的溶解性能。

乳粉成品不是绝对无菌的。乳粉之所以能长期保持乳的营养成分，主要是因为成品的含水量很低，使残存的微生物细胞和周围环境的渗透压差值增大，从而发生所谓的“生理干燥现象”，使乳粉中残存的微生物不仅不能繁殖，甚至还会死亡。

4. 均质

生产全脂乳粉时，一般不经过均质，但如果进行标准化时添加了稀乳油或其他不易混匀的物料，则应进行均质。均质时压力一般控制在14～21MPa，温度以60～65℃为宜。未经过标准化但经过均质处理的全脂乳粉的质量优于未经过均质处理的乳粉。均质后脂肪球变小，冲调后复原性变得更好，易于消化吸收。

5. 加糖

在生产加糖或某些配方乳粉时，需要向乳中加糖，所使用的蔗糖必须符合国家标准。根据标准化乳中蔗糖的加入量与标准化乳干物质含量的比值，必须等于加糖乳粉中蔗糖含量与该成品中的乳总干物质含量的比值，乳中加糖量的计算公式为：

$$A = T \times \frac{A_1}{W} \times C$$

式中 A——加糖量，kg；

A_1——标准化要求的含糖量，%；

W——乳粉中干物质含量，%；

T——乳的总干物质含量，%；

C——原料乳的总量，kg。

常用的加糖方法有四种：

（1）将糖投入原料乳中加热溶解后，再同牛乳一起杀菌。

（2）将杀菌过滤的糖浆（含糖约65%）加入浓缩乳中。

（3）将糖粉碎杀菌后，在包装前与喷雾干燥好的乳粉混合。

（4）预处理时加一部分蔗糖，包装前再加一部分蔗糖细粉。

根据产品配方和设备选择加糖方式，当产品中含糖量低于20%时，采用（1）或（2）前加糖法；当糖含量高于20%时，应采用（3）或（4）后加糖法，原因是蔗糖具有热熔性，在喷雾干燥塔中流动性较差，容易粘壁和形成团块，所以采用后加糖法；带有流化床干燥的设备，采用（3）法为宜。

6. 真空浓缩

浓缩是指在称作蒸发器的特制容器内用加热的方法使牛乳中的一部分水汽化，并不断排出，使牛乳中的干物质含量提高的加工处理过程。在乳品工业中，目前应用最多的是减压加热浓缩，即所谓真空浓缩。

（1）真空浓缩的作用

①原料乳经过真空浓缩，除去70%～80%的水分，可以提高干燥设备的生产能力，降低成本。

②影响乳粉颗粒的物理性状。浓缩乳经喷雾干燥成乳粉后，其颗粒较粗大，具有良好的分散性、冲调性，能够迅速复水溶解。

③改善乳粉的保藏性。真空浓缩可排除溶解在乳中的空气和氧气，使乳粉颗粒中的气泡含量大大减少。颗粒内存在的氧气容易与全脂乳粉中的脂肪起化学反应，给制品带来不良的影响，降低保藏性能。浓缩乳的浓度越高，制成的乳粉气体含量越低，越有利于保藏。

（2）真空浓缩的特点

①受热时间短，对产品色泽、风味、溶解度等都有好处。

②在减压条件下，乳的沸点降低（如当真空度为20kPa时，其沸点为56.7℃），提高了加热蒸汽和牛乳的温差，从而加快了换热器的热交换速度，提高了浓缩效率。

③由于沸点降低，使得牛乳在热交换器壁上结焦的现象大为减少，便于清洗，利于提高传热效率。

④真空浓缩是在密闭容器内进行的，避免了外界污染。

⑤真空浓缩除水要比直接干燥除水节约能源；如乳喷雾干燥每蒸发1kg水需消耗蒸汽3～4kg，在单效真空蒸发器中消耗蒸汽1.1kg，由于单效蒸发产生的水蒸气可作为下一效的热源，故在双效真空蒸发器中仅消耗蒸汽0.4kg，三效仅需0.333kg蒸汽。

（3）真空浓缩的蒸发过程　以单效降膜蒸发器为例，如图6－1所示。其主

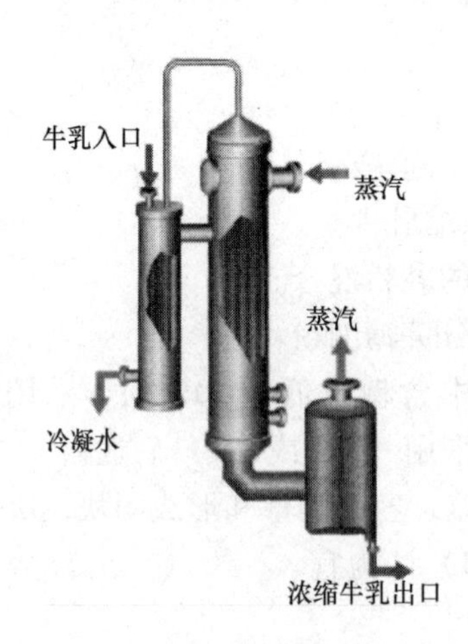

图6-1 单效蒸发器

体是垂直列管换热器，加热管长度和管径之比（L/D）需大于100，以保证蒸发在管中有效地进行，并保持较大的传热系数。

牛乳经预热后从顶部垂直进入蒸发器，沿加热表面向下流，加热面由不锈钢管或不锈钢板片组成，牛乳沿管子的内壁形成一层薄膜，并沿管的内壁向下流，而管子四周是蒸汽。流动中，薄膜状牛乳中的水分很快被蒸发掉。蒸发器下端安装有蒸汽分离器，经蒸汽分离器将浓缩牛乳与蒸汽分开。由于同时流过蒸发管进行蒸发的牛乳很少，故降膜式蒸发器中的牛乳停留时间非常短（约1min），这对于浓缩热敏感的乳制品相当有益。

为了减少蒸汽消耗量，蒸发设备通常设计成多效的。多效蒸发器是将两台或两台以上的蒸发器串联起来，其中第一效蒸发器的真空度低于第二效（这样做可降低二次蒸汽的温度）。从第一效蒸发器出来的二次蒸汽可用作第二效的加热介质，第二效的真空度高，蒸发温度低。随着效数的增加，两个或更多个单元在较低的压力下操作，从而获得较低的沸点。较大规模的工厂多采用双效或多效等真空蒸发器。

国外还有列管式、板式、离心式、刮板式蒸发器，选择何种蒸发器，应视生产规模、产品种类、经济条件等来决定。我国乳粉加工厂目前使用较多的是双效和三效蒸发器。

（4）真空浓缩的要求　浓缩程度直接影响乳粉的质量，特别是溶解度。一般浓缩至原料乳体积的1/4左右，乳干物质达到40%～45%。浓缩后的乳温为47～50℃。不同的产品浓缩程度如下：

①全脂乳粉。浓度为11.5～13°Bé，相应乳固体含量为38%～42%。

②脱脂乳粉。浓度为20～22°Bé，相应乳固体含量为35%～40%。

③全脂甜乳粉。浓度为15～20°Bé，相应乳固体含量为45%～50%，生产大颗粒乳粉时可将浓缩乳浓度提高。

浓度的控制一般以取样测定浓缩乳的密度或黏度来确定，也可以在浓缩设备上安装折光仪进行连续测定。

真空浓缩是生产优质乳粉的一个必要阶段。牛乳若不先经过浓缩就进行喷雾干燥，则生产的乳粉颗粒非常细小，且空气含量高，可湿性差，保存期短，在能源利用方面不经济。

7. 喷雾干燥

牛乳经浓缩后再过滤，然后进行干燥，除去液态乳中的水分，使乳粉中的水分含量控制在2.5%～5.0%，以固体状态存在。

乳粉干燥常用的方法有加热干燥法和冷冻干燥法。

冷冻干燥法是乳中的水分在真空中蒸发，该过程可在较低的温度下进行，蛋白质不会受到任何损害，可用于生产优质乳粉，但因其耗能太高，并没有得到广泛应用。

生产乳粉常用的方法是加热干燥法，水分以蒸汽形式被蒸发出去，残留物即为乳粉。加热干燥法有平锅法、滚筒法、喷雾法三种，乳品工业使用的基本上是喷雾干燥法。

（1）喷雾干燥的过程　喷雾干燥分两个阶段进行。第一阶段，将预处理后的牛乳蒸发浓缩至40%～50%的干物质含量；第二阶段，浓缩乳在干燥塔内进行最后的干燥。第二阶段又分成三个过程进行：①将浓缩乳分散成非常细小的乳滴；②将分散的细小乳滴与热气流混合，使水分迅速蒸发；③将干的牛乳颗粒从干燥空气中分离出来。

喷雾干燥机的主要部分为雾化器。理想的雾化器应能将浓乳稳定地雾化成均匀的乳滴，并能使乳滴散布于干燥塔的有效空间，而不喷到塔壁上，目的是使其能快速干燥。乳滴分散得越微细，其比表面积越大，越能有效地进行干燥。其工艺流程如下所示：

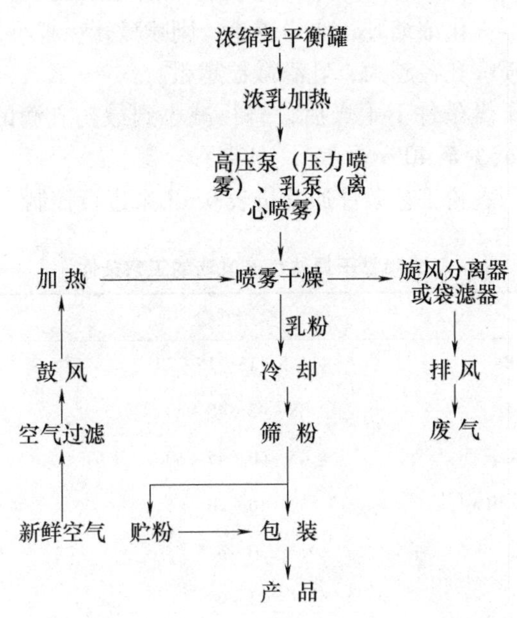

首先将经过过滤器过滤的空气，由鼓风机送入加热器，加热至130～180℃（有的装置达200℃）后，送入喷雾干燥塔。与此同时，将温度为45～50℃的浓乳，经雾化器雾化成直径为100～200μm的乳滴液，在与热空气接触的瞬间，使微细的乳滴干燥成粉末，沉降在干燥塔底部，并通过出粉装置连续卸出，经冷却、过筛后进行贮存。

水分的脱除使液滴的质量、体积大大降低。在理想条件下，质量将会下降50%，容积下降至原来的40%，颗粒大小降到从喷雾器中出来时的75%。

（2）喷雾干燥的雾化方法　目前国内常用的有两种：压力喷雾法和离心喷雾法。雾化设备的设计取决于乳粉颗粒的大小、结构、溶解性、密度和润湿性等。

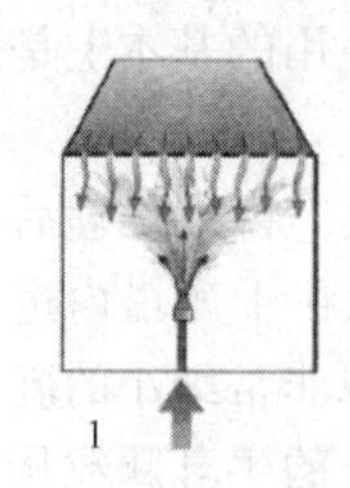
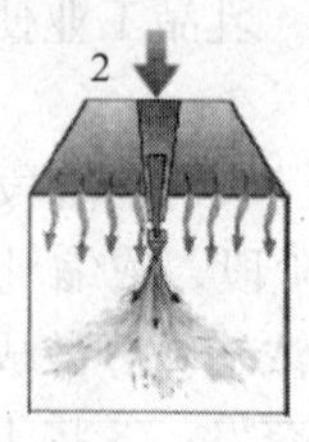

图6-2　压力喷雾干燥室中的喷嘴
1—逆流喷雾　2—顺流喷雾

①压力喷雾法。在压力式喷雾干燥中，浓乳雾化是通过一台高压泵和一个安装在干燥塔内部的喷嘴来完成的，如图6-2所示。

压力喷雾是由高压泵将浓乳以10~12MPa的压力供给喷头，喷头将浓乳雾化后送入塔内，经热风对雾滴进行加热，使水分得以蒸发，浓乳雾滴在由塔顶沉降到塔底的过程中干燥成粉粒。

雾化状态的优劣取决于雾化器的结构、喷雾压力（浓乳的流量）、浓乳的物理性质（浓度、黏度、表面张力等）。一般情况下，雾滴的平均直径与浓乳的表面张力、黏度及喷嘴孔径成正比，与流量成反比，浓乳流量则与喷雾压力成正比。

采用这种喷雾器雾化浓缩乳，压力越高，则喷嘴孔径越小，所得乳滴微粒越细；压力越低，则喷嘴孔径越大，乳滴微粒越粗。

雾滴在理想的干燥条件下干燥后，直径减小到最初乳滴的75%，质量约减少至50%，体积约减少至40%。

压力喷雾法生产乳粉工艺条件通常按表6-3来进行控制。

表6-3　压力喷雾干燥法生产乳粉的工艺条件

项目	全脂乳粉	全脂加糖乳粉
浓缩乳浓度/°Bé	11.5~13　15~20	
乳固体含量/%	38~42　45~50	
浓缩乳温度/℃	45~60　45~60	
高压泵工作压力/MPa	10~20	10~20
喷嘴孔径/mm	2.0~3.5	2.0~3.5
喷嘴数量/个	3~6	3~6
喷嘴角/°	1.047~1.571	1.222~1.394
进风温度/℃	140~180	140~180
排风温度/℃	75~85	75~85
排风相对湿度/%	10~13	10~13
干燥室负压/Pa	98~196	98~196

②离心式喷雾法。浓乳的雾化是通过一个在水平方向做高速旋转的圆盘来完成的。

离心喷雾是由塔顶的电场变速器带动离心盘，如图6－3所示。将浓乳从离心盘的流道中甩出，被甩出的浓乳膜片在离心力的作用下被雾化成乳滴，乳滴在热风风速的作用下，沉降干燥成粉粒。

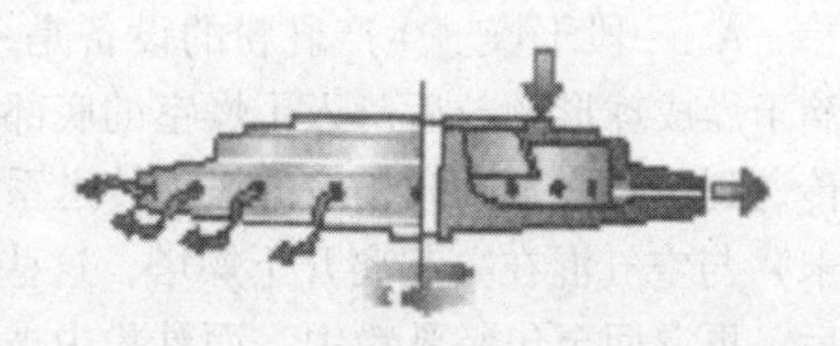

图6－3 离心喷雾盘

雾化状态的优劣取决于转盘的结构及其圆周速度（直径与转速）、浓乳的流量与流速、浓乳的物理性质（浓度、黏度、表面张力等）。

离心喷雾法生产乳粉工艺条件通常按表6－4来进行控制。

表6－4 离心喷雾干燥法生产乳粉的工艺条件

项目	全脂乳粉	全脂加糖乳粉
浓缩乳浓度/°Bé	13～15	14～16
乳固体含量/%	45～50	45～50
浓缩乳温度/℃	45～55	45～55
转盘转速/（r/min）	5000～20000	5000～20000
转盘数量/个	1	1
进风温度/℃	140～180	140～180
排风温度/℃	75～85	75～85

（3）干燥设备 完整的喷雾干燥设备包括干燥机和辅助设备，采用连续出粉机构，实现了机械化、连续化生产。

①干燥机的类型。通常压力喷雾干燥可使用并流型卧式和立式干燥机，离心喷雾只能使用并流立式干燥机，如图6－4所示。

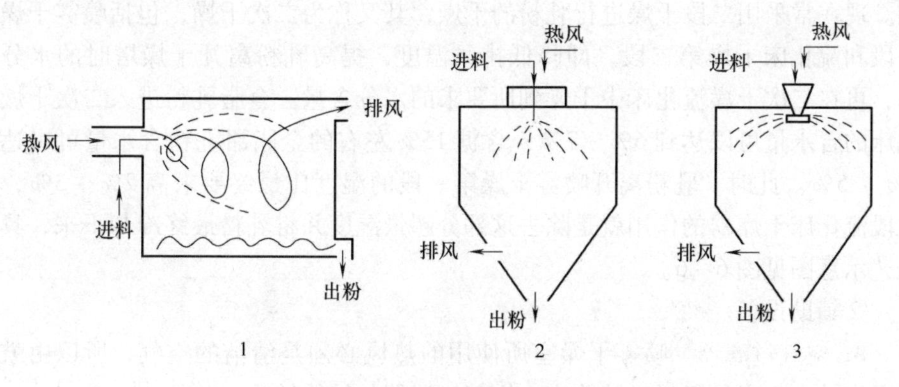

图6－4 喷雾干燥机的形式

1—并流卧式压力喷雾 2—并流立式压力喷雾 3—并流立式离心喷雾

目前我国和世界其他国家采用的干燥工艺都经历了一段干燥、两段干燥、三段干燥等多个不同的阶段。本节只介绍一段和二段干燥工艺。

A. 一段干燥。生产乳粉的设备是一个具有风力传送系统的喷雾干燥器。雾滴干燥成球形颗粒后落入干燥室的底部，被由风扇送至输送管道的冷风冷却，并传送到包装段，同时相应的风力传送系统会收集一些小的、轻的乳粉颗粒（乳粉末）与空气混在一起离开干燥塔，这些乳粉末经过一个或多个旋风分离器的分离后，再混回至包装乳粉中，而乳粉中被除去的空气则由风扇排出厂外，工艺示意图见图6-5。

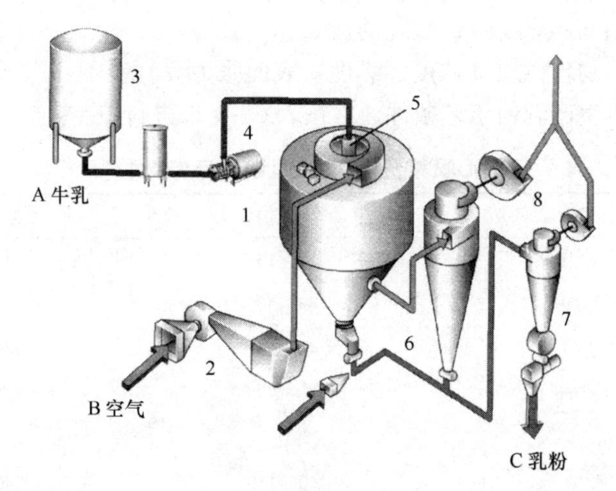

图6-5　一段喷雾干燥法生产乳粉工艺示意图
1—干燥室　2—蒸汽加热器　3—乳浓缩罐　4—高压泵　5—雾化器
6—主旋风分离器　7—旋风分离器运输系统　8—排风机

B. 二段干燥。在一段干燥中，即使提高干燥塔出口的排风温度，也很难将乳粉中的最后一小部分水分除去，并且提高出口干燥温度对乳粉质量有不利影响。现在常采用二段干燥进行乳粉的干燥，其又称为二次干燥，包括喷雾干燥第一段和流化床干燥第二段，即降低排风温度，提高乳粉离开干燥塔时的水分含量，再在二次干燥流化床中干燥到所要求的水分含量。全脂乳粉进入二次干燥流化床的含水量可以达到6%～7%；含糖15%左右的全脂甜乳粉含水量可以达到4%～5%。此时，乳粉离开喷雾干燥第一段的湿度比最终要求高2%～3%，第二段流化床干燥器的作用就是除去这部分超量湿度并将乳粉最终冷却下来，具体工艺示意图见图6-6。

②辅助设备。

A. 空气过滤器。喷雾干燥室所使用的热风必须是清洁的空气，所以由鼓风机吸进的空气必须经过过滤除尘。空气过滤器的性能约为$100m^3/(m^2 \cdot min)$。通过的过滤层的风压控制在147Pa，风速为2m/s。当由于长时期运行，逐渐污染了

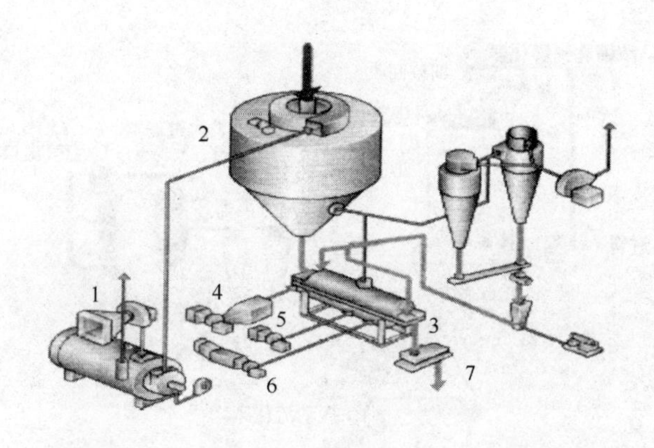

图6-6 乳粉的二段喷雾干燥生产工艺示意图

1—空气加热器 2—干燥室 3—振动流化床 4—流化床空气加热器
5—用于冷却流化床的空气 6—流化床除湿冷却气 7—过滤筛

过滤层时，会使进风阻力增大，所以应经常对其进行刷洗。

B. 空气加热器。作用是将通过空气过滤器的空气在进入干燥室之前加热到150~160℃或160~200℃。一般有蒸汽加热和燃油炉加热两种加热方式，前者可加热到150~170℃，后者可加热到180~200℃。空气加热器多用紫铜管或钢管制造，加热面积受管径、散热片及排列状态等因素的影响。

C. 进、排风机。进风机将热空气吸入干燥室内，与牛乳雾滴接触，达到干燥的目的。同时，排风机将牛乳蒸发出去的水蒸气及时排掉，以保持干燥室干燥作用的正常进行。

D. 捕粉装置。捕粉装置是将干燥室排出的废气中所带的粉粒（占总乳粉量25%~45%）与气流进行分离的装置。常用的有旋风分离器、布袋过滤器或两者结合使用。旋风分离器将湿空气被抽出时所夹带的细小粉粒分离出来，并收集起来。根据除尘要求旋风分离器可两级串联使用。布袋过滤器是将旋风分离器分离不掉的微小粉粒进行二次分离的分离装置。

E. 气流调节装置。在热风进入干燥室分风室处安装有气流调节装置，目的是使进入的气流均匀无涡流，能与雾滴进行良好接触，避免干燥室内出现局部积粉、焦粉或潮粉现象。

综上所述，喷雾干燥器的工作基本上包括四个工序，即：浓缩乳雾化乳滴、乳滴与热空气混合、乳滴的干燥、产品的分离回收。其设备流程如图6-7所示。

8. 出粉、冷却、称量与包装

(1) 出粉　牛乳经喷雾干燥成乳粉后，应迅速从干燥室中排出并冷却，特别是全脂乳粉。由于干燥室的温度较高，底部一般为60~65℃，乳粉如在高温下停留时间过长，脂肪容易氧化，会影响乳粉的溶解度和色泽。此外，乳脂肪酸的游离也会影响乳粉的保藏性。因此，迅速连续出粉和及时冷却是工艺的重要环节。

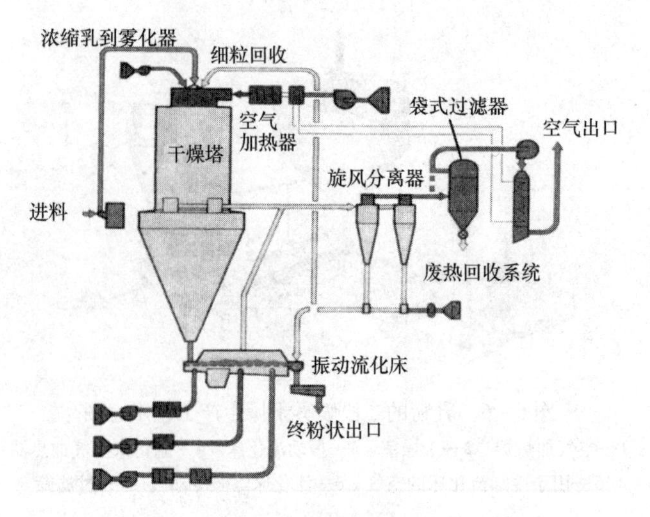

图6-7 喷雾干燥塔的设备流程

乳品工业常用的出粉机构有螺旋输送器、鼓型阀、涡旋气封阀和电磁振荡出粉装置等，这些出粉机构对于脱脂乳粉和全脂乳粉来说，出粉效果良好。

（2）冷却 不论采用何种出粉形式，出粉之后均需立即进行晾粉和筛粉，使制品及时冷却。若出粉后乳粉不经过充分冷却，仍保持较高温度，易引起蛋白质热变性。在高温下，全脂乳粉的游离脂肪酸增多，在乳粉颗粒表面渗出，暴露于空气中而被氧化，产生氧化臭味。同时乳粉在高温状态下放置还容易吸收大气中的水分。喷雾干燥乳粉要求及时冷却至30℃以下。

使用容量为30~50kg的晾粉箱进行贮放自然晾粉效果较差，因为箱体中心部位的乳粉不易冷却。目前普遍采用流化床出粉冷却装置，可将乳粉冷却至18℃以下，同时还可使制品颗粒大小均匀。

（3）筛粉与晾粉 筛粉一般采用机械振动筛，网眼为40~60目。过筛后可将粗粉细粉混合均匀，并除去团块和粉渣。新生产的乳粉经过12~24h的贮藏，其表观密度可提高15%左右，有利于包装。无论使用大型粉仓还是小粉箱，在贮存时都要严防受潮。包装前的乳粉存放场所必须保持干燥和清洁。

（4）称量与包装 各国乳粉包装的形式和尺寸有较大差别，根据乳粉的用途，有大罐、小罐和小袋等包装形式。小包装称量要求精确迅速，常用的有容量法和重量法等称量机，手工称量劳动强度大，效率低，卫生条件差，逐步为自动包装所代替。

包装材料有马口铁罐、塑料袋、塑料复合纸带、塑料铝箔复合袋等。规格多为500g、454g，也有250g、150g的。大包装容器有马口铁盒或软桶，1.5kg装；塑料袋套牛皮纸袋，25kg装。依不同客户的特殊需要，可以改变包装重量。

包装方式直接影响乳粉的贮存期，如塑料袋包装的贮存期规定为3个月，铝箔复合袋包装的贮存期规定为12个月，真空包装技术和充氮包装技术可使乳粉质量达3~5年。任何一种包装都应标明出厂日期及其有效期。

由于全脂乳粉含有26%以上的乳脂肪，易受日光、氧气等作用而发生变化，此外由于乳粉颗粒具有多孔性，表面积很大，吸潮性强，所以，对称量包装操作和包装容器的种类都必须充分注意。包装室应对空气采取调湿降温措施，室温一般控制在18～20℃，空气相对湿度以75%为宜。

二、脱脂乳粉

脱脂乳粉是以脱脂乳为原料，经过杀菌、浓缩、喷雾干燥而制成的乳粉。因为脂肪含量很低（不超过1.25%），所以耐保藏，不易发生氧化变质。脱脂乳粉一般多用于食品工业的原料，如饼干、糕点、面包、冰淇淋及脱脂鲜干酪等都使用脱脂乳粉为原料。目前速溶脱脂乳粉因在使用时非常方便，广受消费者的欢迎，这种乳粉是食品工业中的一个非常重要的蛋白质来源。

（一）工艺流程

脱脂乳粉的生产工艺流程如下：

原料验收 → 预处理 → 牛乳预热 → 分离 → 脱脂乳 → 冷却 → 贮存 → 预热杀菌
（分离 → 稀奶油）

真空浓缩 → 喷雾干燥 → 流化床冷却 → 过筛 → 包装入库 → 检验 → 成品

脱脂乳粉的生产工艺流程及设备与全脂乳粉的大体相同，凡生产奶油或乳粉的工厂都能生产脱脂乳粉。但是，整个加工过程中如果温度调节和控制不适当，会引起脱脂乳中的热敏性乳清蛋白质的变性，从而影响乳粉的溶解度。因此，在生产脱脂乳粉时某些工艺条件还需有别于全脂乳粉。

（二）生产步骤

1. 牛乳的预热与分离

原料乳经过验收后，通过过滤，然后加温到35～38℃即可进行分离。用牛乳分离机经离心分离后可同时获得稀奶油和脱脂乳，这时要控制脱脂乳的含脂率不得超过0.1%。

2. 预热杀菌

脱脂乳中所含的乳清蛋白（白蛋白和球蛋白）热稳定性差，在杀菌和浓缩时易引起热变性，使乳粉制品溶解度降低。所以脱脂乳粉质量指标除国家规定的外，还有一项指标是乳清蛋白氮指数（简称WPN指数，是以每克脱脂乳粉中乳清蛋白氮的毫克数来表示）。该项指标反映了成品脱脂乳粉在加工工艺过程中受热处理程度的大小。一般低热处理的脱脂乳粉WPN指数较大，其乳清蛋白变性程度低，高热处理的脱脂乳粉WPN指数较小。

乳清蛋白中含有巯基，经热处理时易使制品产生蒸煮味。

为使乳清蛋白质变性程度不超过5%，并且减弱或避免蒸煮味，又能达到杀菌抑酶的目的，根据研究确定，脱脂乳的预热杀菌温度以80℃，保温15s为最佳条件。

脱脂乳粉可以根据其用途的不同采用不同的预热杀菌条件。例如当其用于食品工业的冰淇淋原料时，要求其溶解性能良好而又没有蒸煮气味，所以在预热杀菌时最好采用高温短时间或超高温瞬间杀菌法进行杀菌；如果脱脂乳粉是用于面包工业，添加于面粉中烘烤面包时则可以采用 85～88℃，30min 的杀菌条件，因为在这一条件下进行热处理所得的脱脂乳粉，添加于面包中能使面包的体积增大。用于制造脱脂鲜干酪的脱脂乳粉，则多要求使用速溶脱脂乳粉。

3. 真空浓缩

为了不使过多的乳清蛋白质变性，脱脂乳的蒸发浓缩温度以不超过 65.5℃为宜，浓度为 15～17°Bé，乳固体含量可控制在 36% 以上。如果浓缩温度超过 65.5℃，则乳清蛋白质变性程度超过 5%。实际上采用真空浓缩，尤其是多效真空浓缩，乳温不会超过 65.5℃，受热时间也很短，对乳清蛋白质变性的影响不大。

4. 喷雾干燥

将脱脂浓乳按普通的方法进行喷雾干燥，即可得到普通脱脂乳粉。

普通脱脂乳粉因其乳糖呈非结晶型的玻璃状态，即 α－乳糖和 β－乳糖的混合物，故有很强的吸湿性，极易结块，为克服上述缺点，并提高其的冲调性，采用特殊的干燥方法生产速溶脱脂乳粉，可使其性质获得改善。

脱脂乳粉的冷却过筛、称量包装等过程与全脂乳粉完全相同。

脱脂乳粉均采用大包装，重量为 12.5kg 或 25kg，用聚乙烯塑料薄膜袋进行包装，外面再用三层牛皮纸袋套装封口。

任务三　婴儿配方乳粉的加工

配方乳粉是指针对不同人群的营养需要，在鲜乳中或乳粉中配以各种营养素经加工干燥而制成的乳制品。配方乳粉的种类包括婴儿乳粉、老人乳粉及其他特殊人群需要的乳粉。本节只讲述婴儿配方乳粉的加工技术。

一、婴儿配方乳粉的调制原则

哺乳婴儿最好用母乳，当母乳不足，不得不依靠人工喂养时，牛乳当然是最好的代乳品。但牛乳和母乳在感官、组成上都有一定的区别，见表 6－5。

表 6－5　100mL 母乳与牛乳中营养物质含量　　单位：g

乳的成分	总干物质	蛋白质		脂肪	乳糖	灰分	水分	热能（kJ）
		乳清蛋白	酪蛋白					
母乳	11.8	0.68	0.42	3.5	7.1	0.2	88.0	251
牛乳	11.4	0.69	2.21	3.3	4.5	0.7	88.6	209

婴儿乳粉的调整原则是基于婴儿生长期对各种营养素的需要量，在牛乳与人乳的成分有一定区别的基础上进行的。婴儿乳粉是将牛乳中的各种成分进行合理调整，使之近似于母乳，并加工成方便食用的粉状乳产品。

1. 蛋白质的调整

改变乳清蛋白质与酪蛋白的比例，使之近似于母乳。

母乳中蛋白质含量为1.0%～1.5%，其中酪蛋白为40%，乳清蛋白为60%；牛乳中的蛋白质含量为3.0%～3.7%，其中酪蛋白为80%，乳清蛋白为20%。

牛乳中的酪蛋白含量大大超过母乳，所以新鲜的牛乳如不经稀释直接喂养婴儿，蛋白质则会在婴幼儿的胃内形成较大的坚硬凝块，不易被消化吸收，容易损伤婴儿胃肠，所以必须调低牛乳中酪蛋白的比例，使其与母乳中的酪蛋白比例基本一致，同时供给婴儿食用的蛋白质必须是容易消化吸收的。一般用脱盐乳清粉、大豆分离蛋白进行调整，按照母乳中酪蛋白与乳清蛋白的比例为1∶1.5来调整牛乳中蛋白质含量。

2. 脂肪的调整

按照母乳成分增加不饱和脂肪酸的含量，特别是亚油酸的含量。

牛乳与母乳的脂肪含量较接近，但构成不同。牛乳脂肪中的饱和脂肪酸含量比较高，而不饱和脂肪酸含量低。母乳中不饱和脂肪酸含量比较多，特别是不饱和脂肪酸中的亚油酸、亚麻酸含量相当高，是人体所必需的脂肪酸。低级脂肪酸和不饱和脂肪酸比高级脂肪酸或饱和脂肪酸更容易消化吸收，所以婴儿对母乳脂肪酸的消化率比牛乳脂肪酸至少高20%以上。

调整时可采用植物油脂替换牛乳脂肪的方法，以增加亚油酸的含量。常使用的是精炼玉米油和棕榈油。

棕榈油中含有大量婴儿不易消化的棕榈酸，会增加婴儿血小板血栓的形成，故添加量不宜过多。亚油酸的添加量不宜过多，规定上限用量为：$\omega-6$亚油酸不应超过总脂肪量的2%，$\omega-3$长链脂肪酸不得超过总脂肪量的1%。因为多数不饱和脂肪酸易被氧化而变质，所以在生产中应注意有效抗氧化剂的添加。

3. 碳水化合物的调整

添加乳糖或可溶性低聚糖，多糖等。

在牛乳和母乳中的碳水化合物主要是乳糖，牛乳中乳糖含量为4.5%，主要是α-乳糖；母乳中乳糖含量为7.0%，味稍甜，主要是β-乳糖。牛乳中的乳糖含量远不能满足婴儿机体需要。可通过添加可溶性多糖类，如葡萄糖、麦芽糖、糊精及乳清粉等，来调整乳糖和蛋白质之间的比例，平衡α-乳糖和β-乳糖的比例，使之接近母乳（$\alpha:\beta=4:6$）。较高含量的乳糖有利于钙、磷和其他一些营养素的吸收，促进骨骼、牙齿生长。麦芽糊精可用于保持有利的渗透压，并可改善配方食品的性能。一般婴儿乳粉含有7%的碳水化合物，其中6%是乳糖，1%是麦芽糊精。

4. 灰分的调整

减少制品中无机盐的含量。

牛乳中的无机盐含量较母乳高3倍多。由于初生婴儿肾脏尚未发育成熟，不能充分排泄体内蛋白质所分解的过剩电解质，容易引起发烧、浮肿和厌乳等现象，所以需要采用脱盐的办法除掉一部分钠、钙盐类。一般采用连续脱盐机使无机盐类调至适当含量，从而保持K∶Na = 2.88，Ca∶P = 1.22的理想平衡状态。但母乳中含铁量比牛乳中高，所以要根据婴儿需要而补充一部分铁的含量。

5. 维生素的调整

应充分强化维生素。

婴儿用配方乳粉应充分强化维生素，特别是维生素A、维生素K、维生素B_1、维生素B_2、维生素C、维生素D、烟酸和叶酸等。水溶性维生素过量摄入时不会引起中毒，所以没有规定其上限；脂溶性维生素A、维生素D长时间过量摄入会引起中毒，因此须按规定加入。

二、婴儿配方乳粉生产工艺

各国不同品种的婴儿配方乳粉，生产工艺有所不同，现将基本工艺过程介绍如下。

（一）工艺流程

婴儿配方乳的工艺过程参见配方乳粉的工艺流程图，即：

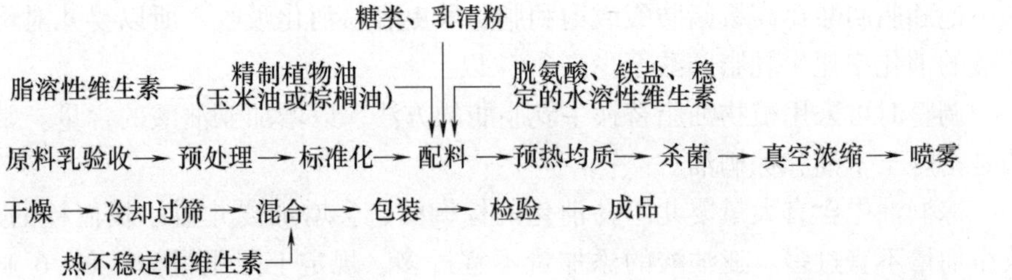

糖类、乳清粉

脂溶性维生素→精制植物油（玉米油或棕榈油）↓　↓　脱氨酸、铁盐、稳定的水溶性维生素↓

原料乳验收→预处理→标准化→配料→预热均质→杀菌→真空浓缩→喷雾干燥→冷却过筛→混合→包装→检验→成品

热不稳定性维生素↑（加入混合）

（二）配方及营养成分

我国的婴儿乳粉品种很多，但经过中国轻工业联合会鉴定并在全国推广的婴儿乳粉主要是配方Ⅰ、配方Ⅱ和配方Ⅲ。

1. 婴儿配方乳粉Ⅰ

婴儿配方乳粉Ⅰ是一个初级的婴儿配方乳粉，是以新鲜牛乳、白砂糖、大豆蛋白、饴糖等为主要原料，加入适量的维生素和矿物质，经加工制成的供婴儿食用的粉末状产品。配方Ⅰ的配方组成及成分标准见表6-6和表6-7。

表6-6　婴儿配方乳粉Ⅰ的配方组成（仅供参考）

原料	牛乳固形物/g	大豆固形物/g	蔗糖/g	麦芽糖或饴糖/g	维生素D_2/IU	铁/mg
用量	60	10	20	10	1000~1500	6~8

表 6－7　　100g 婴儿配方乳粉 I 营养成分含量（仅供参考）

成　分	含　量	成　分	含　量
水分/g	2.48	铁/mg	6.2
蛋白质/g	18.61	维生素 A/IU	586
脂肪/g	20.06	维生素 B_1/mg	0.12
糖/mg	54.6	维生素 B_2/mg	0.72
灰分/g	4.4	维生素 D_2/IU	1600
钙/mg	772	尿酶	阴性
磷/mg	587		

2. 婴儿配方乳粉配方Ⅱ、Ⅲ

婴儿配方乳粉配方Ⅱ、Ⅲ是以新鲜牛乳（或乳粉）为原料、加入脱盐乳清粉（配方Ⅱ）以调整酪蛋白与乳清蛋白的比例（酪蛋白/乳清代蛋白为40:60），同时增加乳糖（乳糖占总糖量的90%以上，其复原乳中乳糖含量与母乳接近）或麦芽糊精（配方Ⅲ）的含量，添加精炼植物油、奶油以增加不饱和脂肪酸的含量，再加入适量的维生素和矿物质，使产品中各种成分含量、比例与母乳相近，经加工制成的供6个月以内婴儿食用的粉末状产品。配方Ⅱ、Ⅲ的配方组成见表6－8。

表 6－8　　婴儿配方乳粉配方Ⅱ、配方Ⅲ的配方组成（仅供参考）

物料名称	投料量	物料名称	投料量	物料名称	投料量	物料名称	投料量
牛　乳	2500kg/t	乳清粉	475kg/t	棕榈油	63kg/t	三脱油	63kg/t
奶　油	67kg/t	蔗　糖	65kg/t	维生素 A	6g/t	维生素 D	0.12g/t
维生素 C	60g/t	维生素 E	0.25g/t	维生素 B_1	3.5g/t	维生素 B_6	35g/t
硫酸亚铁	350g/t	叶　酸	0.25g/t	维生素 B_2	4.5g/t	烟　酸	40g/t

注：牛乳中干物质 11.1%，脂肪 3.0%；乳清粉中水分 2.5%，脂肪 1.2%；奶油中脂肪含量 82%；维生素 A 6g 相当于 240 000IU；维生素 D 0.12g 相当于 48 000IU；硫酸亚铁：$FeSO_4 \cdot 7H_2O$。

（三）工艺要点

1. 原料乳的验收和预处理

应符合生产特级乳粉的要求。

2. 标准化

将全脂原料乳与脱脂乳等混合后，使其符合标准组成的要求。

3. 配料

按比例要求将各种物料混合于配料缸中，开动搅拌器，使物料混匀。

4. 均质、杀菌、浓缩

混合料均质压力一般控制在 5～14MPa；杀菌时最好用超高温瞬时 135℃/4s 的杀菌方式。真空浓缩时，真空度为 66.66～93.33kPa，温度为 35～40℃，浓缩至原体积的1/4，物料浓度控制在46%左右。

5. 喷雾干燥

喷雾压力为15MPa，进风温度为140～160℃，排风温度为80～88℃。

6. 过筛

粉料通过16目筛，孔径1.08mm，除去块状物。

7. 混合

添加可溶性多糖类和对热不稳定的维生素 B_1、维生素 B_6、维生素C等，在混合机内搅拌混合均匀。

8. 再过筛

通过26目筛，孔径为0.63mm，进一步除去块状物。

9. 计量装填

最好采用自动计量装填机。

10. 充氮

为防止脂肪、维生素氧化，采用充氮包装尤为重要。

11. 检验

进行细菌、理化和感官指标检验，符合质量标准要求后即为成品。

任务四　中老年配方乳粉的加工

随着社会的发展与进步，我国已逐渐步入老龄化社会的行列，中老年人已占我国总人口数的一半。在中老年阶段，由于年龄的增长，其生理机能已发生了显著的变化，特别是中老年人体质的下降，免疫机能的降低，对各类营养的吸收能力的减退，极易造成如骨钙流失引起的骨质疏松营养缺乏症等，所以中老年人更需注意营养上的调整。

随着社会经济的发展，人们的饮食习惯发生了某些不合理的改变，高热量、高脂肪、高蛋白的膳食结构导致肥胖症、脑卒中以及癌症等现代“文明病”的发病率大幅度上升。研究结果表明，这些现代“文明病”与人们的饮食有关。中老年乳粉的研究开发，就是要以预防和治疗这些现代“文明病”为主要目标，通过调整乳中的某些营养成分，添加某些功能因子来达到调整饮食、防治疾病的目的。

中老年配方乳粉是以牛乳为主要原料，根据中老年人的代谢特点提高了蛋白质的比例，降低了脂肪的比例，同时强化补充中老年人容易缺乏的维生素（维生素E、维生素A、维生素D、维生素 B_1、维生素 B_2、维生素 B_{12}、烟酸和维生素C）和矿物质元素（Ca、Fe、Zn、Se、Mg和I），弥补了中老年人食量少，一些微量营养素摄取不足或不全面的缺陷。有的中老年乳粉还在此基础上强化补充了双歧因子、果糖低聚糖（异构化乳糖）和蜂蜜等成分，对防治中老年性疾病（如便秘）有特殊的疗效。

一、中老年乳粉的特性

一般情况下，从50岁开始，人就会逐渐地出现生理衰老的现象，各种腺体的分泌功能下降，抵抗力降低，容易患病，所以应当在中老年食品中强化一些功能性营养成分。例如：中老年人对维生素和无机物质的需要量一般要高于正常人，特别是对维生素A、维生素D、维生素B_1、维生素B_2、抗坏血酸、钙、磷、铁等成分的需要量很高，所以中老年人应适当地加强营养保健。

中老年乳粉正是根据中老年人的生理需要所设计的营养全面的产品。这类产品是在营养丰富的乳粉中又添加了必要的功能性营养添加剂，调整了脂肪、蛋白质和碳水化合物的比例，并强化了维生素和微量元素等营养强化剂的含量，对中老年人具有保健作用，对各种营养缺乏症具有一定的辅助治疗功能，是一种适合于中老年人食用的营养食品，可以缓解中老年人生命自然衰退的现象。

另外，常饮用中老年配方乳粉，乳粉中的某些成分能促进机体的消化、吸收，调整机体节律，延缓机体衰老，增强机体抗病能力，具有类似药物的疗效作用。

中老年人平衡膳食的基本要求是多食蛋白质、维生素、纤维素，少食糖类、脂肪和食盐。表6-9所示为推荐的中老年人每日膳食营养供给量。

表6-9 推荐的中老年人每日膳食营养供给量

营养成分	日需要量	营养成分	日需要量
能量/MJ	8.4	维生素B_{12}/μg	3.0
蛋白质/(g/d)	70~75	烟酸/mg	12
脂肪（占总能量）	20~25	维生素C/mg	60
维生素A/IU	2400（800μg）	钙/mg	800
维生素D/IU	400（μg）	铁/mg	12
维生素E/mg	12	锌/mg	15
维生素B_1/μg	1200	镁/mg	300~350
维生素B_2/μg	1200	硒/μg	50
维生素B_6/mg	2.2	碘/μg	150

二、中老年乳粉生产工艺

（一）生产工艺

与婴儿乳粉生产工艺基本相同。

（二）操作要点

（1）在生产中老年配方乳粉之前，首先应该在满足中老年人的营养需要的基础上依据中国营养学会制订的《中国居民膳食营养素参考摄入量》进行科学设计，将营养物质，如蛋白质、脂肪、碳水化合物等进行合理搭配。在此基础上要明确赋予该产品何种功能，预防、治疗何种老年人常见病，如治疗老年性便秘、老年人糖尿病、老年性骨质疏松、老年血管病等，不同的功能所需要添加的营养成分不同。如预防和治疗中老年人便秘，要特别添加双歧因子（低聚糖）和双歧杆菌；预防衰老要特别强化维生素E；预防骨质疏松和心血管疾病要强化矿物质（钙、铁、锌、硒等）和维生素（维生素A、维生素D_3、维生素C、维生素E）；然后根据其应具有的功能确定该产品应含有的营养强化剂的量，如根据含钙量、含维生素E量、维生素D_3量等制定企业标准（目前中老年乳粉还没有制定国家标准），确定添加量要依据GB 2760—2011《食品安全国家标准 食品添加剂使用标准》的要求，产品中添加物的含量要满足中老年人的营养需求。然后到当地的质量监督部门进行企业标准的注册。

（2）在进行生产之前要依据企业标准和成本确定所用营养物质的种类和数量，同时还需要考虑补充的各营养素在加工和保藏过程中的可能损失量，添加的矿物质要尽可能地选用易吸收的有机盐类，并在添加剂允许的范围内进行添加，如乳酸亚铁、乳酸锌、生物碳酸钙、亚硒酸钠等。

（3）功能性物质添加方法要依性质而定。热稳定性强的物质，如脂溶性维生素E、维生素D要在杀菌前添加；热稳定性差的营养物质，如水溶性维生素和双歧杆菌等要在筛粉晾粉后进行添加；而不易溶解的物质要先溶解后再加入，如饴糖、大豆蛋白等；植物油必须要在均质前进行添加。

对中老年人而言，中老年乳粉产品质量的优劣将直接影响身体健康，所以产品的各项指标必须符合标准的要求。由于该类产品目前尚无统一的国家或行业标准，都是由企业自行制订企业标准，产品质量相差悬殊，添加的营养物质的种类和数量也都大不相同。但是各企业在生产时一定要严格按照相关部门制定的企业标准来执行。表6-10和表6-11所示为供参考的中老年乳粉的企业标准。

表6-10　中老年乳粉的参考标准1（供参考）

营养成分	每100g乳粉	营养成分	每100g乳粉
热量/kJ	1858	维生素E/IU	7.5
蛋白质/g	19.8	维生素B_1/mg	1.2
脂肪/g	17.6	维生素B_2/mg	1.2
亚油酸/g	2.5	维生素C/mg	37
碳水化合物/g	51.6	烟酸/mg	10
矿物质/g	6.0	叶酸/μg	35
水分/g	5.0	钙/mg	800

续表

营养成分	每100g乳粉	营养成分	每100g乳粉
牛磺酸/mg	30	磷/mg	500
维生素A/IU	1800	铁/mg	8.0
维生素D/IU	2600	锌/mg	12

表6-11　　双歧中老年乳粉的参考标准2（供参考）

营养成分	每100g乳粉	营养成分	每100g乳粉
热量/kJ	1670	维生素B_1/μg	750
蛋白质/g	22	维生素B_2/μg	750
脂肪/g	10	维生素B_6/μg	1.4
碳水化合物/g	60	维生素B_{12}/μg	1.9
矿物质/g	4.5	维生素C/mg	60
水分/g	3.0	烟酸/mg	7.5
牛磺酸/mg	25	钙/mg	500
维生素A/IU	1500（500μg）	铁/mg	7.5
维生素D/IU	250（6.25mg）	镁/mg	60
维生素E/IU	9.0	锌/mg	9.4
双歧菌数/万个	2000	Se/μg	30
异构乳糖/mg	150	I/μg	90

目前生产中老年乳粉的厂家比较，产品品种也很多。由于中老年乳粉添加的营养种类和数量大不相同，所以它所具有的营养功能也大不相同，消费者在选购此类产品时应注意以下几点：

（1）包装上的标签标识是否齐全　在外包装上是否标明厂名、厂址、生产日期、保质期、执行标准、商标、净含量、配料表、营养成分表及食用方法等项目。

（2）营养成分表中标明的营养成分是否齐全，含量是否合理　营养成分表中一般要标明热量、蛋白质、脂肪、碳水化合物等基本营养成分，维生素类如维生素A、维生素D、维生素C、部分B族维生素，微量元素如钙、铁、锌、磷，或者还要标明添加的其他营养物质。其中，蛋白质含量应在18%~25%；脂肪含量可分低脂型和高脂型两种进行区别，低脂型含量一般≤14%，高脂型含量一般14%~20%；碳水化合物含量一般≤60%；维生素A一般应≥1000IU/100g、维生素D≥200IU/100g、维生素C≥30mg/100g、钙≥600mg/100g、铁≥6mg/100g、锌3~6mg/100g。

（3）要看产品的冲调性和口感　质量好的乳粉冲调性好，冲后无结块，液体呈乳白色，奶香味浓；而质量差或乳成分很低的乳粉冲调性差，即所谓的冲不开，奶香味差甚至无奶的味道，或有香精调香的香味；另外，淀粉含量较高的产品冲后呈糨糊状。

（4）要根据自身的条件和需要，选择合适的产品　消费者在选择产品时要根据自己的身体状况和需要来选择产品，一般身体较胖者，或有高血脂和心、脑血管疾病的患者要选择高蛋白、低脂型产品，其他的消费者可根据自身需要选择高蛋白、低脂型产品或高蛋白、高脂型产品。

中老年乳粉是一种营养价值较高和具有一定保健功能的特殊营养食品，消费者在食用时应注意以下几点：

（1）在洁净的容器中先倒入 7 份 65℃左右的温开水，然后放入 1 份乳粉，也可按自身的需要确定乳粉的量，先让其自然溶解，然后搅拌使其彻底溶解即可饮用。

（2）冲乳粉的水一定不要用开水，因为水温过高，会使乳粉中的乳清蛋白产生凝块，影响消化吸收，降低乳粉的营养价值。

项目实施

乳粉的加工

乳粉的加工主要包括原料乳验收组、净化与标准化组、均质杀菌组、加糖组、真空浓缩组、喷雾干燥组、冷却与罐装组、CIP 设备清洗组共 8 个工作组。

项目实施过程主要包括工作场景，工作安排，工作所需原料、设备、原材料，填写生产报告单，出具生产检测报告，评价与反馈 6 个过程，具体实施方法参考项目二。

课后思考

1. 真空浓缩有哪些特点？
2. 乳粉在生产和贮藏过程中易发生哪些品质变化？
3. 什么因素会影响乳粉溶解度？
4. 简述脱脂乳粉的生产工艺流程。
5. 工业生产中能导致乳粉中水分含量过高的因素有哪些？

拓展学习

微波真空冷冻干燥

微波真空冷冻干燥是将高效的微波辐射加热技术和真空冷冻干燥技术相结合的极具有应用价值的一项新技术。微波真空冷冻干燥就是利用微波辐射处于冻结状态的被干燥物料，在高频交变电磁的作用下使物料（主要是水）分子发生振动和相互摩擦从而将电磁能转化为物料中的水分升华所需的升华潜热。微波真空冷冻干燥工艺流程及主要系统如图6-8所示。

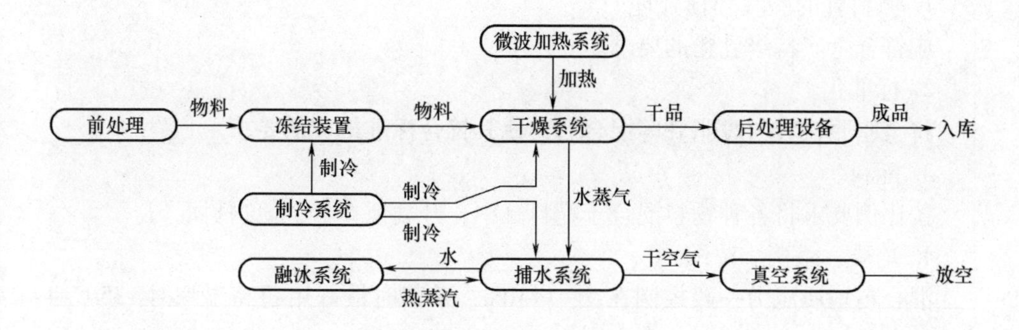

图6-8　微波真空冷冻干燥工艺及系统组成

微波真空冷冻干燥具有以下优点：

（1）物料不易氧化变质，同时因低压缺氧及微波环境，能灭菌或抑制某些细菌的活力；

（2）可以最大限度地保留食品原有成分、味道、色泽和芳香；

（3）由于固体骨架的存在，干制品具有很理想的速溶性和复水性；

（4）避免了因物料内部水分向表面迁移所携带的无机盐在表面析出而造成表面硬化的现象；

（5）脱水彻底，质量小，适合长途运输和长期保存，在常温下，采用真空包装，保质期可达3～5年；

（6）干燥速度快，其干燥速度和热效率是常规加热方法的4～20倍。经大量实验和模拟表明，用微波作为热源进行冷冻干燥能够有效提高脱水速率和产品总体品质。如果在解析阶段采用微波加热的方法，可以大大缩短干燥时间。

微波真空冷冻干燥在乳品加工中具有乳粉成分损失小、大幅度地节约能源、微波加热响应快，易于控制等优点，因此该方法是乳粉加工的一个未来发展方向。

实训项目　婴儿乳粉的制作

一、实训目的

通过实训掌握婴儿乳粉的加工方法及关键控制点。

二、实验步骤及关键控制点

1. 原料乳的验收和预处理

应符合生产特级乳粉的要求。

2. 标准化

将全脂原料乳与脱脂乳等混合后，使其符合标准组成的要求。

3. 配料

按比例要求将各种物料混合于配料缸中，开动搅拌器，使物料混匀。

4. 均质、杀菌、浓缩

混合料均质压力一般控制在 5 ~ 14MPa；杀菌时最好用超高温瞬时 135℃/4s 的杀菌方式。真空浓缩时，真空度为 66. 66 ~ 93. 33kPa，温度 35 ~ 40℃，浓缩至原体积的 1/4，物料浓度控制在 46% 左右。

5. 喷雾干燥

喷雾压力为 15MPa，进风温度为 140 ~ 160℃，排风温度为 80 ~ 88℃。

6. 过筛

粉料通过 16 目筛，孔径 1. 08mm，除去块状物。

7. 混合

添加可溶性多糖类和对热不稳定的维生素 B_1、维生素 B_6、维生素 C 等，在混合机内搅拌混合均匀。

8. 再过筛

通过 26 目筛，孔径为 0. 63mm，进一步除去块状物。

9. 计量装填

最好采用自动计量装填机。

10. 充氮

为防止脂肪、维生素氧化，采用充氮包装尤为重要。

11. 检验

进行细菌、理化和感官指标检验，符合质量标准要求后即为成品。

项目七　其他乳制品加工技术

学习目标

1. 熟悉奶油、冰淇淋、雪糕等产品的生产过程及相关标准。
2. 能鉴别冷饮乳制品的生产原料的质量特征。
3. 知道各种冷饮乳制品的生产原料在冷饮中的作用。
4. 能明确影响奶油、冷饮乳产品的关键工艺。
5. 明确各种产品的质量特征及产品的种类。

学习任务描述

奶油的生产。

冰淇淋的生产、雪糕的生产。

对应工种：乳品加工工。

拓展项目：（1）总结自己学习中还需解决的问题。

（2）奶油加工常见问题分析解决。

（3）如何配制冰淇淋混合料

例：配成的混合料成分为乳脂肪12.00，非脂乳固体10.00，砂糖15.00，乳化增稠剂0.50，总固体物37.50，可供选用的原料包括奶油、稀奶油、脱脂炼乳、脱脂乳粉、蔗糖和乳化增稠剂，要求奶油和稀奶油提供的乳脂肪各占一半，脱脂乳粉提供的非脂乳固体占一半，请计算原料配合量。

（4）冰淇淋的主要缺陷及产生原因。

案例分析

王女士在超市买了某厂家的一个冰淇淋，她发现冰淇淋上泛出一层白色物质，王女士担心质量存在问题，就给厂家打电话询问这样的冰淇淋还能否正常食用。

问 题

冰淇淋的表面为什么会有白色的物质？白色的物质对人体有什么危害？

任务一 奶油加工技术

一、奶油的种类、性质

1. 奶油

乳经分离后所得的稀奶油，再经成熟、搅拌、压炼等一系列加工处理制成含脂率80%以上的产品，称为奶油，又称为黄油、酥油。

2. 奶油种类及特点

奶油实际上是牛乳的脂肪，根据制造方法不同，或所用原料不同，或生产的地区不同而分成不同种类。我国生产的奶油有下列几种：

（1）鲜制奶油 用高温杀菌的稀奶油制成的加盐或无盐奶油，具有乳香味。其主要成分见表7－1。

表7－1 奶油的主要成分

项目		无盐奶油	加盐奶油	重制奶油
水分含量/%	≤	16	16	1
脂肪含量/%	≥	82	80	98
盐含量/%	≤	—	2.5	—
酸度/°T	<	20	20	—

注：酸性奶油的酸度不作规定。

（2）酸制奶油 用高温杀菌的稀奶油经过添加乳酸菌发酵而制成的加盐或无盐奶油，具有微酸和较浓的乳香味。

（3）重制奶油 用稀奶油或奶油经过加热熔化，除去蛋白质和水分而制成，具有特有的脂香味。

（4）连续式机制奶油 用杀菌的稀奶油不经添加纯乳酸菌发酵剂发酵，在连续制造机中制成，其水分及蛋白质含量有的比鲜制奶油高，乳香味较好。

（5）脱水奶油　杀菌的稀奶油制成奶油粒后经熔化，用分离机脱水和脱蛋白，再经过真空浓缩而制成，脂肪含量高达99.9%。

二、奶油的质量标准

1. 感官要求

奶油的感官指标见表7－2。

表7－2　　奶油的感官指标

项目	要求
滋味及气味	有该种奶油特有的纯香味，无异味
组织状态（10～20℃）	组织均匀，稠度及展性适宜，边缘与中部一致，有光泽，水分分布均匀，切开不发现水点，重制奶油呈油粒状，在熔融状态下完全透明，无任何沉淀
色泽	呈均匀一致的微乳黄色
食盐	食盐分布均匀一致，无食盐结晶
成型及包装	包装紧密，切开断面无空隙

2. 理化指标

奶油的理化指标见表7－3。

表7－3　　奶油的理化指标

成分	无盐奶油	加盐奶油	连续式机制奶油	重制奶油
水分含量/%　≤	16	16	20	1
脂肪含量/%　≤	82.0	80	78	98
灰分含量/%　≤	—	2.0	—	—
酸度/°T　≤	20	20	20	—

3. 卫生指标

奶油的卫生指标见表7－4。

表7－4　　奶油的卫生指标

项目＼等级	特级品	一级品	二级品
杂菌数/(cfu/g)　≤	20000	30000	50000
大肠菌群/(cfu/g)　≤	40	90	90
致病菌	不得检出	不得检出	不得检出

三、原料乳的分离

（一）乳的分离方法——离心分离法

1. 乳的分离原理

根据乳脂肪与乳中其他成分之间密度的不同，利用离心分离时离心力的作用，使密度不同的两部分分离开来。

2. 牛乳分离机分离原料乳

在高速离心作用下使乳分离，这种分离方法提高了奶油的生产效率，节省了分离时间，保证了卫生条件，提高了产品质量。

（二）乳分离机械的认识与使用

1. 离心分离机

（1）开放式分离机　如图 7－1 所示。

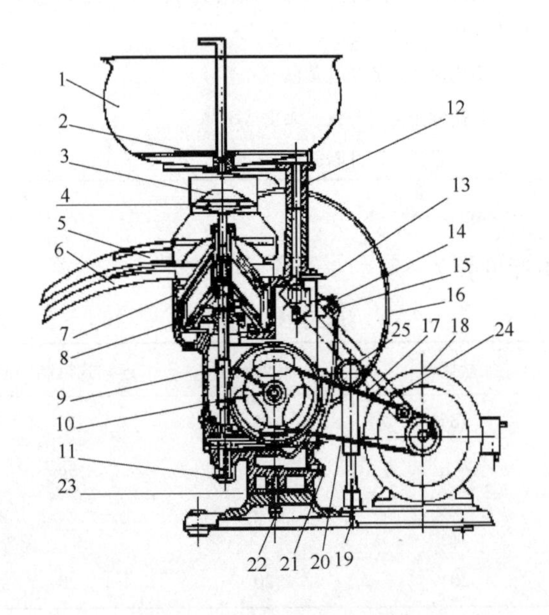

图 7－1　开放式牛乳分离机

1—受乳器　2—开关　3—浮子　4—浮子室　5—稀奶油接受器　6—脱脂乳接受器　7—机座　8—分离钵　9—立轴　10—水平轴　11—立轴承螺旋　12—托架　13—上水平轴　14—底座盖　15—塞子　16—保护罩　17—皮带　18—电机　19—座板　20—螺旋　21—放油栓　22—螺栓　23—防松螺母　24—摇杆　25—张力惰轮

乳的进入和稀奶油、脱脂乳的排出都是开放式的，稀奶油和脱脂乳在常压下排出，这种分离机结构简单、体积小、重量轻、效率低，稀奶油易产生气泡。

（2）半密闭式分离机　也称半开放式，如图 7－2 所示。

牛乳靠重力进料，脱脂乳因离心机本身形成的压力能封闭出料。其生产能力为 1000～6000L/h，用电机传动。它与开放式的区别在于有泵状结

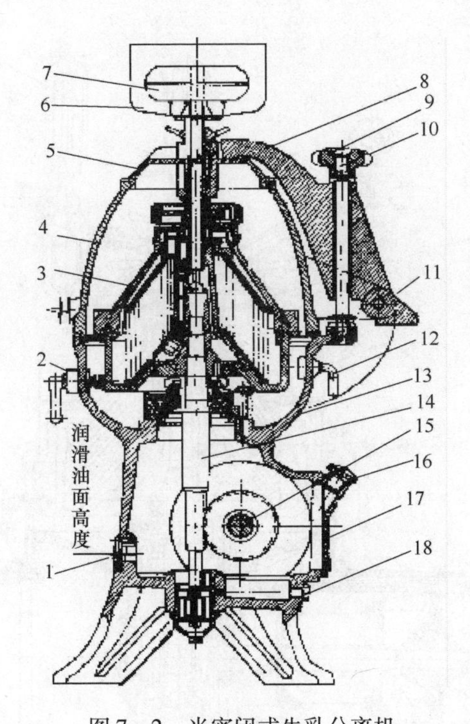

图7-2 半密闭式牛乳分离机

1—油标 2—制动器 3—分离钵 4—机罩 5—接受器 6—浮子室 7—浮子 8—压紧装置 9—手柄 10—手柄螺旋 11—轴 12—制动螺旋 13—底座 14—立轴 15—水平轴 16—注油塞 17—机座 18—放油栓

构，因此，能使脱脂乳和稀奶油在压力作用下从分离钵排出，几乎没有泡沫。

(3) 密闭式分离机 见图7-3。

这种分离机全部操作过程都是密闭的，乳的进入和稀奶油及脱脂乳的排出都是通过管道在压力作用下进行的，不接触空气，所以稀奶油及脱脂乳均不含气泡，这对改进稀奶油及奶油的风味有好处。一般生产能力为3300~5000L/h。

2. 净乳机

净乳机用于除去鲜乳中的机械杂质并可降低乳中的体细胞、白细胞及细菌等。

3. 净化均质机

净化均质机和离心分离机的原理几乎相同，将乳的净化及均质两项工序一起来完成。净化均质机工作时，将进入的鲜乳分离成三个相（稀奶油、脱脂乳和淤渣），淤渣聚集在分离体的四周，脱脂乳在最上面排出，而稀奶油进入稀奶油室，在此由均质圆盘将脂肪球打碎。当脂肪球粉碎程度不符合机械设计规定时，则重新回到鲜奶中，再次进行分离粉碎。

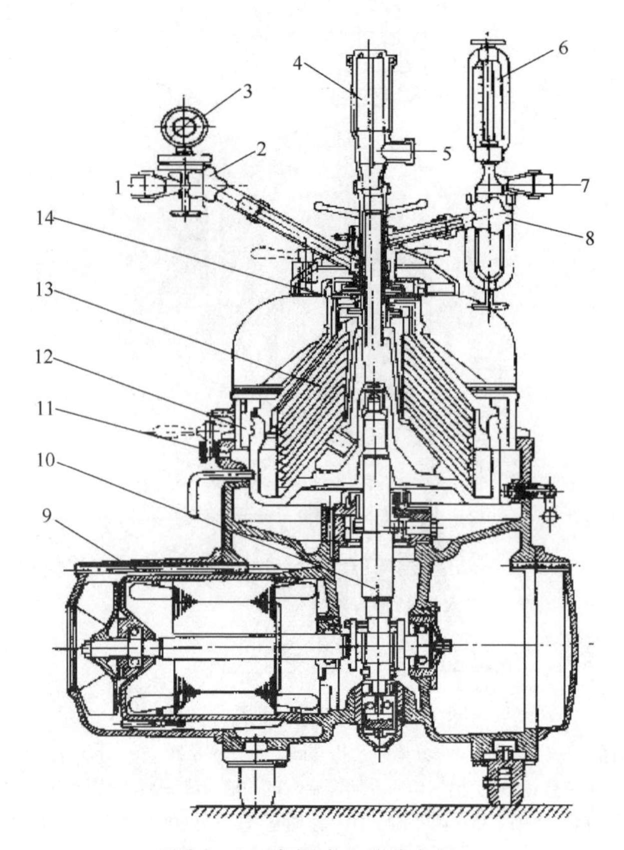

图7－3　密闭式牛乳分离机

1—脱脂乳出口　2—针阀　3—压力表　4—流量控制器　5—鲜乳进口　6—稀奶油流量计　7—稀奶油出口　8—针阀　9—电机　10—主轴　11—机座　12—分离钵　13—碟盘　14—压力盘

4. 三用分离机

一机能完成分离、净乳、标准化三种程序。

四、奶油生产工艺流程及操作规范

（一）工艺流程

原料乳验收→预处理→分离→稀奶油标准化→中和→杀菌→冷却→发酵→成熟→加色素→搅拌→排酪乳→奶油粒→洗涤→加盐→压炼→包装

（二）操作规范

1. 原料乳及稀奶油的验收及质量要求

制造奶油用的原料乳必须是从健康牛乳房中挤出来的，而且在滋味、气味、组织状态、脂肪含量及密度等各方面都是正常的乳。含抗菌素或消毒剂的稀奶油不能用于生产酸性奶油。当乳质量略差而不适于制造乳粉、炼乳时，也可用作制造奶油的原料。凡是要生产优质的产品必须要有优质原料，这是乳品加工的基本要求。

2. 原料乳的初步处理

原料乳要经过滤、净乳，分离，而后冷藏并标准化。

（1）冷藏　原料到达乳品厂后，立即冷却到2～4℃，并在此温度下贮存。

（2）乳脂分离及标准化　生产奶油时必须将牛乳中的稀奶油分离出来，常采用离心法分离牛乳来实现。生产操作时将离心机开动，当达到稳定之后，将预热到32～35℃的牛乳输入，控制稀奶油和脱脂乳的流量比为1∶6～1∶2。

稀奶油的含脂率直接影响奶油的质量及产量。当含脂率低时，可以获得香气较浓的奶油，因为这种稀奶油较适于乳酸菌的发酵；当稀奶油过浓时，则分离机容易堵塞，乳脂肪的损失量较多。为了在加工时减少乳脂的损失和保证产品的质量，在加工前必须将稀奶油进行标准化。根据标准，当获得的稀奶油含脂率过高或过低时，可以利用皮尔逊法进行计算调节。

［例］今有120kg含脂率为38%的稀奶油用以制造奶油。根据上述标准，需将稀奶油的含脂率调整为34%，如用含脂率为0.05%的脱脂乳来调整，则应添加多少脱脂乳？

解：按皮尔逊法

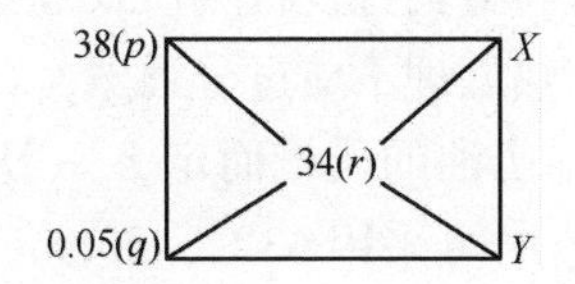

p——原料乳的含脂量，%

q——脱脂乳或稀奶油的含脂率，%

r——标准化乳的含脂率，%

X——原料乳数量，kg

Y——需加的脱脂乳或稀奶油的数量，kg

则形成下列关系式：
$$\frac{X}{Y}=\frac{r-q}{p-r}$$

$$r-q=33.95 \qquad p-r=4$$

则需加的脱脂乳为：$Y=\dfrac{120\times4}{33.95}=14.14$（kg）

另外，稀奶油的碘值是成品质量的决定性因素。如不校正，高碘值的乳脂肪（即含不饱和脂肪酸高）生产出的奶油过软。当然也可根据碘值，调整成熟处理的过程，使硬脂肪（碘值低于28）和软脂肪（碘值高达42）也可以制成合格硬度的奶油。

3. 稀奶油的中和

稀奶油的中和直接影响奶油的保存性和成品的质量。制造甜性奶油时，奶油的pH（奶油中水分的pH）应保持在中性附近（6.4～6.8）。

（1）中和的目的　加工用的稀奶油必须进行中和以降低酸度，这样处理可以改变奶油的风味，防止加工过程脂肪和酪蛋白凝胶从酪乳中排出，造成脂肪的损失；改善奶油的香味；防止奶油在贮藏期间发生水解和氧化。

（2）中和程度　酸度在0.5%（550°T）以下的稀奶油可中和至0.15%（160°T）。酸度在0.5%以下的稀奶油中和至0.15%～0.25%为宜，以防止产生特殊气味和稀奶油变稠。

（3）中和的方法　一般使用的中和剂为石灰或碳酸钠。用量因稀奶油的酸度而异。用石灰中和须先计算出稀奶油中乳酸的含量，再计算所用石灰或碳酸钠的量。

4. 真空脱气

通过真空处理可将具有风味异常、挥发性的物质除掉，先将稀奶油加热到78℃，再输送至真空机，其真空室的真空度可使稀奶油在62℃时沸腾。当然这一过程也会引起挥发性成分和芳香物质逸出。稀奶油经这一处理后，回到热交换器进行巴氏杀菌。

5. 稀奶油的杀菌

杀菌能除去稀奶油中一些特异的挥发性物质及危害人体健康的微生物及各种酶类，提高奶油保存性和风味。热处理不应过分强烈，以免引起蒸煮味之类的缺陷。

杀菌的温度和时间应依稀奶油的质量而定，一般采用85～90℃、15min的杀菌条件。新鲜奶油若立即销售时可采用63℃、30min的巴氏杀菌条件，稀奶油含金属味时就应注意将温度降到75℃，当有特殊气味时，应将温度提高到93～95℃，以减轻其缺陷。经杀菌后冷却至发酵温度或成熟温度。

6. 冷却

杀菌后的稀奶油应尽快地冷却。快速冷却对于稀奶油的成熟有重要意义。它既利于物理成熟又能有效地抑制残存微生物的活动和阻止芳香物质的挥发，获得较好的成品；稀奶油的冷却可采用二段冷却。在杀菌完成后先冷却到约25℃，再冷却至2～10℃。

7. 稀奶油的发酵

目的是在发酵过程中产生乳酸，抑制腐败细菌的繁殖，因而可提高奶油的保藏性；发酵后的奶油有爽快、独特的芳香风味；乳酸菌的存在有利于人体健康。

发酵剂菌种为丁二酮链球菌、乳脂链球菌、乳酸链球菌和柠檬明串珠菌。发酵剂的添加量为1%～5%，随碘值升高而增加。当稀奶油的非脂部分的酸度达到90°T时发酵结束。

细菌产生的芳香物质中，乳酸、二氧化碳、柠檬酸、丁二酮和醋酸是最重要的。发酵与物理成熟同时在成熟罐内完成。另外发酵剂必须平衡，最重要的是产酸、产香和随后的丁二酮分解物之间有适当的比例关系。

稀奶油发酵和稀奶油的物理成熟都是在成熟罐中自动进行。成熟罐通常是三层的绝热不锈钢罐，加热和冷却介质在罐壁之间循环，罐内装有可双向转动的刮板搅拌器，搅拌器在奶油已凝结时，也能进行有效地搅拌（类似酸乳发酵罐）。

8. 稀奶油的物理成熟

由于乳脂肪中含有多种不同的脂肪酸，这些脂肪酸凝固点不同，有些脂肪酸在较高的温度下就能硬化成结晶状态，而有些则是在0℃时仍保持液体状态。乳脂肪由液体转变为结晶的固体状态，称物理成熟。

稀奶油成熟时的温度越低，脂肪结晶越快，成熟所需的时间也越短。稀奶油成熟的时间与温度的关系，见表7-5。

表7-5　稀奶油成熟的时间与温度的关系

成熟温度/℃	成熟持续时间/h	成熟温度/℃	成熟持续时间/h
0	0.5~1	4	4~6
1	1~2	6	6~8
2	2~3	8	8~12
3	3~5		

稀奶油成熟程度对奶油质地有很大的影响，如果成熟不足，所获得的奶油颗粒软，黏度高，不仅搅拌时易黏附在搅拌机壁上，而且在排出的酪乳中脂肪含量也高，会降低奶油产量；稀奶油物理成熟温度一般控制在5℃以下。

9. 添加色素

为了使奶油颜色全年一致，对白色或色淡的稀奶油，即需添加色素。最常用的一种色素称安那妥，通常用量为稀奶油的0.01%~0.05%。可以对照“标准奶油色”的标本，调整色素的加入量，色素通常在搅拌前直接加到搅拌器中的稀奶油中。

10. 奶油的搅拌

将稀奶油置于搅拌器中，利用机械的冲击力使脂肪球膜破坏而形成脂肪团粒，这一过程称为“搅拌”，搅拌时分离出来的液体称为酪乳。

（1）搅拌的目的　搅拌是奶油制造的最重要的操作。其目的是使脂肪球聚结而形成奶油粒，同时分离酪乳。此过程要求在较短时间内形成奶油粒，且酪乳中脂肪含量越少越好。

（2）奶油粒的形成　当稀奶油搅拌时，会形成蛋白质泡沫层。因为表面活性作用，脂肪球膜被吸到气-水界面，脂肪球被集中到泡沫中。继续搅拌时，蛋白质脱水，泡沫变小，使得泡沫更为紧凑，因为对脂肪球施加了压力，这样引起一定比例的液态脂肪从脂肪球中被压出，并使一些膜破裂。液体脂肪也含有脂肪结晶，以一薄层分散在泡沫的表面和脂肪球上。当泡沫变得相当稠密时，更多的液体脂肪被压出，这种泡沫因不稳定而破裂，脂肪球凝结进入奶油的晶粒中，即脂肪从脂肪球变为奶油粒。

搅拌是在杀菌后的搅拌机中进行的，夏季温度保持在8～12℃，冬季为10～14℃，酸度16～18°T。搅拌的方法为：将物理成熟后的稀奶油装入搅拌器容器内，装入量为容桶的1/3～1/2，然后关紧门，旋转3～5min，停机打开放气栓排除空气及二氧化碳，再关闭放气栓继续施转到奶油粒形成为止，搅拌时转速要均匀，转速若太快会使很多脂肪留在酪乳中，太慢又会使搅拌时间延长，一般控制在20～25r/min，历时45～60min。当奶油颗粒直径为2～5mm时，即可停止搅拌。奶油颗粒形成情况可从搅拌机窥视镜中观测。

11. 洗涤

可以除去奶油粒表面的酪乳和调整奶油的硬度。同时能使部分气味消失，但会减少奶油粒的数量。放出酪乳后，用经过杀菌的冷却水进行洗涤以冲洗掉奶油颗粒粘附的酪乳，第一次加入的水温为8～10℃，加入量为稀奶油量的30%，加水后慢慢转动搅拌机，放出洗涤水，再加入5～7℃杀菌冷水，加入量为稀奶油量的一半，慢慢旋转10圈，放出洗涤水，最后再加入5℃的杀菌冷水，水量同第二次，旋转10圈，放出洗涤水即可结束。对立即出售的鲜制奶油，也不一定冲洗得过净，少量酪蛋白的存在还可产生乳香味。

12. 加盐

为了增加风味和延长制品保存时间，抑制微生物的繁殖，可加入食盐加工成鲜制咸奶油，鲜制咸奶油含量为2%～2.5%，故压炼时可按洗涤奶油颗粒量的2.5%～3%加入食盐，这是因为盐分在压炼中要流失一小部分的原因。加工奶油所用的盐应是精制特级或一级盐，通常放在奶油压炼器内，通过压炼过程与奶油混合。

13. 压炼

将奶油压成奶油层，使水分、食盐、奶油均匀混合，并排出多余的水分。将奶油颗粒置于奶油压炼器内，碾压5～10次，压炼好的奶油含水量不应超过10%。

14. 包装

传统的包装多以木桶或木箱灌装。装前先将木箱用蒸汽灭菌，待干后再喷以115～120℃的石蜡浸入木箱中，冷却后再将灭菌硫酸纸衬于箱内，然后装入奶油。

15. 冷藏

为保持奶油的硬度和外观，奶油包装后应尽快进入冷库并冷却到5℃，存放24～48h。奶油可在约4℃温度下短期贮存，如果需要长期贮存，它就必须在约-25℃温度下深冻。只有高质量的奶油，才能用来进行深冻贮存。

任务二　冷饮乳制品加工技术

一、冷饮乳制品种类

冷冻饮品是以饮用水、甜味料、乳品、果品、豆品、食用油脂等为主要原料，加入适量的香料、着色剂、稳定剂、乳化剂等食品添加剂，经配料、灭菌、均质、老化、凝冻、硬化等工艺而制成的冷冻固态饮品。按冷冻饮品的工艺及成品特点将其分为：冰淇淋类、雪糕类、冰棍类、冰霜类。

二、冷饮乳制品的原辅料

冷饮的原材料直接关系到产品的质量，主要有饮用水、甜味料、乳制品、食用油脂、填充料、稳定剂、乳化剂、香精及着色剂等。

1. 水

水是冷饮乳制品生产中不可缺少的一种重要原料。对于冰淇淋来说，其水分主要来源于各种原料，如鲜牛乳、植物乳、炼乳、稀奶油、果汁、鸡蛋等，另外，还需要添加大量的饮用水。

2. 脂肪

冰淇淋中油脂含量在6% ~12%最为适宜、雪糕中含量在2%以上。如使用量低于此范围，不仅影响冰淇淋的风味，而且使冰淇淋的发泡性降低；如高于此范围，就会使冰淇淋、雪糕成品形体变得过软。乳脂肪的来源有稀奶油、奶油、鲜奶、炼乳、全脂乳粉等，但由于乳脂肪价格昂贵，目前普遍使用相当量的植物脂肪来取代乳脂肪，主要有起酥油、人造奶油、棕榈油、椰子油等，其熔点性质应类似于乳脂肪，为28 ~32℃。

脂肪对冰淇淋、雪糕有很重要的作用：

（1）为冷饮乳制品提供丰富的营养及热能。

（2）影响冰淇淋、雪糕的组织结构　由于脂肪在凝冻时形成网状结构，赋予了冰淇淋、雪糕特有的细腻润滑的组织和良好的质构。

（3）冷饮乳制品风味的主要来源　由于油脂中含有许多风味物质，通过与冷饮乳制品中蛋白质及其他原料作用，赋予冷饮乳制品独特的芳香风味。

（4）增加冰淇淋、雪糕的抗融性　在冰淇淋、雪糕成分中，水所占比例相当大，它的许多物理性质对冰淇淋、雪糕质量影响也大，油脂熔点在24 ~50℃，而冰的熔点为0℃，因此适当添加油脂，可以增加冰淇淋、雪糕的抗融性，延长冰淇淋、雪糕的货架寿命。

3. 非脂乳固体

非脂乳固体是牛乳总固形物除去脂肪而所剩余的蛋白质、乳糖及矿物质的总称。其中蛋白质具有水合作用，在均质过程中它与乳化剂一同在生成的小脂肪球表面形成稳定的薄膜，确保油脂在水中的乳化稳定性，同时在凝冻过程中促使空气很好地混入，并能防止冷饮乳制品中冰结晶的扩大，使其质地润滑。乳糖的柔和甜味及矿物质的隐约咸味，将赋予制品显著风味特征。限制非脂乳固体的使用量的主要原因在于防止其中的乳糖呈过饱和状态而渐渐结晶析出沙状沉淀，一般推荐其最大用量不超过制品中水分的16.7%。

非脂乳固体可以由鲜牛乳、脱脂乳、乳酪、炼乳、乳粉、酸乳、乳清粉等提供，冷饮食品中的非脂肪乳固体，以鲜牛乳及炼乳为最佳。若全部采用乳粉或其他乳制品配制，由于其蛋白质的稳定性较差，会影响组织的细腻性与冰淇淋、雪糕的膨胀率，易导致产品收缩，特别是溶解度不良的乳粉，则更易降低产品质量。

4. 甜味料

甜味料具有提高甜味、充当固形物、降低冰点、防止冰的再结晶等作用，对产品的色泽、香气、滋味、形态、质构和保藏起着极其重要的影响。

蔗糖为最常用的甜味剂，一般用量为15%左右，过少会使制品甜味不足，过多则缺乏清凉爽口的感觉，并使料液冰点降低（一般增加2%的蔗糖则其冰点相对降低0.22℃），凝冻时膨胀率不易提高，易收缩，成品容易融化。蔗糖还能影响料液的黏度，控制冰晶增大。

较低DE值的淀粉糖浆能使冷饮乳制品玻璃化转变温度提高，降低制品中冰晶的生长速率。鉴于淀粉糖浆的抗结晶作用，冷饮乳制品生产厂家常以淀粉糖浆部分代替蔗糖，一般以代替蔗糖用量的1/4为好，蔗糖与淀粉糖浆两者并用时，则制品的组织、贮运性能将更佳。

随着现代人们对低糖、无糖冷饮乳制品的需求以及改进风味、增加品种或降低成本的需要，除常用的甜味料白砂糖、淀粉糖浆外，很多甜味料如蜂蜜、转化糖浆、阿斯巴甜、阿力甜、安赛蜜、甜蜜素、甜叶菊糖、罗汉果甜苷、山梨糖醇、麦芽糖醇、葡聚糖（PD）等普遍被配合使用。

5. 乳化剂

冷饮中常用的乳化剂有：甘油－酸酯（单甘酯）、蔗糖脂肪酸酯（蔗糖酯）、聚山梨酸酯、山梨醇酐脂肪酸酯、丙二醇脂肪酸酯（PG酯）、卵磷脂、大豆磷酯、三聚甘油硬脂酸单甘酯。乳化剂添加量与混合料中脂肪含量有关，随脂肪量增加而增加，范围在0.1%～0.5%，复合乳化剂的性能优于单一乳化剂。

乳品冷饮混合料中加入乳化剂的作用：

（1）使脂肪呈微细乳浊状态，并使之稳定化。

（2）分散脂肪球以外的粒子并使之稳定化。

（3）增加室温下产品的耐热性，也就是增强了其抗融性和抗收缩性。

（4）防止或控制粗大冰晶形成，使产品组织细腻。

另外，一些其他的食品原料，如鲜鸡蛋与蛋制品，由于其含有大量的卵磷脂，具有永久性乳化能力，因而也能起到乳化剂的作用。

6. 稳定剂

稳定剂又称安定剂，具有亲水性，因此能提高料液的黏度及冷饮乳制品的膨胀率，防止大冰晶的产生，减少粗糙的感觉，对冷饮乳制品产品融化作用的抵抗力也强，使制品不易融化和再结晶，在生产中能起到改善组织状态的作用。

稳定剂的种类很多，较为常用的有明胶、琼脂、果胶、CMC、瓜尔豆胶、黄原胶、卡拉胶、海藻胶、藻酸丙二醇酯、魔芋胶、变性淀粉等。稳定剂的添加量依原料的成分组成而变化，尤其依总固形物含量而异，一般在0.1% ~0.5%。

7. 香味剂

香味剂能赋予冷饮乳制品产品以醇和的香味，增进其食用价值。按其风味种类分为：果蔬类、干果类、奶香类；按其溶解性分为：水溶性和脂溶性。

香精可以单独或搭配使用。香气类型接近的较易搭配，反之较难，如水果与乳类、干果与乳类易搭配；而干果类与水果类之间则较难搭配。一般冷饮中用量为0.075% ~0.1%。除了用上述香精调香外，亦可直接加入果仁、鲜水果、鲜果汁、果冻等进行调香调味。

8. 着色剂

协调的色泽能改善乳品冷饮的感官品质，大大增进人们的食欲。冷饮乳制品调色时，应选择与产品名称相适应的着色剂，在选择使用色素时，应首先考虑符合添加剂卫生标准。

调色时以淡薄为佳，常用的着色剂有红曲色素、姜黄色素、叶绿素铜钠盐、焦糖色素、红花黄、β-胡萝卜素、辣椒红、胭脂红、柠檬黄、日落黄、亮蓝等。

三、冰淇淋生产工艺

冰淇淋是以饮用水、乳品（蛋白质含量高于2%）、蛋品、甜味料、食用油脂等为主要原料，加入适量香料、稳定剂、着色剂、乳化剂等食品添加剂，经混合、灭菌、均质、老化、凝冻等工艺或再经成形、硬化等工艺制成的体积膨胀的冷冻饮品。冰淇淋含有较高的脂肪和无脂固形物，且色、香、味俱佳，易于消化吸收，不仅是夏季的优良饮料，同时也是一种营养食品。按冰淇淋中脂肪含量可分为高脂型冰淇淋、中脂型冰淇淋、低脂型冰淇淋；按形状可分为散装冰淇淋、蛋卷冰淇淋、杯状冰淇淋、夹层冰淇淋、软质冰淇淋；按原料及加入的辅料分为香料冰淇淋、水果冰淇淋、果仁冰淇淋、布丁冰淇淋、酸味冰淇淋。

（一）冰淇淋的特点、配方

1. 冰淇淋的构造

冰淇淋的构造很复杂，气泡包围着结晶连续向液相中分散，在液相中含有固态脂肪、蛋白质、不溶性盐类、乳糖结晶、稳定剂、溶液状蔗糖、乳糖、盐类等，即由液相、气相、固相等三相构成，如图7-4所示。

2. 冰淇淋的质量标准

（1）感官要求　如表7-6所示。

（2）理化要求　如表7-7所示。

（3）卫生指标　卫生指标应符合GB 2759.1—2003的规定：细菌总数（cfu/mL）≤30 000；大肠菌群数（cfu/100mL）≤450；致病菌（指肠道致病菌、致病

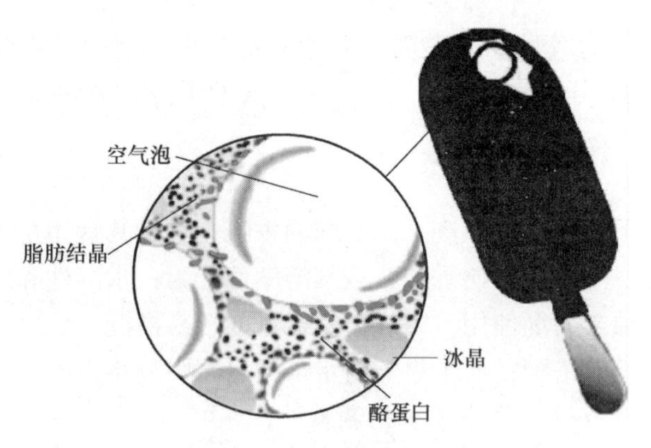

图7－4　冰淇淋组织结构图

性球菌)：不得检出。

表7－6　**冰淇淋感官要求**

项目	要求
色泽	色泽均匀，符合该品种应有的色泽
形态	形态完整，大小一致，无变形，无软塌，无收缩，涂层无破损
组织	细腻滑润，无凝粒及明显粗糙的冰晶，无空洞
滋味气味	滋味和顺，香气纯正，符合该品种应有的滋味、气味，无异味、无异臭
杂 质	无肉眼可见杂质

表7－7　**冰淇淋理化要求**

项目		要求		
		高脂型冰淇淋	中脂型冰淇淋	低脂型冰淇淋
脂肪含量/%	≥	10.0	8.0	6.0
总固形物含量/%	≥	35.0	32.0	30.0
总糖含量（以蔗糖计)/%	≥	15.0	15.0	15.0
膨胀率/%	≥	95.0	90.0	80.0

3. 冰淇淋的配方

冰淇淋种类繁多，配方各异。一些配方见表7－8。

表7－8　**冰淇淋配方（1000kg）**　单位：kg

原料名称	冰淇淋类型					
	奶油型	酸乳型	花生型	双歧杆菌型	螺旋藻型	茶汁型
砂糖	120	160	195	150	140	150
葡萄糖浆	100	—	—	—	—	—
鲜牛乳	530	380	—	400	—	—

续表

原料名称	冰淇淋类型					
	奶油型	酸乳型	花生型	双歧杆菌型	螺旋藻型	茶汁型
脱脂乳	—	200	—	—	—	—
全脂乳粉	20	—	35	80	125	100
花生仁*	—	—	80	—	—	—
奶油	60	—	—	—	—	—
稀奶油	—	20	—	110	—	—
人造奶油	—	—	—	—	60	191
棕榈油	—	50	40	—	—	—
蛋黄粉	5.5	—	—	—	—	—
鸡蛋	—	—	—	75	30	—
全蛋粉	—	15	—	—	—	—
淀粉	—	—	34	—	—	—
麦芽糊精	—	—	6.5	—	—	—
复合乳化稳定剂	4	—	—	—	—	—
明胶	—	—	—	2.5	—	3
CMC	—	3	—	—	—	2
PGA	—	1	—	—	—	—
单甘酯	—	—	1.5	—	—	2
蔗糖酯	—	—	1.5	—	—	—
海藻酸钠	—	—	2.5	1.5	—	2
黄原胶	—	—	—	—	5	—
香草香精	0.5	1	—	1	0.2	—
花生香精	—	—	0.2	—	—	—
水	160	130	604	130	630	450
发酵酸乳	—	40	—	40	—	—
双歧杆菌酸乳	—	—	—	10	—	—
螺旋藻干粉	—	—	—	—	10	—
绿茶汁（1:5）	—	—	—	—	—	100

注：*花生仁需经烘焙、研磨制成花生乳，杀菌后待用。

（二）冰淇淋的生产工艺

1. 工艺流程

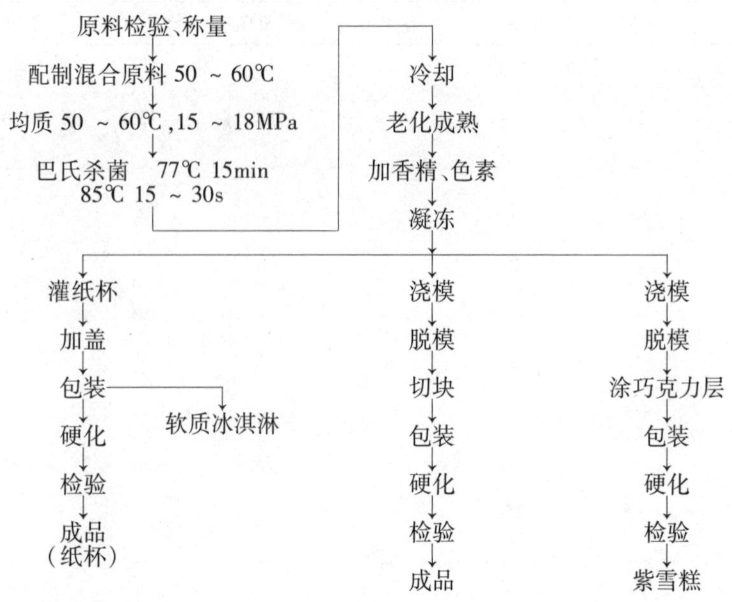

2. 操作要点

（1）混合料配制

①混合料配制的标准。冰淇淋原料虽有不同的原料选择，但标准的冰淇淋组成大致在下列范围：脂肪8% ~14%、全脂乳干物质8% ~12%、蔗糖13% ~15%、稳定剂0.3% ~0.5%，可参考表7－9。

表7－9　原辅料物性

原料	脂肪含量/%	非脂肪固体含量/%	甜度	总固形物含量/%
脱脂乳	—	8.5	—	8.5
牛乳	3.3	8.2	—	11.5
稀奶油	40.0	5.1	—	45.1
奶油	82.0	1.0	—	83.0
全脂炼乳	8.0	21.5	43.0	72.5
脱脂炼乳	—	30.0	42.0	72.0
脱脂乳粉	—	97.0	—	97.0
蔗糖	—	—	100.0	100.0
饴糖	—	—	19.0	95.0
乳化增稠剂	—	—	—	100.0

②混合料配合比例计算。按照冰淇淋标准和质量的要求，选择冰淇淋原料，而后依据原料成分计算各种原料的需要量。制作配合表时，一般以 100kg 为单位，各种原料的配合量就是配合比率（%）。

③混合料的调制。原料混合的顺序宜从浓度低的液体原料如牛乳等开始，其次为炼乳、稀奶油等液体原料放到搅拌器的圆形夹层罐中，然后再加入砂糖、乳粉、乳化剂、稳定剂等固体原料，最后用水进行容量调整；混合溶解的温度为 65～70℃；鲜乳经过 100 目筛进行过滤，除去杂质后再泵入缸内；乳粉在配制前先加温水溶解，并经过过滤和均质再与其他原料混合；砂糖先加入适量的水溶解成糖浆，经 160 目筛过滤后泵入缸内；人造黄油、硬化油等的使用应加热融化或切成小块后加入；冰淇淋复合乳化剂、稳定剂与其质量 5 倍以上的砂糖拌匀后，在不断搅拌的情况下加入混合缸内，使其充分溶解和分散；鸡蛋的加入应与水或牛乳以 1∶4 的比例混合后加入，以免蛋白质变性凝成絮状；明胶、琼脂等先用水泡软，加热使其溶解后加入；淀粉原料使用前要加入其量的8～10倍的水并搅拌成淀粉浆，通过 100 目筛过滤，在搅拌的前提下加入配料缸内，加热糊化后使用。

（2）均质　均质的目的在于将混合料中的脂肪球微细化至 1μm 左右，以防止浮脂层的形成，使各成分完全混合，改善冰淇淋组织，缩短成熟时间，节省乳化剂和增稠剂，有效地预防凝冻过程中形成奶油颗粒等。

混合料的均质一般采用两段均质，温度范围为60～70℃，高温均质混合料的脂肪球集结的机会少，有降低稠度、缩短成熟时间的效果，但也有产生加热臭的缺陷。

均质压力随混合料的成分、温度、均质机的种类等而不同，一般第一段为 14～18MPa，第二段为 3～4MPa，这样可使混合料保持较好的热稳定性。

（3）杀菌　通过杀菌可以杀灭料液中的一切病原菌和绝大部分的非病原菌，以保证产品的安全性、卫生指标，延长冰淇淋的保质期。

杀菌温度和时间的确定，主要看杀菌的效果，过高的温度与过长的时间不但浪费能源，而且还会使料液中的蛋白质凝固、产生蒸煮味和焦味，使维生素受到破坏而影响产品的风味及营养价值。混合料的杀菌可采用不同的方法，如低温间歇杀菌，高温短时杀菌和超高温瞬时杀菌三种方法。

低温间歇杀菌法，通常为 68℃、30min 或 75℃、15min。如果混合使用了海藻酸钠，以 70℃、20min 以上为好；如果使用了淀粉，杀菌温度必须提高或延长保温时间。高温短时间杀菌法采用 80～85℃、30s；超高温杀菌温度为 100～130℃、2～3s。

（4）混合料的冷却与老化

①冷却。冷却是使物料降低温度的过程。均质后的混合料温度在 60℃以上。

在这么高的温度下，混合料中的脂肪粒容易分离，需要将其迅速冷却至0～5℃后输入到老化缸（冷热缸）进行老化。

②老化。老化是将经均质、冷却后的混合料置于老化缸中，在2～4℃的低温下使混合料在物理上成熟的过程，亦称为“成熟”或“熟化”。其实质是在于脂肪、蛋白质和稳定剂的水合作用，稳定剂充分吸收水分使料液黏度增加。老化期间的物理变化导致以后的凝冻操作过程使搅打出的液体脂肪增加，随着脂肪的附聚和凝聚促进空气的混入，并使搅入的空气泡稳定，从而使冰淇淋具有细致、均匀的空气泡分散，赋予冰淇淋细腻的质构，增加冰淇淋的融化阻力，提高冰淇淋的贮藏稳定性。

老化操作的参数主要为温度和时间。随着温度的降低，老化的时间也将缩短。如在2～4℃时，老化时间需4h；而在0～1℃时，只需2h。若温度过高，如高于6℃，则时间再长也难有良好的效果。混合料的组成成分与老化时间有一定关系，干物质越多，黏度越高，老化时间越短。一般说来，老化温度控制在2～4℃，时间6～12h为佳。

为提高老化效率，也可将老化分两步进行。首先，将混合料冷却至15～18℃，保温2～3h，此时混合料中的稳定剂得以充分与水化合，提高水化程度；然后，将其冷却到2～4℃，保温3～4h，这可大大提高老化速度，缩短老化时间。

（5）添加香料　在成熟终了的混合料中添加香精、色素等，通过强力搅拌，在短时间内使之混合均匀，然后送到凝冻工序。

（6）冰淇淋的凝冻　凝冻是冰淇淋加工厂中的一个重要工序，它是将混合料在强制搅拌下进行冷冻，使空气更易于呈极微小的气泡均匀地分布于混合料中，使冰淇淋的水分在形成冰晶时呈微细的冰结晶，防止粗糙冰屑的形成。

冰淇淋料液的凝冻过程大体分为以下三个阶段：液态阶段，料液经过凝冻机凝冻搅拌一段时间（2～3min）后，料液的温度从进料温度（4℃）降低到2℃。此时料液温度尚高，未达到使空气混入的条件，称为液态阶段；半固态阶段，继续将料液凝冻搅拌2～3min，此时料液的温度降至－2～－1℃，料液的黏度也显著提高，由于料液的黏度提高了，空气得以大量混入，料液开始变得浓厚而体积膨胀，称为半固态阶段；固态阶段，经过半固态阶段以后，继续凝冻搅拌料液3～4min，此时料液的温度已降低到－4～－6℃，在温度降低的同时，空气继续混入，并不断地被料液层层包围，这时冰淇淋料液内的空气含量已接近饱和，整个料液体积不断膨胀，使料液最终成为浓厚、体积膨大的固态物质。

凝冻机是混合料制成冰淇淋成品的关键设备，凝冻机按生产方式分为间歇式和连续式两种。

冰淇淋的膨胀率：冰淇淋的膨胀率指冰淇淋混合原料在凝冻时，由于均匀混入许多细小的气泡，使制品体积增加的百分率。冰淇淋的膨胀率可用浮力法测定，即用冰淇淋膨胀率测定仪测量冰淇淋试样的体积，同时称取该冰淇淋试样的质量并用密度计测定冰淇淋混合原料（融化后冰淇淋）的密度，以体积百分率计算膨胀率。

$$X(\%)=\frac{V-V_1}{V_1}\times100=\left(\frac{V}{m/\rho}-1\right)\times100$$

式中　V——冰淇淋试样的体积，cm^3；

m——冰淇淋试样的混合原料质量，g；

ρ——冰淇淋试样的混合原料密度，g/cm^3；

V_1——冰淇淋试样的混合原料体积，cm^3。

冰淇淋膨胀率并非是越大越好，膨胀率过高，组织松软，缺乏持久性；过低则组织坚实，口感不良。控制不当会降低冰淇淋的品质。影响冰淇淋膨胀率的因素主要有两个方面：

①原料方面：A. 乳脂肪含量越高，混合料的黏度越大，有利膨胀，但乳脂肪含量过高时，则效果反之，一般乳脂肪含量以6%～12%为好，此时膨胀率最好。B. 非脂乳固体：非脂乳固体含量高，能提高膨胀率，一般为10%。C. 含糖量高，冰点降低，会降低膨胀率，一般以13%～15%为宜。D. 适量的稳定剂，能提高膨胀率，但用量过多则黏度过高，空气不易进入而降低膨胀率，一般不宜超过0.5%。E. 无机盐对膨胀率有影响。如钠盐能增加膨胀率，而钙盐则会降低膨胀率。

②操作方面：A. 均质适度，能提高混合料黏度，空气易于进入，使膨胀率提高；但均质过度则黏度高、空气难以进入，膨胀率反而下降。B. 在混合料不冻结的情况下，老化温度越低，膨胀率越高。C. 采用瞬间高温杀菌比低温巴氏杀菌法混合料变性少，膨胀率高。D. 适宜的空气吸入量能得到较佳的膨胀率，应注意控制。E. 若凝冻压力过高则空气难以混入，膨胀率则下降。

（7）灌装成型　冰淇淋的形状、包装类型多样，但主要为杯形，另外还有其他如蛋卷锥、盒式包装等。

（8）硬化　将经成型灌装机灌装和包装后的冰淇淋迅速置于-25℃以下的温度，经过一定时间的速冻，品温保持在-18℃以下，使其组织状态固定、硬度增加的过程称为硬化。

（9）贮藏　硬化后的冰淇淋产品，在销售前应将制品保存在低温冷藏库中。冷藏库的温度为-20℃，库内相对湿度为85%～90%，贮藏期间，冷库温度不能忽高忽低，以免影响冰淇淋品质。

四、雪糕生产工艺

（一）雪糕的特点、配方

雪糕是以饮用水、乳品、蛋品、甜味料、食用油脂等为主要原料，添加适量增稠剂、香料、着色剂等食品添加剂，经混合、灭菌、均质或轻度凝冻、注模、冻结等工艺制成的冷冻产品。雪糕的总固形物、脂肪含量较冰淇淋低。

1. 雪糕的分类

根据加工工艺的不同，分为清型雪糕、混合型雪糕、夹心型雪糕、拼色型雪糕及涂布型雪糕；按雪糕中脂肪含量不同分为高脂型雪糕、中脂型雪糕和低脂型雪糕。

2. 雪糕的质量标准

（1）感官要求　如表 7－10 所示。

表 7－10　雪糕感官要求

项目	要求
色泽	色泽均匀，符合该品种应有的色泽
形态	形态完整，大小一致，无变形，无软塌，无收缩，涂层无破损
组织	细腻滑润，无凝粒及明显粗糙的冰晶，无空洞
滋味气味	滋味和顺，香气纯正，符合该品种应有的滋味、气味，无异味、无异臭
杂质	无肉眼可见杂质

（2）理化要求　如表 7－11 所示。

表 7－11　雪糕理化要求

项目		要求		
		高脂型	中脂型	低脂型
脂肪含量/%	≥	10.0	8.0	6.0
总固形物含量/%	≥	35.0	32.0	30.0
总糖含量（以蔗糖计）/%	≥	15.0	15.0	15.0

（3）卫生指标　卫生指标应符合 GB 2759—1996 的规定。

细菌总数（cfu/mL）≤30 000；大肠菌群（cfu/100mL）≤450；致病菌（指肠道致病菌、致病性球菌）：不得检出。

3. 雪糕的生产配方

如表 7－12 所示。

表 7-12 雪糕生产配方 单位：kg

原料名称	雪糕类型			
	菠萝雪糕	咖啡雪糕	草莓雪糕	可可雪糕
砂糖	145	150	100	100
葡萄糖浆	—	—	50	60
蛋白糖	0.4	0.6	—	—
甜蜜素	—	—	0.5	0.5
鲜牛乳	—	320	—	—
全脂乳粉	30	—	30	20
乳清粉	40	38	—	—
人造奶油	35	—	—	—
棕榈油	—	30	15	20
可可粉	—	—	—	5
鸡蛋	20	20	—	—
淀粉	25	22	—	—
麦精	—	8	—	—
复合乳化稳定剂	—	—	3.5	3
明胶	2	2	—	—
CMC	2	2	—	—
可可香精	—	—	—	0.8
草莓香精	—	—	0.8	—
菠萝香精	1	—	—	—
水	699	405	785	790
红色素	—	—	0.02	—
栀子黄	0.3	—	—	—
焦糖色素	—	0.4	—	—
棕色素	—	—	—	0.02
速溶咖啡	—	2	—	—
草莓汁	—	—	15	—

（二）雪糕的生产工艺

1. 工艺流程

雪糕生产工艺流程与冰淇淋生产工艺流程相同。

2. 操作规范

雪糕生产时，原料配制、杀菌、冷却、均质、老化等操作技术与冰淇淋基本相同。普通雪糕不需经过凝冻工序直接经浇模、冻结、脱模、包装而成，膨化雪糕则需要凝冻工序。

（1）凝冻　雪糕凝冻操作生产时，凝动机的清洗与消毒及凝冻操作与冰淇淋大致相同，只是料液的加入量不同，一般占凝冻机容积的50%～60%。膨化雪糕要进行轻度凝冻，膨胀率为30%～50%，故要控制好凝冻时间以调节凝冻程度，料液不能过于浓厚，否则会影响浇模质量。出料温度控制在－3℃左右。

（2）浇模　浇模之前必须对模盘、模盖和扦子进行消毒，可用沸水煮沸或用蒸汽喷射消毒10～15min，确保卫生。浇模时应将模盘前后左右晃动，使模型内混合料分布均匀后，盖上带有扦子的模盖，将模盘轻轻放入冻结缸（槽）内进行冻结。

（3）冻结　雪糕的冻结有直接冻结法和间接冻结法两种。直接冻结法即直接将模盘浸入盐水槽内进行冻结，间接冻结法即速冻库与隧道式速冻。进行直接速冻时，先将冷冻盐水放入冻结槽至规定高度，开启冷却系统；开启搅拌器搅动盐水，待盐水温度降至－26～－28℃时，即可放入模盘，注意要轻轻推入，以免盐水污染产品；待模盘内混合料全部冻结（10～12min），即可将模盘取出。

（4）脱模　使冻结硬化的雪糕由模盘内脱下，较好的方法是将模盘进行瞬时的加热，使紧贴模盘的物料融化而使雪糕易从模具中脱出。加热模盘的设备可用烫盘槽，其由内通蒸汽的蛇形管加热。

脱模时，在烫盘槽内注入加热用的盐水至规定高度后，开启蒸汽阀将蒸汽通入蛇形管，控制烫盘槽温度在50～60℃；将模盘置于烫盘槽中，轻轻晃动使其受热均匀，浸数秒钟后（以雪糕表面稍融为度），立即脱模；产品脱离模盘后，置于传送带上，脱模即告完成，便可进行包装。

项目实施

冰淇淋的制作

冰淇淋的生产主要包括配方选定及原料混合组、混合料过滤组、均质组、杀菌组、冷却与成熟组、加香料组、冻结搅拌组，硬化组共8个工作组。

项目实施过程主要包括工作场景，工作安排，工作所需原料、设备、原材料，填写生产报告单，出具生产检测报告，评价与反馈6个过程，具体实施方法参考项目二。

课后思考

1. 按冷冻饮品的工艺及成品特点可将其分为__________、__________、__________、__________。

2. 冷冻饮品的原材料主要有__________、__________、__________、__________、__________、__________、__________、__________等。

3. 冰淇淋感官质量一般从__________、__________、__________、__________、__________五个方面评价。

4. 冰淇淋的主要原辅料名称及性能。

5. 冰淇淋的生产工艺流程。

6. 冰淇淋稳定剂和乳化剂的特性及作用。

7. 老化作用。

8. 冰淇淋的膨胀率是指冰淇淋混合原料在凝冻时，由于均匀混入许多细小的气泡，使制品体积增加的百分率。冰淇淋膨胀率并非是越大越好，膨胀率过高，则__________；过低则__________。

拓展学习

知名冰淇淋品牌

1. 和路雪（全球冰淇淋第一品牌，联合利华集团旗下品牌）。
2. 哈根达斯（始于1921年美国，世界品牌）。
3. 雀巢冰淇淋（世界品牌）。
4. 八喜冰淇淋（始于1932年美国旧金山，世界上最好的冰淇淋之一）。
5. 伊利冰淇淋（中国名牌，中国驰名商标）。
6. 蒙牛冰淇淋（中国名牌，中国驰名商标）。
7. 五羊冰淇淋（著名品牌，广州冷冻食品有限公司）。
8. 明治冰淇淋（80多年历史，来自日本的品牌）。
9. 乐可可冰淇淋（始于1996年美国纽约，知名冰淇淋连锁品牌）。

实训项目一　甜性奶油的加工

一、实训目的

通过在实验室条件下对乳的分离及奶油的加工，进一步了解和熟悉奶油加工方法，工艺过程和加工原理。

二、实训材料与设备

1. 材料

牛乳5kg。

2. 设备

手摇或电动牛乳分离机一台，水平尺1个，温度计1支，200mL带胶塞的三角瓶1个，硫酸纸1张，切刀和不锈钢勺一套，水浴锅2个，灭菌锅，电炉1台，纱布1块，铝锅共用。

三、实训步骤与关键控制点

（一）工艺流程

乳的分离 → 原料稀奶油 → 中和 → 杀菌 → 冷却 → 物理成熟 → 搅拌 → 排酪乳 → 洗涤 → 加盐压炼 → 包装 → 成品贮藏

（二）乳的分离

1. 分离机的安装

（1）先将机身牢固地安装在平稳台架上，用水平尺调平。

（2）传动装置加注润滑油，方法见图7－5。

（3）将分离钵按图7－6所示部件组成顺序安好后，再将其安放在立轴上，将底部孔内销子卡入立轴之缺口内。

（4）依次安装好流奶器（脱脂乳收集器）、漏斗座、流油器（稀奶油收集器）、漏斗、乳飘（浮子与浮子室）、盛奶桶（受乳器）及开关（见图7－7）。浮子有三个凸台之面应向下，开关应关闭。稀奶油排出孔之位置应高于流油器顶端1.5～2mm，如不合要求可按图7－7进行调整。

（5）分离机安装好以后，转动手柄（先慢后快，使之在2～3min内达到额定转速）检查安装质量，如有摩擦现象应立即调整或安装。

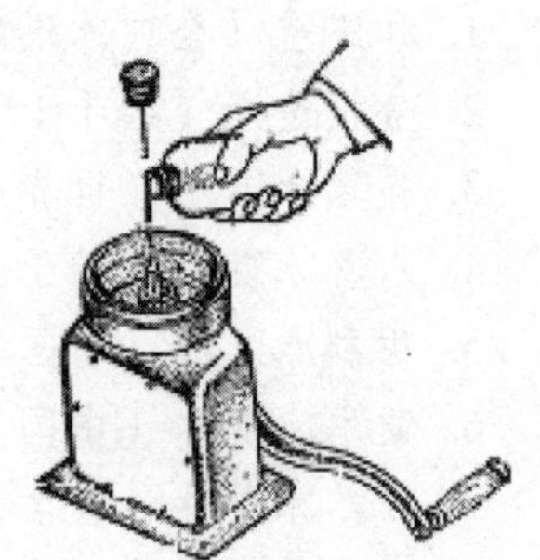

图7－5 传动装置加油

2. 乳的分离

（1）于受乳器上盖一块数层纱布，在于两个收集器下各放置一个容器用以接收分离的脱脂乳和稀奶油。同时将乳预热至35～40℃。

（2）分离机预热：启动分离机，待其达到规定转速后将40～50℃热水倒入受乳器内，打开开关，热水进入分离机钵内进行预热，当水流出停止后关闭开关。

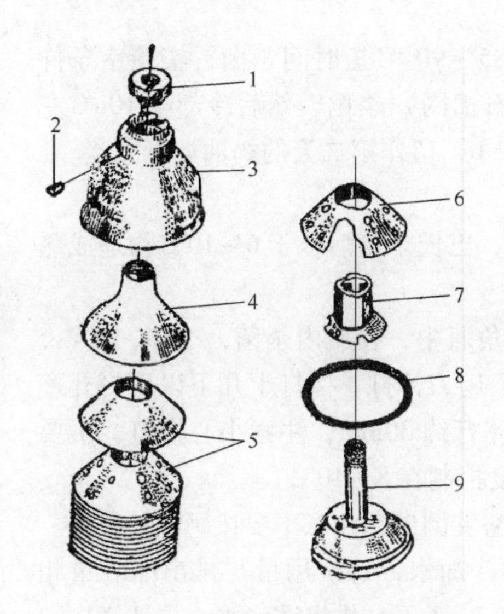

图7-6 分离钵部件组成及安装顺序

1—螺母环 2—稀奶油含脂率调节螺旋 3—顶罩 4—上杯盘 5—中环盘 6—下杯盘 7—杯盘支架 8—橡皮圈 9—底座

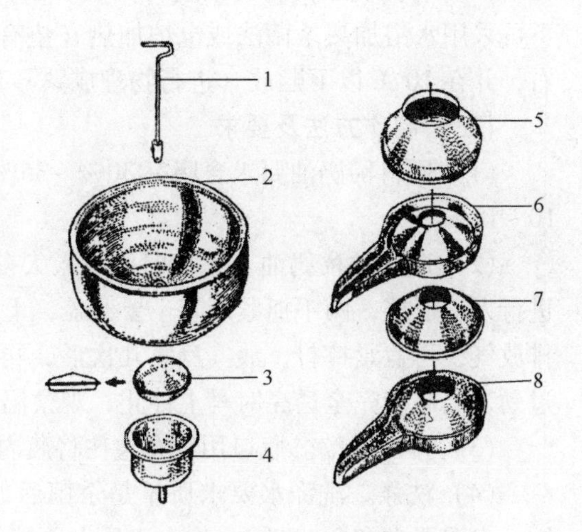

图7-7 稀奶油排出孔位置的调整

1—开关 2—盛牛奶桶 3—浮子 4—浮子室 5—漏斗 6—流油器 7—漏斗座 8—流奶器

（3）将预热好的乳倒入受乳器，慢慢打开开关进行乳的分离。

（4）分离3~5min后，观察稀奶油和脱脂乳的流量之比，并按要求进行稀奶油含脂率的调整，不同流量比之稀奶油含脂率见表7-13。

表7-13　　稀奶油含脂率调整表

原料乳含脂率/%	稀奶油与脱脂乳之流量比			
	1:10	1:8	1:7	1:6
	稀奶油含脂率/%			
3.2	31.5	26.5	22.6	20.0
3.4	33.5	28.5	24.0	21.0
3.6	36.5	29.6	25.4	22.2
3.8	37.5	31.3	26.8	23.5
4.0	39.5	32.9	28.2	24.7
4.2	41.5	34.6	29.7	26.6
4.4	43.5	36.3	31.0	27.8

（5）全部乳分离完毕后，向受乳器内倒入其容积1/3的脱脂乳，继续分离，以冲洗出分离钵内残留的稀奶油。

（6）待分离机自行停止转动后，按要求拆卸和清洗分离机。与乳按触之部件先用0.5%热碱水洗，再用90℃以上热水洗，然后擦干，置于洁净、干燥处保存备下次使用。

（7）将分离出的稀奶油进行高温杀菌，85 ~ 90 ℃短时间杀菌，实验室条件下可采用水浴加热杀菌法或电炉加热（垫有石棉网）杀菌，然后冷却至 10 ℃左右，并在 10 ℃以下贮放（进行物理成熟）12 h，留作第二天的奶油加工实验。

（三）制作方法及要求

（1）原料稀奶油要求含脂率 30% ~35%，巴氏杀菌后，于 6 ~10℃物理成熟 10 ~12 h。

（2）成熟的稀奶油（杀菌时已灌入大三角瓶中，在瓶内杀菌，冷却，成熟）进行人工搅拌，两手抓紧瓶塞不要开盖，上下用力摔打，摔打十几下以后打开塞排放气，再盖紧摔打，放气反复几次后，再摔打约 30min，注意小心摔打，不要过劲，当瓶壁完全透亮时马上停止，观察温度控制在 8 ~10℃。

（3）排出乳酪。瓶口用纱布包住将瓶内酪乳倒出，注意不要让奶油粒流失。

（4）洗涤。洗涤水要求质量是杀菌后的冷却水，每次用量与排出酪乳量相同，水温要求在 8 ~10℃，加入水后上下摔打 2 ~3 下，排出洗涤水，再洗涤1 ~2 次，但水温比第一次低 1 ~2℃。

（5）压炼、加盐、加色素。在洗涤好的奶油粒上先撒入 1% 的食盐和少量的色素，上下摔打几下再加入 1% 的盐，再摔打几下后，最后加入 1% 的盐，摔打几下至质地均匀、色泽均匀，断面无游离水珠为止，表面光滑细腻。

（6）包装。将压炼好的奶油用力倒在硫酸纸上，用木制模具成型，模具一般为长方形，使产品大小在 50g，100g 或 250g 等之后再用硫酸纸或铝箔纸包装，外面包上装潢纸。

四、思考题

（1）如何确定乳分离的是否彻底？

（2）在实验过程中应注意哪些问题？

实训项目二　冰淇淋的制作

一、实训目的

通过实验使学生熟悉冰淇淋的配料、工艺操作过程、加工原理，并掌握其工艺技术。

二、实训材料与设备

1. 材料

乳粉 1 袋，砂糖 250g，海藻酸 50g，奶油 250g，淀粉 250g。

2. 设备

小型冰淇淋机 1 台，加热槽或小奶桶 1 个，搅拌勺一把，温度计 1 支，天平 1 台，1000mL 烧杯 3 个，电炉 1 台，铝锅共用。

三、实训步骤及关键控制点

1. 配方选定及原料混合

不同种类的冰淇淋其各种成分要求不一，因此，制作前必须先确定配方，再按配方选择混合原料种类并计算其用量，冰淇淋的成分及配方可参考表 7－14 配方或其他资料中的配方。

表 7－14　冰淇淋配方

原料名称		配合比/%	脂肪/%	总干物质/%
（配方一）	脱脂乳	58. 7		5. 28
	稀奶油	20. 00	8. 00	9. 08
	脱脂乳粉	5. 8		5. 62
	蔗糖	15. 00		15. 00
	稳定剂	0. 50		0. 50
	合计	100		35. 48
（配方二）	牛乳（3. 5%）	60. 70	2. 12	7. 46
	稀奶油（F43%）	10. 00	4. 60	4. 84
	炼乳	20. 00	1. 60	14. 00
	脱脂乳粉	2. 20		2. 13
	蔗糖	6. 60		6. 60
	稳定剂	0. 50		0. 47
	合计	100	8. 02	35. 50
（配方三）	牛乳（3. 5%）	43. 72	1. 53	5. 35
	稀奶油（F43%）	10. 10	4. 24	4. 78
	炼乳	28. 00	2. 24	7. 84
	脱脂乳粉	2. 68		0. 67
	蔗糖	15. 00		15. 00
	稳定剂	0. 50		0. 47
	合计	100	8. 01	34. 21

选定配方后，按配方将原料混合，首先将稳定剂与砂糖干料混合后加入部分温水溶开，再将牛乳、稀奶油等液体原料在另一桶内或加热槽内混合并加热至

65～70℃，然后在搅拌下加入固体原料和砂糖稳定剂溶液，乳化剂先用水浸泡或先用油脂混合后加入。

鸡蛋可在杀菌前或杀菌后加入，杀菌前加入，先将鸡蛋打破，搅成均匀蛋液，在混合料加热至50～60℃时加入，杀菌后加入时即将生蛋液加入混匀即可。

常用的稳定剂有：明胶、果胶、琼脂、海藻酸钠、槐豆胶、角叉藻胶、羧甲基纤维素，常用的乳化剂有：卵黄及甘油脂肪酸酯。

2. 混合料过滤

原料混合溶解后，再经充分混合搅拌，然后用80～100目筛过滤或用4层纱布过滤。

3. 均质

防止脂肪上浮，改善组织状态，缩短成熟时间，无此条件也可以不用均质，只是成熟时间长些。

4. 杀菌

可用间歇式杀菌即68～70℃，30min（片式HTST法80～85℃，20s，UHT法100～130℃，2～3s）。

5. 冷却与成熟

杀菌后将混合料迅速冷却至5℃以下（2～4℃，一般不得低于1℃）并保持4～12 h，使其成熟（老化），以提高脂肪，蛋白质及稳定剂的水合作用，减少游离水，防止冻结时产生大冰屑。

6. 加香料

成熟之后加入适量的香兰素或其他香料。

7. 冻结搅拌

将成熟好的混合料倒入冰淇淋机内，进行搅拌冻结，如果是软质冰淇淋则在冻结之后便可出产品。

8. 硬化

搅好的冰淇淋可直接送往冷藏室（－18 ℃以下）进行硬化，或先包装成各种形状再进行硬化。一般硬化12 h即可为成品。

质量合格的冰淇淋，膨胀率为80%～100%软硬适中，组织细腻，无水冰屑。

$$\text{膨胀率}(\%)=\frac{\text{混合物质量}-\text{同体积冰淇淋质量}}{\text{同体积冰淇淋质量}}\times 100\%$$

四、思考题

实验过程中有哪些注意事项?

项目八　成品检验

学习目标

1. 能够对液态乳、酸乳、乳粉、乳酪等成品进行检验。
2. 能够根据检验结果对成品进行品质评价。

学习任务描述

成品的检验。
关键技能点：成品的理化检验、微生物检验。
对应工种：乳品检验工。
拓展项目：硝酸盐和亚硝酸盐的测定。

案例分析

“酸酸甜甜真好喝”——这是我们非常熟悉的一句广告词，也正是因为这种酸甜适口的味道使得大量的乳酸饮料蜂拥上市，且颇受欢迎。大家都知道酸乳对人体有益，那么这些乳酸饮料就一定也是酸乳，也一定对人体有益，尤其是许多妈妈都是这样认为，就鼓励孩子多喝乳酸饮料。

问　题

1. 乳酸饮料是不是酸乳？
2. 如何判定？

新闻摘录

中国乳制品工业协会于2011年6月7—8日在烟台组织召开了“乳品检验技术专业委员会”成立大会，来自乳品企业、研发乳品检测仪器设备的相关单位及有关专家出席了大会，理事长在会议中指出，目前广大乳品生产企业为保证产品质量安全，配备了完整的具有国际先进水平的精密检测仪器。而这些仪器要求检测人员必须掌握丰富的专业知识和娴熟的实际操作技能。为了尽快提高乳品企业检测技术人员的水平，充分发挥和利用检测设备功能，全面提升企业的产品检测能力，不断完善企业检测装备，并为广大会员单位提供检测技术咨询服务，中国乳制品工业协会特成立“乳品检验技术专业委员会”。在食品安全事故席卷全球之际，行业协会成立乳品检验技术专业委员会非常及时。委员会提出，研制乳品快速检验检测仪器，提高和扩大其在乳制品行业全产业链的应用是下一步该委员会工作的重点之一。

问 题

1. 成品检验包括哪些项目?
2. 成品检验包括哪些大型仪器设备?
3. 成品检验的必要性?

任务一 成品的理化检验

一、乳制品的检验指标

如何知道我们每天摄入的乳制品都是由哪些成分构成的？这些成分的含量是多少?

简单快捷的途径：查看产品外包装上的营养标签。

正确且全面的途径：查找该产品的相关标准。乳制品的检验指标如表8-1所示。

表8-1 乳制品的检验指标

产品名称	产品指标或检测项目
巴氏杀菌乳	GB 19645—2010 感官、脂肪、蛋白质、非脂乳固体、酸度、污染物限量、真菌毒素限量、菌落总数、大肠菌群、沙门氏菌、金黄色葡萄球菌、其他

续表

产品名称	产品指标或检测项目
灭菌乳	GB 25190—2010 感官、脂肪、蛋白质、非脂乳固体、酸度、污染物限量、真菌毒素限量、商业无菌、其他
调制乳	GB 25191—2010 感官、脂肪、蛋白质、污染物限量、真菌毒素限量、菌落总数、大肠菌群、沙门氏菌、金黄色葡萄球菌、食品添加剂和营养强化剂、其他
发酵乳	GB 19302—2010 感官、脂肪、非脂乳固体、蛋白质、酸度、污染物限量、真菌毒素限量、大肠菌群、霉菌、酵母、沙门氏菌、金黄色葡萄球菌、乳酸菌数、食品添加剂和营养强化剂、其他
干酪	GB 5420—2010 感官、污染物限量、真菌毒素限量、大肠菌群、沙门氏菌、金黄色葡萄球菌、单核细胞增生李斯特氏菌、霉菌、酵母、食品添加剂和营养强化剂
乳粉	GB 19644—2010 感官、脂肪、蛋白质、复原乳酸度、水分、杂质度、污染物限量、真菌毒素限量、菌落总数、大肠菌群、沙门氏菌、金黄色葡萄球菌、食品添加剂和营养强化剂
奶油、稀奶油 无水奶油	GB 19646—2010 感官、水分、脂肪、酸度、非脂乳固体、污染物限量、真菌毒素限量、菌落总数、大肠菌群、沙门氏菌、金黄色葡萄球菌、霉菌、食品添加剂和营养强化剂

二、乳制品的检验标准

乳制品检验相关标准如下：

（1）GB 5413. 39—2010《乳和乳制品中非脂乳固体的测定》。

（2）GB 5413. 34—2010《食品安全国家标准　乳和乳制品酸度的测定》。

（3）GB 5413. 30—2010《食品安全国家标准　乳和乳制品杂质度的测定》。

（4）GB 21703—2010《食品安全国家标准　乳和乳制品中苯甲酸和山梨酸的测定》。

（5）GB 5413. 38—2010《生乳冰点的测定》。

（6）GB 22031—2010《干酪及加工干酪制品中添加的柠檬酸盐的测定》。

（7）GB 5413. 37—2010《乳和乳制品中黄曲霉毒素 M_1 的测定》。

（8）GB/T 22388—2008《原料乳与乳制品中三聚氰胺检测方法》。

（9）GB/T 4789. 18—2010《食品卫生微生物学检验　乳和乳制品检验》。

三、理化检验

（一）相对密度、酸度、杂质度、脂肪

在“项目二原料乳的验收”中已经进行了学习。

（二）蛋白质的测定

蛋白质的定量测定方法主要分为两大类：一类是利用蛋白质的共性，即含氮，先测定含氮量后再计算出蛋白质的含量；另一类是利用蛋白质中有氨基酸残基、酸、碱性基团和芳香基团测定蛋白质含量。主要方法有凯氏定氮法、福林－酚试剂法、双缩脲法、紫外吸收法和考马斯亮蓝染色测定法等，其中凯氏定氮法测定蛋白质是GB/T 5009.5—2010《食品安全国家标准　食品中蛋白质的测定》中的第一法。

（三）糖的测定

乳品中的单糖主要有葡萄糖，双糖有蔗糖和乳糖，多糖包括淀粉、纤维素等；按其化学性质可分为还原糖（乳糖、葡萄糖）和非还原糖（蔗糖、淀粉）。

乳糖是哺乳动物乳腺特有的产物，是一种碳水化合物。牛乳中的乳糖含量一般在4.7%左右，是牛乳中最稳定的一种成分，它以溶液状态存在于牛乳中。乳糖是一个分子葡萄糖和一个分子半乳糖结合的双糖，由于葡萄糖有自由的半缩醛羟基，能转变为游离的醛基，故具有还原性。乳糖含有的醛基与蛋白质的氨基在高温下易发生化学反应，使乳制品褐变。因而在乳制品的生产过程中要严格规定工艺条件来进行生产。

乳制品中的蔗糖一般是加工过程中添加的，蔗糖在酸或转化酶的作用下易被水解，生成等量的葡萄糖和果糖而具有还原能力。蔗糖转化后化学式量从342.2增加到360.2（葡萄糖和果糖），因此在进行结果计算时，要乘以系数0.95。

乳品中乳糖、蔗糖的测定方法有高效液色谱相法和滴定法，最常用的乳糖的测定是滴定法。

1. 乳糖滴定法

（1）原理　试样在除去蛋白质以后，在加热条件下，直接滴定已标定过的费林氏液，样液中的乳糖将费林氏液中的二价铜还原为氧化亚铜。以次甲基蓝为指示剂，在终点稍过量时乳糖将蓝色的氧化型次甲基蓝还原为无色的还原型次甲基蓝。根据样液消耗的体积，计算乳糖含量。

（2）试剂　200g/L乙酸铅溶液、草酸钾－磷酸氢二钠溶液、10g/L次甲基蓝溶液、200g/L氢氧化钠溶液、1+1盐酸溶液、2g/L甲基红－乙醇溶液、费林甲液、费林乙液。

（3）仪器　250mL容量瓶、50mL滴定管、250mL锥形瓶、电炉。

（4）操作

①准确称取2.5~3g样品，用100mL水分数次溶解并洗入250mL容量瓶中，

徐徐加入 4mL 乙酸铅和 4mL 草酸钾－磷酸氢二钠溶液，并充分摇动容量瓶后，加水至刻度定容；

②静置数分钟后，用干燥滤纸过滤，并弃去最初的 25mL 滤液，剩下的过滤液为待滴定液；

③在滴定管中注入待滴定液 15mL，在锥形瓶中加入费林甲、乙液各 5mL，置于电炉上加热至沸腾，加入 3 滴次甲基蓝溶液，徐徐滴入待滴定液至蓝色完全退色为止，读取消耗待滴定液的体积数。

计算：

$$w = \frac{250 F_1 f_1}{V_1 m} \times 100\%$$

式中 w——样品中乳糖的质量分数，%；

V_1——滴定消耗样液量，mL；

m——样品质量，mg；

F_1——由消耗样液体积查表所得乳糖数，mg；

f_1——费林试剂乳糖校正值（通过乳糖标定费林试剂所得）。

2. 蔗糖测定

（1）原理 试样经除去蛋白质以后，用盐酸将其中的蔗糖水解转化为具有还原能力的葡萄糖和果糖，再按测定还原糖的方法进行测定。将水解前后的转化糖的差值乘以相应的系数即为蔗糖含量。

（2）试剂 同“乳糖测定”。

（3）仪器 同“乳糖测定”。

（4）操作 准确称取 2.5～3g 样品，按乳糖滴定法进行处理。吸取处理后的滤液各 50mL，分别置于 100mL 容量瓶中，其中一份加 1＋1 盐酸溶液 5mL，在 68～70℃水浴中加热 15min，取出后迅速冷却至室温，加 2 滴甲基红指示液，用 200g/L 氢氧化钠溶液滴定至中性，加水至刻度，摇匀。另一份直接用水定容至 100mL，按滴定法分别测定还原糖。

计算公式：

$$\text{蔗糖含量}(\%) = \frac{F\left(\frac{100}{V_2} - \frac{100}{V_1}\right)}{w \times \frac{50}{25} \times 1000} \times 100 \times 0.95$$

式中 F——10mL 费林氏试液相当于转化糖的质量，mg；

V_1——测定时消耗未经水解的样品稀释体积，mL；

V_2——测定时消耗经过水解的样品稀释体积，mL；

w——原测定还原糖时样品的质量，g；

1000——将 mL 换算成 g；

0.95——分子的蔗糖经水解后成为 2 分子的还原糖（一分子的葡萄糖和一分子的果糖）蔗糖的相对分子质量为 342，后来成为 2×180，则 342/

360 = 0.95，所以转化糖换算到蔗糖应乘以0.95。

3. 总糖测定

（1）原理　将所测得的乳糖和蔗糖相加即为总糖。

（2）计算　总糖 = 蔗糖 + 乳糖

（四）干酪的食盐含量测定

（1）原理　用硝酸银标准溶液滴定试样中的氯化钠，生成氯化银沉淀后，滴加的硝酸银与铬酸钾指示剂作用生成铬酸银使溶液呈橘红色即为终点，由硝酸银标准溶液的消耗量计算出氯化钠的含量。

（2）试剂　0.1mol/L 硝酸银标准滴定溶液、50g/L 铬酸钾指示液。

（3）仪器　分液漏斗、250mL 容量瓶、250mL 锥形瓶、50mL 滴定管。

（4）操作　准确称取5g 研碎的试样，置于125mL 分液漏斗中，用热水充分洗涤试样内的盐分，反复洗涤5～8次，每次20～30mL，将洗涤液收集在250mL 容量瓶中，加水至刻度，取洗涤液100mL 于250mL 锥形瓶中，加铬酸钾指示液1mL，用硝酸银标准滴定溶液（0.1mol/L）滴定至初显砖红色，记录消耗体积。

（5）计算

$$X = \frac{(V_2 - V_1) \times c \times 0.0585}{m \times \frac{V_4}{V_3}} \times 100$$

式中　X——试样中食盐的含量，g/100g；

c——硝酸银标准滴定溶液的实际浓度，mol/L；

V_1——试剂空白消耗硝酸银标准滴定溶液的体积，mL；

V_2——试样消耗硝酸银标准滴定溶液的体积，mL；

V_3——洗涤液总体积，mL；

V_4——滴定用洗涤液的体积，mL；

m——取样质量，g；

0.0585——与1.00mL 硝酸银标准滴定溶液（1.000mol/L）相当的氯化钠的质量，g。

任务二　成品的微生物检验

一、菌落总数检验

菌落总数是指食品检样经过处理，在一定条件下培养后（如培养基成分、培养温度和时间、pH、需氧性质等），所得1mL 或1g 检样中所含菌落的总数。本方法规定的培养条件下所得结果，只包括在平板计数琼脂上生长发育的嗜中温性需氧的菌落总数。

菌落总数主要作为判定乳品被污染程度的标志，也可以应用这一方法观察细菌在乳品中繁殖的动态，为被检样品的卫生学评价提供依据。按照 GB 4789. 2—2010《食品安全国家标准 食品微生物学检验 菌落总数测定》操作。

二、大肠菌群检验

大肠菌群系指能发酵乳糖、产酸产气、需氧和兼性厌氧的革兰阴性无芽孢杆菌。该菌主要来源于人畜粪便，大肠菌群的测定可推断乳品中肠道致病菌污染的可能情况。按照 GB 4789. 3—2010《食品安全国家标准 食品微生物学检验 大肠菌群计数》操作。

三、霉菌和酵母菌检验

霉菌和酵母也可作为评价食品卫生质量的指示菌，并以霉菌和酵母计数来判定食品被污染的程度。我国已制订了一些食品中霉菌和酵母的限量标准，其检验方法很多，通常采用计数法。霉菌和酵母的计数方法，与菌落总数的测定方法基本相似。按照 GB 4789. 15—2010《食品安全国家标准 食品微生物学检验 霉菌和酵母计数》操作。

项目实施

原料乳的检验

原料乳的检验包括理化检验组和微生物检验组 2 个工作组。

项目实施过程主要包括工作场景，工作安排，工作所需原料、设备、原材料，填写生产报告单，出具生产检测报告，评价与反馈 6 个过程，具体实施方法参考项目二。

课后思考

1. 凯氏定氮法为什么不能测出三聚氰胺?
2. 还原糖与蔗糖的不同测定方法。

拓展学习

近红外光谱技术

近红外光谱指的是波长在 780 ~ 2526nm 范围内的电磁波，波数范围为3500 ~

$13000cm^{-1}$，从波长上可以分为短波近红外（780～1100nm）和长波近红外（1100～2526nm）。其分析特点是利用近红外光照射被测样品，由于分子团的振动，样品会吸收一部分的能量。不同分子团的振动，吸收光的波段不同，主要信息是含 H 基团倍频和合频的吸收。由于大多数有机化合物都含有 H 基团，近红外光谱分析非常适合分析有机样品。获得进红外光谱一般分为两种技术：透射光谱技术和反射光谱技术。而透射一般分为直接透射和漫透射；反射又分为直接反射和漫反射。

透射光谱指的是将待测样品置于光源与检测器之间，检测所测的光是透射光。如果样品是混浊的，则会引起散射，尽量使得样品均匀可以减小颗粒度不均匀引起的散射误差，但散射作用是无法彻底消除的，散射作用的产生使样品对光的吸收作用不满足比尔定律，且对定量分析的模型有较大影响，这时就要用到漫透射。

反射光谱指将检测器和光源置于样品的同一侧，检测器检测的是样品反射回来的光，直接反射或镜面反射是光在物体表面的入射角度等于反射角直接反射的光。而当物体表面反射的光方向不固定时，可把它称作漫反射，出现漫反射时主要是靠积分球等收集完整的光信息。

短波近红外的吸收弱，反射不容易看到足够的吸收信号，透射或漫透射才有足够的吸收信号，同时穿透力强，利于用透射或漫透射检测；长波近红外的吸收强，反射就能看到吸收信号，对应的穿透力弱，不利于用透射检测。

乳和乳制品的可加工性和功能性取决于乳中蛋白质、乳糖、脂肪和盐分的含量和特性，乳品中这几种成分的含量是相对固定的，根据国家生鲜牛乳收购标准规定，新鲜牛乳中含有不低于2.9%的蛋白质，3.2%的脂肪和11.5%的全脂乳固体。近红外光谱仪在乳品分析和生产过程中扮演着重要角色，在乳及乳制品成分测定上具有方便、快速、灵活性等特点，所测定的各种营养成分可以同时测定，并包含了大部分成分，如蛋白质、脂肪、水分、固体物、酸度、乳糖、蔗糖和总糖等成分，基本满足乳品质量控制要求。

实训项目一　酸乳品质的评价

一、实训目的

掌握酸乳的品质鉴定方法，以更好地控制和提高酸乳制品的质量。

二、实训材料

1. 仪器

200～250mL 烧杯 2 个、牛角勺或匙 1 把、500mL 烧杯 1 个、玻璃棒 1 支、

250mL 量筒 1 个、温度计 1 支、扩大镜 1 个、天平 1 台、盛样盘（平皿或磁盘）每个样品 1 个。

2. 药品

温水、样品。

三、实训步骤

（一）发酵剂的品质

1. 感官检查

对于液态发酵剂，首先是检查其组织状态、色泽及有无乳清分离等；其次是检查凝乳的硬度然后是品尝酸味及风味，观察其是否有苦味、异味等。

2. 发酵剂活力测定

发酵剂的活力，可用乳酸菌在规定时间内产酸状况或色素还原来进行判断。

酸度测定：

（1）仪器 25mL 或 50mL 碱式滴定管 1 支、1mL 及 10mL 吸管 1 支、20mL 量筒 1 只、150mL 三角瓶 3 只。

（2）试剂 0.1mol/L NaOH 溶液、0.5% 酚酞指示剂。

（3）方法 在 10mL 灭菌脱脂乳或复原脱脂乳（固形物含量 11.0%）中接入 3% 的待测发酵剂，在 37.8℃的恒温箱下培养 3.5h，然后迅速从恒温箱中取出试管加入 20mL 蒸馏水及 2 滴 1% 酚酞指示剂，用 0.1mol/L NaOH 标准溶液滴定，按下式进行计算：

$$活力 = \frac{0.1\text{mol/L NaOH 标准溶液体积(mL)} \times 0.009}{10 \times 牛乳相对密度} \times 100$$

如果滴定乳酸度达 0.8% 以上，则可以认为发酵剂活力良好。

3. 刃天青还原试验

（1）仪器及试剂 20mL 灭菌有塞刻度试管 2 支、1mL 及 10mL 灭菌吸管各 1 支、公用恒温水浴锅 1 台（调到 37℃）、100℃温度计 1 支。

（2）方法 在 9mL 灭菌脱脂乳中加 1mL 发酵剂和 0.005% 刃天青溶液 1mL，在 36.7℃的恒温箱中培养 35min 以上，如完全退色则表示活力良好。

（3）污染程度检查 在实际生产过程中对连续传代的母发酵剂进行定期检查：a. 纯度可用催化酶试验，乳酸菌催化酶试验应呈阴性，阳性反应是污染所致；b. 阳性大肠菌群试验检测粪便污染情况；c. 检查是否污染酵母、霉菌，乳酸发酵剂中不允许出现酵母或霉菌。

（4）检查噬菌体的污染情况 显微镜镜检：通过革兰氏染色，在显微镜下观察发酵剂菌种有无其他杂菌的污染。

（二）成品酸乳的品质

1. 感官鉴定

参照表 8－2。

表 8－2　酸乳的感官指标和评定

项目	纯酸乳	风味酸乳
色泽	均匀一致，呈乳白色或微黄色	呈均匀一致的乳白色，或风味酸乳特有的色泽
滋味和气味	具有纯乳发酵特有的滋味、气味	除有发酵乳味外，并含有添加成分特有的滋味和气味
组织状态	组织细腻、均匀，允许有少量乳清析出；果料酸乳有果块或颗粒	

可根据实际情况，对每项指标确定相应的评定分数和总分。

2. 酸乳的滴定酸度

（1）吉尔涅尔度（°T）　取 5mL 酸乳，加入 50mL 蒸馏水，充分搅匀，再加入 3 滴 1% 的酚酞指示剂，用 0.1mol/L NaOH 标准溶液滴定，读取所消耗的 NaOH 体积（mL）。将所消耗的 NaOH 体积（mL）数乘以 10，即为乳样的度数（°T）。

$$吉尔涅尔度 = \frac{(V_1 - V_0) \times c}{0.1} \times 10$$

式中　V_0——滴定初读数，mL；

V_1——滴定终读数，mL；

c——标定后的氢氧化钠溶液的浓度，mol/L；

0.1——标准氢氧化钠溶液的浓度。

酸乳的滴定酸度在 85～90°T 时被认为是适宜的，但由于地区的差异，喜好也有所不同，可根据习惯和喜好进行调整。

（2）乳酸度（乳酸含量）　用乳酸含量表示酸度时，按上述方法测定后按如下公式计算：

$$乳酸含量 = \frac{0.1mol/L\ NaOH 标准溶液体积(mL) \times 0.009}{牛乳质量[体积(mL) \times 相对密度]} \times 100\%$$

3. 乳酸菌数

乳酸菌数反映了其酸乳中含有的活性菌数，也反映了生理活性。对乳酸菌数的要求见表 8－3。

表 8－3　酸乳的指标

项目		指标
乳酸菌数/（cfu/mL）	≥	1×10^6

测定方法：乳酸菌数测定可参照微生物细菌总数测定方法。

四、思考题

（1）酸乳的品质鉴定主要包括哪几项？

（2）为什么要进行酸乳的品质鉴定?
（3）如何对酸乳进行感官评定?
（4）掌握酸乳的酸度测定、微生物测定方法。

实训项目二 干酪品质的评价

一、实训目的

通过实践操作，使学生掌握干酪主要的品质指标和品质鉴定的方法。

二、实训材料

硬质干酪、软质干酪、盛样盘、切刀、浓氨水、6mol/L 盐酸、石油醚、乙醚、0.1mol/L 硝酸银、10% 铬酸钾、0.1mol/LNaOH 等。

三、实训操作步骤

（一）干酪的感官评定

1. 干酪的感官评定标准

干酪的感官评定标准见表 8－4（GB 5420—2010）。

表 8－4　硬质干酪感官评定标准

项目	特征	扣分	得分
滋味和气味（50 分）	具有该种干酪特有的滋味和气味，香味浓郁	0	50
	具有该种干酪特有的滋味和气味，香味良好	1～2	49～48
	滋、气味良好但香味较淡	3～5	47～45
	滋、气味合格，但香味淡	6～8	44～42
	滋、气味平淡无乳香味者	7～12	58～53
	具有饲料味	9～12	41～38
	具有异常酸味	6～10	44～40
	具有霉味	9～12	41～38
	具有苦味	9～15	41～35
	氧化味	9～18	41～32
	有明显的其他异常味	9～15	41～35

续表

项目	特征	扣分	得分
组织状态（25分）	质地均匀，软硬适度，组织极细腻，有可塑性	0	25
	质地均匀，软硬适度，组织极细腻，可塑性较好	1	24
	质地基本均匀，软硬适度，组织极细腻，有可塑性	2	23
	组织状态粗糙，较硬	3~9	22~16
	组织状态疏松，易碎	5~8	20~17
	组织状态呈碎粒状	6~10	19~15
	组织状态呈皮带状	5~10	20~15
纹理图案（10分）	具有该种干酪正常的纹理图案	0	10
	纹理图案略有变化	1~2	9~8
	有裂痕	3~5	7~5
	有网状结构	4~5	6~5
	契达干酪具有孔眼	3~6	7~4
	断面粗糙	5~7	5~3
色泽（10分）	色泽呈白色或淡黄色，有光泽	0	5
	色泽略有变化	1~2	4~3
	色泽有明显变化	3~4	2~1
外形（5分）	外形良好，具有该种产品正常的形状	0	5
	干酪表皮均匀，细致，无损伤，无粗厚表皮层，有石蜡混合物涂层或塑料膜真空包装	0	5
	外形无损伤但外形稍差者	1	4
	表层涂蜡有散落	1~2	4~3
	表层有损伤	1~2	4~3
	轻度变形	1~2	4~3
	表面有霉菌者	2~3	3~2
包装（5分）	包装良好	0	5
	包装合格	1	4
	包装较差	2~3	3~2

注：a. 有轻度饲料味、轻度霉味者作合格论，滋味气味评分低于39分者不得用作加工干酪的原料；b. 荷兰干酪允许有微酸味；c. 不杀菌加工的荷兰干酪，允许有气孔。

2. 评定过程

按感官评分表内容逐项评定，要注意先检查包装和外形，再检查其他各项。

（二）干酪中水分的测定

在称量皿中放入约20g海砂和一只小玻璃棒，于98～100℃烘箱中烘至恒重。称入2～3g（精确到0.2mg）经研磨的干酪样品，将海沙和干酪样品用小玻璃棒搅拌均匀，再置于102～105℃烘箱中干燥3h，至两次质量差不大于2mg为止。按照下式计算水分：

$$水分含量(\%)=\frac{m_1-m_2}{m_1-m}\times 100\%$$

式中 m——称量皿加海砂和玻璃棒质量，g；

m_1——称量皿加海砂、玻璃棒重及样品质量，g；

m_2——称量皿加海砂、玻璃棒重及样品干燥后质量，g。

（三）脂肪含量的测定（哥特里－罗兹法）

于50mL烧杯中称取样品1g（精确到0.2mg），加9mL水和1mL浓氨水，加热并用玻璃棒不断搅拌成均匀的乳浊液，以石蕊试纸测试，用6mol/L盐酸中和，再加10mL盐酸及精制海砂约0.5g，加盖，慢慢加热，煮沸5min，冷却后用25mL乙醚将内容物转入抽脂瓶内，再用25mL石油醚冲洗，洗液并入抽脂瓶中。充分混合后，静置30min，待液层分离后，读取醚层的体积。放醚层于已知的脂肪瓶中，并记录放出醚层的体积，将脂肪瓶内的混合醚在水浴上蒸馏回收。把脂肪瓶放在98～100℃的烘箱中干燥1h，取出，于干燥器中冷却25～30min，于天平上称量，而后再放入烘箱中干燥30min。冷却，称量，直至前后两次质量差不超过2mg。按照下式计算脂肪含量：

$$w=\frac{m_2-m_1}{m\times\frac{V_1}{V_0}}\times 100\%$$

式中 w——样品中脂肪的质量分数，%；

m——样品的质量，g；

m_1——空瓶的质量，g；

m_2——空瓶加脂肪的质量，g；

V_0——醚层的总量，mL；

V_1——放出的醚层的量，mL。

（四）食盐含量测定

称取5g（精确到0.01g）样品于小烧杯内，分次加入50mL 90℃蒸馏水，用带橡皮头的玻璃棒充分研碎，然后移入100mL容量瓶中定容到刻度。过滤后吸取50mL滤液，加0.5mL 10%的铬酸钾溶液，用0.1mol/L硝酸银滴定到砖红色，按照下式计算食盐含量：

$$食盐含量=\frac{N\times V\times 0.0585}{m}\times 100\%$$

式中 N——硝酸银的浓度，mol/L；

V——滴定消耗0.1mol/L硝酸银溶液的体积，mL；

m——实际滴定用样品质量，g；

0.0585——每毫升0.1mol/L硝酸银相当的氯化钠数量，g。

（五）干酪成熟度的测定

称取5g样品放入研钵中，加45mL 40～45℃蒸馏水，研磨成稀薄的混浊液态，静止数min后过滤（不得使脂肪及未溶解的蛋白质进入滤液中）。于两个三角瓶中各加10mL滤液，然后于第一个烧瓶内加3滴1%酚酞指示剂，用0.1mol/L NaOH滴定到粉红色，消耗NaOH数为A；往第二个烧瓶内加10～15滴0.1%麝香草酚酞，用0.1mol/L NaOH滴定到蓝色。消耗NaOH数为B。最后，可按下式进行计算：

$$\text{干酪成熟度} = (A - B) \times 100$$

此法的原理是以成熟的干酪对碱的缓冲作用作为干酪成熟度的标志。干酪在成熟过程中，随成熟度的增加，可溶于水的部分对酸、碱的缓冲性能也有所增加，在用碱滴定时其缓冲性增加较明显，尤其在pH 8～10范围内，因为pH超过8时，被滴定的蛋白质分解产物的数量随干酪成熟度而增加。成熟干酪的成熟度一般为80～100。

四、思考题

（1）干酪的感官评分标准有哪几项？各自占有多少分值？

（2）实验中干酪成熟度测定原理是什么？

实训项目三　乳粉的质量检验

一、实训的目的和要求

使学生了解乳粉的质量标准，能够通过感官检验和理化检验对乳粉的质量进行评定，掌握乳粉的各项标准，并能熟练完成各项检验项目的操作。

二、实训内容

（一）乳粉的感官检验

感官检验包括组织状态、色泽、滋味和气味、冲调性。

（二）乳粉理化指标的检验

1. 水分

直接干燥法。

（1）原理　样品在98～100℃下直接干燥，失去物质的总量。

（2）仪器 带盖铝皿或带盖玻璃皿（直径50～70mm）、烘箱、干燥器、分析天平。

（3）操作方法

①将铝皿或玻璃皿清洗干净，置于98～100℃干燥箱中，瓶盖斜支于皿边，加热干燥0.5～1h，取出盖好，或将其于电炉上细心烧灼后，置干燥器中冷却25～30min后取出称量。再放入干燥箱中0.5h，取出冷却称量至恒重（m_3）。

②在已恒重的铝皿或玻璃皿中称取3～5g乳粉（m_1，准确至0.2mg），置98～100℃干燥箱中，瓶盖斜支于皿边，加热3h，取出盖好，但不要盖紧，置干燥器中冷却25～30min，将盖盖紧后取出称量。再置烘箱中干燥1h，取出冷却，进行第二次称量（m_2），至前后两次质量差不超过2mg为止，即为恒重。从干燥之后失去的质量计算出乳粉的水分含量。

③计算

$$水分=\frac{m_1-m_2}{m_1-m_3}\times100\%$$

式中 m_1——空皿加样品质量，g；

m_2——空皿加样品干燥后的质量，g；

m_3——空皿质量，g。

两次平行试验误差不应大于0.05%。

2. 溶解度的测定

（1）重量法

原理：样品溶于水后，称取不溶物的质量再计算溶解度。

仪器：50mL溶解度重量离心管（见图8－1），离心机（1000r/min），50mL烧杯，烘箱，水浴锅，称量皿（直径50～70mm的铝皿或玻璃皿）。

操作方法：

①准确称取约5g样品（准确至0.002g）于50mL烧杯中，用25～30℃ 38mL水，分数次将样品溶解于离心管中，加塞；

②将离心管放入30℃水浴中保温5min；

③取出后，上下振摇3min，使样品充分溶解，去塞，置离心机中以1000r/min的转速离心10min，使不溶物沉淀；

④倒出上清液，用棉栓拭擦管壁；再加入30℃ 38mL水，加塞，上下振摇3min，使沉淀悬浮；

⑤再置离心机中离心10min，倒出上清液，用棉栓仔细拭擦管壁；

⑥再用少量水将沉淀物洗入已恒重的称量皿中，先置沸水浴中蒸干水分，再移入98～100℃干燥箱中干燥1h，置干燥器中冷却30min后称量。重复干燥、冷却、称量，至前后两次质量差不超过2mg为止。

⑦计算

$$X = 100 - \frac{(m_2 - m_1) \times 100}{(1 - B\%) \times m}$$

式中 X——样品的溶解度,%；

m——样品的质量，g；

m_1——称量皿的质量，g；

m_2——称量皿和不溶物的质量，g；

$B\%$——样品水分百分数。

加糖乳粉计算时还要扣除蔗糖的含量。

(2) 指数法

原理：样品溶于水后，称取不溶物的质量再计算溶解度。

仪器：溶解度指数搅拌器，溶解度指数样品混合瓶，50mL 溶解度指数离心管（见图 8－2），离心机，100mL 量筒，玻璃虹吸管。

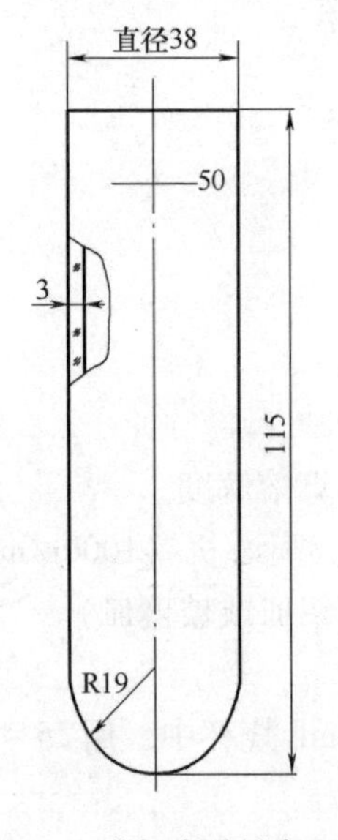

图 8－1 溶解度重量离心管

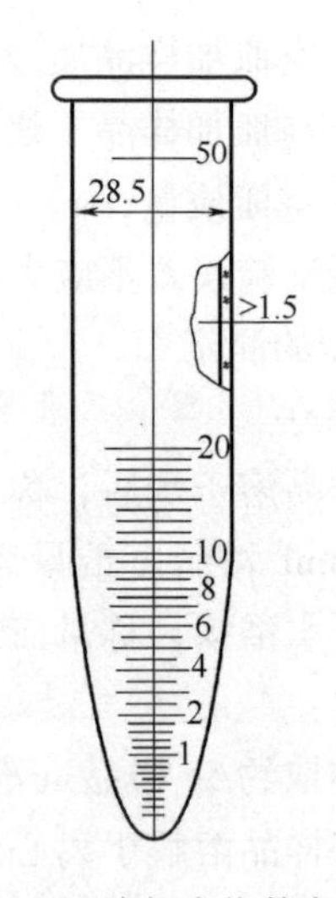

图 8－2 溶解度指数离心管

试剂：消泡剂（用离心沉淀后的二甘醇月桂酸）。

操作方法

①准确量取 100mL（24 ±0.5）℃的水，于溶解指数搅拌器的样品混合瓶中，加三滴消泡剂（亦可不加）和 15.6g 全脂加糖乳粉（全脂乳粉 13g，脱脂乳粉 9g，精确到 0.01g）。

②将混合瓶于溶解度指数搅拌器上搅拌 90s 后立即将内容物均匀地分倒于两只溶解度指数离心管中至 50mL 刻度，见图 8－2。

③将两只离心管对称地放入离心机按规定转速（见重量法），离心5min。

④取出离心管，用虹吸管吸出沉淀物上面5mL以外的上清液（注意勿使沉淀混浊）。

⑤加约25mL（24±0.5）℃水，慢慢搅动沉淀物并轻轻振荡使其分散，再加同样温度的水50mL，小心混匀。

⑥再离心5min，小心取出保持垂直，使沉淀物界面与眼平齐，读取沉淀物体积。如果界面倾斜，按上、下界面的平均数读取，所读取的毫升数即为溶解度指数。两平行试验结果差值不应大于0.2mL。

3. 乳粉杂质度的测定

（1）原理　将乳粉溶解复原后，利用过滤的方法，使乳粉中的机械杂质与乳分开，然后与杂质度标准板进行比较而定量。

（2）仪器　500mL吸滤瓶，300～500mL烧杯，能安放棉质过滤板的瓷质过滤漏斗，漏斗与棉板间放一块细纱（或杂质度过滤机），棉质过滤板（直径32mm），镊子。

（3）操作方法

①使用杂质度过滤机来完成。

②称取62.5g乳粉（测鲜乳时量取500mL），用已过滤的水（约500mL）充分调和，加热至60℃后，进行过滤，为加快过滤速度，可用真空泵抽滤。

③过滤后用水冲洗黏附在过滤板上的乳。然后用镊子取出过滤板置于烘箱中烘干，其上的杂质与标准板进行比较即可。

4. 乳粉灰分的测定

（1）原理　一定重量的乳粉在高温灰化时，去除了有机物质，保留了乳粉中原有的无机盐及少量有机物经燃烧后生成的无机物，样品质量发生改变，根据样品的失重，可计算总灰分含量。

（2）仪器　瓷坩埚（40mL容量），坩埚钳，干燥器，分析天平，马弗炉。

（3）操作方法

①将坩埚用水清洗后，再用1∶3硝酸盐酸混合液浸渍1h，洗去酸液，置马弗炉内灼烧约0.5h，取出移入干燥器内冷却20～30min，称重，再置于电炉内灼烧，冷却，称重直至恒重为止。

②称取约5g样品（精确到0.2mg）于已恒重的坩埚内，先置于电炉上进行初步烧炙，使其炭化。

③然后移入马弗炉内，逐渐升温至550℃左右，灼烧2～3h使其成为白灰，而后取出置于干燥器内冷却30min称重。

④再置于马弗炉内灼烧1h，取出冷却，称重，前后两次质量差不超过2mg。

⑤计算：

$$灰分含量 = \frac{m_2 - m_1}{m_1 - m} \times 100\%$$

式中 m——空坩埚质量，g；

m_1——坩埚加样品质量，g；

m_2——坩埚加样品灼烧后质量，g。

5. 乳粉酸度的测定

同原料乳验收。

6. 乳粉中脂肪的测定

（1）哥特里－罗紫法

①原理。利用氨－乙醇溶液，破坏乳的胶体性状及脂肪球膜，使非脂成分溶解于氨－乙醇溶液中而使脂肪游离出来，再用乙醚－石油醚提取脂肪，蒸馏去除溶剂后，残留物即为乳脂。

②试剂。浓氨水、95%乙醇、乙醚、石油醚（沸程：30～60℃）。

③仪器。抽脂瓶（见图8－3，也可用100mL具塞刻度量筒代替），50mL烧杯，玻璃棒，脂肪烧瓶（最好用索氏抽脂器上的脂肪烧瓶，也可用直径为9cm左右的玻璃蒸发皿代替）。

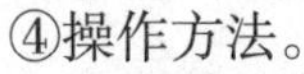

④操作方法。

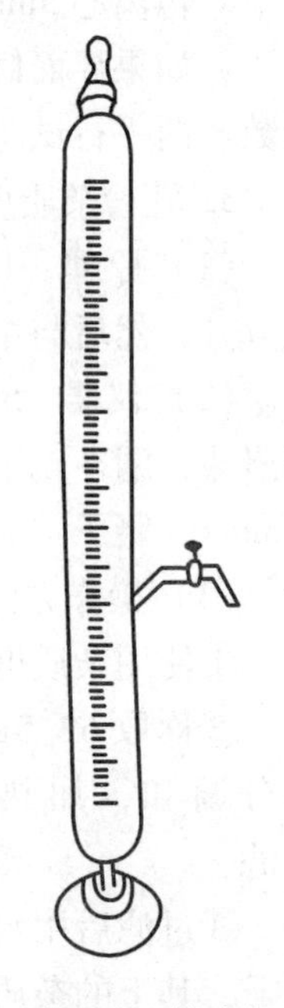

图8－3 抽脂瓶

a. 吸取1g样品（精确至0.2mg）于50mL烧杯中，用10mL温水（60℃左右）分数次溶解并洗入抽脂瓶中。

b. 加入1.25mL浓氨水，充分混匀后，置60～70℃水浴中加热5min，取出。

c. 摇动2min，加入10mL 95%乙醇，充分摇匀后，用冷水冷却。

d. 用量筒加入25mL乙醚，上下振摇0.5min，再加入25mL石油醚，再振摇0.5min，静置30min，待上层液体澄清后，读取醚层总体积。

e. 用25mL移液管吸取25mL醚层液体至已知重量的脂肪烧瓶（预先用水、乙醇和乙醚依次洗净后，于100℃干燥箱中干燥30min，取出，冷却后称重备用）或放入已恒重的玻璃蒸发皿中，记录放出的醚层的体积。

f. 置沸水浴上挥干醚类物质（在通风橱内操作），于98～100℃烘箱中干燥1h，取出于干燥器中冷却25～30min，称重。再置烘箱中干燥40min，再冷却称重后，前后两次质量差不超过2mg，即恒重。

g. 计算：

$$X = \frac{m_2 - m_1}{m \times \frac{25}{V_0}} \times 100\%$$

式中 X——样品中脂肪的含量,%;

m_1——烧瓶质量（或蒸发皿质量），g;

m_2——烧瓶（或蒸发皿）加脂肪的质量，g;

m——样品质量，g;

V_0——读取醚层总体积，mL。

（2）盖勃氏法 同原料乳验收。

7. 乳粉中蛋白质的测定

同成品检验。

8. 乳粉乳糖和蔗糖的测定

同成品检验。

三、思考题

（1）乳粉的质量指标包括哪几项？具体内容包括哪些？如何确定乳粉质量的好坏？

（2）在选购乳粉时应注意哪些问题？

实训项目四 冰淇淋品质评价

一、实训目的

熟悉冰淇淋的品质鉴定方法，掌握冰淇淋质量控制和提高方法。

二、实训材料、试剂与设备

1. 材料

矿泉水、冰淇淋。

2. 试剂

氨水、乙醇、乙醚、石油醚、氯化钠、碘化钾、海砂。

3. 设备

分析天平（精确度为0.0001g）、具塞脂肪抽提器、平底烧瓶、鼓风干燥箱、电热恒温水浴锅、干燥器、称量皿、量器、容量瓶、滴定管、漏斗、薄刀。

注：哥特里－罗紫法、盖勃氏法都是测定乳脂肪的标准分析方法，根据对比研究表明，哥特里－罗紫法准确度较高，但测定操作较麻烦，出结果的速度较慢；盖勃氏法的准确度相对低一些，但测定速度较快。

三、实训步骤

（一）冰淇淋的感官评定

1. 感官标准

冰淇淋的感官标准见表8－5。

表8－5 冰淇淋的感官标准

项目	要求
色泽	色泽均匀，符合该产品应有的色泽
形态	形态完整，大小一致，无变形、无软塌、无收缩，涂层无破损
组织	细腻滑润，无凝粒及明显粗糙的冰晶，无气孔
滋味气味	滋味协调，有乳脂或植脂香味，香气纯正。具有该品种应有的滋味、气味，无异味
杂质	无肉眼可见的杂质

2. 评价过程

按照感官鉴定的要求，要主要先检查包装和外形，再检查其他各项。在开始品评样品前，现用清水漱口，而后品尝；品尝下一个样品前需用清水漱口。

（二）冰淇淋中脂肪含量的测定

（1）称取0.3～0.6g样品于抽提器中，加入20g/L氯化钠溶液2mL，并小心混匀，然后加入1.5mL 25%（质量分数）的氨水，混匀。将抽提器置于(65±5)℃水浴中，加温15min，取出后，迅速冷却至室温。加10mL 94%～97%（体积分数）乙醇于抽提器中充分混合，乳出现结块，必须重新测定。

（2）抽提器中加入25mL乙醚，用水浸湿过的塞子塞好抽提器，倒置振摇1min，必要时以水流冷却，然后取下塞子加入25mL石油醚，用最初几毫升石油醚冲洗盖子和抽提器颈部内壁，使其流入抽提器中。重新用水浸湿过的塞子塞好抽提器，然后反复倒置用力振摇匀1min，再使抽提器静置，至上层液体澄清并明显分层为止（60～100min）。

（3）取下塞子，用少量乙醚－石油醚的混合液冲洗盖子和抽提器颈部内壁，使冲洗液流入抽提器中，然后用倾注法小心地尽可能多地将上层清液移入干燥的平底烧瓶（在鼓风干燥箱中，102℃±2℃干燥30～60min，取出后放置在干燥器内，冷却至室温，然后称量，重复干燥，直至恒重）中，再用少量混合液冲洗抽提器颈部的内壁和口部，使口部的冲洗液流入烧瓶中，而内壁的冲洗液流入抽提器中。

（4）重复（2）和（3）（包括冲洗）所述的操作过程，进行第二次抽提，但使用10mL乙醚和10mL石油醚。

（5）用第二次抽提所用的方法进行第三次抽提，但省掉最后的冲洗。

（6）平底烧瓶置于45～50℃水浴中蒸发或回收溶剂约20min，然后将水浴温度逐步加至80℃，尽可能地蒸发掉溶剂（包括乙醇）。当不再有溶剂气味时，将平底烧瓶置于（102±2）℃鼓风干燥箱中加热1h，将平底烧瓶放置在干燥器内，冷却至室温，然后称量，重复此加热操作，加热时间为30min，冷却并称重，直至恒重。以10mL蒸馏水代替样品做空白实验。

（7）计算公式

$$X = \frac{(m_1 - m_2) - (m_3 - m_4)}{m_0} \times 100\%$$

式中 X——样品中脂肪的含量，%；

m_0——样品的质量，g；

m_1——加热恒重后的烧瓶加脂肪的质量，g；

m_2——用于试验部分的加热恒重的烧瓶质量，g；

m_3——加热恒重后的烧瓶加空白试验的质量，g；

m_4——用于空白试验的加热恒重后的烧瓶质量，g。

平行测定的结果用算术平均值表示，所得结果应保持至一位小数。

（三）冰淇淋中总固形物的测定

1. 称量皿和海砂干燥

称取10g制备好的海砂，玻璃棒放入称量皿。将装有海砂、玻璃棒的皿、皿盖放入温度控制在102℃±2℃的干燥箱内，加热1h后加盖取出，移入干燥器内冷却至室温，然后称重，精确到0.001g，重复干燥直至恒重。

2. 试样的称取

取1中称量皿称取试样5g，精确至0.001g。用玻璃棒将海砂和试验混匀，并将玻璃棒放入称量皿内。

3. 试样的烘干

将盛有试样、玻璃棒的称量皿置于102℃±2℃的干燥箱内，（皿盖）斜放在皿边，加热约2.5h，加盖取出。置于干燥器冷却0.5h，称量。重复加热0.5h，直至连续两次称量不超过0.002g，即为恒重，以最小称量为准。

$$X = \frac{m_2 - m}{m_1 - m} \times 100\%$$

式中 X——试样中总固形物的含量，%；

m——海砂，称量皿、皿盖和玻璃棒的质量，g；

m_1——海砂、试样、称量皿、皿盖和玻璃棒的质量，g；

m_2——烘干后称量皿、海砂、残留物、皿盖和玻璃棒的质量，g。

（四）冰淇淋中总糖的测定

1. 碱性酒石酸铜的标定

（1）葡萄糖标准溶液 称取1g（准确至0.0001g）经过干燥至恒重的纯葡

萄糖，加水溶解后，再加入5mL盐酸，并以水稀释至1000mL，注入滴定管中备用。

（2）预测　准备吸取5mL碱性酒石酸铜甲液和5mL乙液，于250mL锥形瓶中，加入10mL水，再加2粒玻璃珠，置于电炉上，在2min内加热沸腾，趁热以先快后慢的速度从滴定管中滴加葡萄糖标准溶液并保持溶液沸腾，待溶液颜色变浅时，以每秒1滴的速度滴定，直至溶液颜色刚好褪去为终点，记录消耗试样转化液的体积。同时做三个平行试验。

（3）标定　准确吸取5mL碱性酒石酸铜甲液和5mL乙液，于250mL锥形瓶中，加入10mL水，再加2粒玻璃珠，置于电炉上，在2min内加热沸腾，从滴定管中滴加比预测少1mL的葡萄糖标准溶液，趁热以先快后慢的速度从滴定管中低价葡萄糖标准溶液并保持溶液沸腾，待溶液颜色变浅时，以每秒1滴的速度滴定，直至溶液颜色刚好褪去为终点，记录消耗试样转化液的体积。同时做三个平行试验。

2. 样品的测定

（1）滤液制备　称取约3g试样于250mL容量瓶中，加入150mL水，再加入5mL乙酸锌溶液及5mL亚铁氰化钾溶液，加水至刻度，混匀，静置30min，用干燥纸过滤，弃去初滤液，滤液备用。

（2）转化　吸取50mL滤液于100mL容量瓶中，加5mL盐酸在70℃水浴中加热15min，取出，冷却至室温后，加入2滴甲基红指示剂，用氢氧化钠中和至中性，加水至刻度，即为试样转化液。

（3）预测　准备吸取5mL碱性酒石酸铜甲液和5mL乙液，于250mL锥形瓶中，加入10mL水，再加2粒玻璃珠，置于电炉上，在2min内加热沸腾，趁热以先快后慢的速度从滴定管中滴加试样转化液并保持溶液沸腾，待溶液颜色变浅时，以每秒1滴的速度滴定，直至溶液颜色刚好褪去为终点，记录消耗试样转化液的体积。同时做三个平行试验。

（4）标定　准确吸取5mL碱性酒石酸铜甲液和5mL乙液，于250mL锥形瓶中，加入10mL水，再加2粒玻璃珠，置于电炉上，在2min内加热沸腾，从滴定管中滴加比预测少1mL的试样转化液，趁热以先快后慢的速度从滴定管中滴加葡萄糖标准溶液并保持溶液沸腾，待溶液颜色变浅时，以每秒1滴的速度滴定，直至溶液颜色刚好褪去为终点，记录消耗试样转化液的体积。同时做三个平行试验。

（五）冰淇淋膨胀率的测定

1. 试料量取

先将量器及薄刀放在电冰箱中预冷至 -18℃，然后将预冷的量器迅速平稳地按入冰淇淋样品的中央部位，使冰淇淋充满量器，用薄刀切平两头，并除去取样器外黏附的冰淇淋。

2. 测定

（1）将取样器内容物放入插在250mL容量瓶中的玻璃漏斗中，另外用200mL容量瓶准确量取200mL蒸馏水，分数次缓慢地加入漏斗中，使试样全部移入容量瓶中。然后将容量瓶放在（45±5）℃的水浴器中保温，待泡沫基本消除后，冷却至与加入的蒸馏水相同的温度。

（2）用单标移液管吸取2mL乙醚，迅速注入容量瓶内，去除溶液中剩余的泡沫，用滴定管加蒸馏水，至容量瓶刻度为止，记录滴加蒸馏水的体积。

（3）计算公式

$$X = \frac{V_1 + V_2}{V - (V_1 + V_2)} \times 100$$

式中　X——样品的膨胀率，%；

V——取样器的体积，mL；

V_1——加入乙醚的体积，mL；

V_2——加入蒸馏水的体积，mL。

平行测定的结果用算术平均值表示，所得结果应保持至一位数。

（六）菌落总数的检测

按标准规定，冰淇淋中的菌落总数小于等于30000cfu/mL。

1. 平板计数琼脂培养基的制备

（1）成分　胰蛋白胨5.0g；酵母浸膏2.5g；葡萄糖1.0g；琼脂15.0g；蒸馏水1000mL；pH7.0左右。

（2）制法　将上述成分加于蒸馏水中，煮沸溶解，调节pH。分装锥形瓶250mL，121℃高压灭菌15min。

2. 无菌生理盐水的制备

（1）成分　氯化钠8.5g，蒸馏水1000mL。

（2）制法　称取8.5g氯化钠溶于1000mL蒸馏水中，分装至250mL，121℃高压灭菌15min。

3. 样品处理

取10mL乳注入90mL无菌生理盐水，制成1∶10稀释液；再吸取1∶10稀释液1mL，注入9mL生理盐水，制成1∶100稀释液；再取1∶100稀释液1mL加9mL生理盐水，制成1∶1000稀释液。同时，分别制取同一稀释度的空白稀释液。

每递增稀释一次，换用1次1mL无菌吸管或吸头。

4. 倒皿

取1∶100和1∶1000这2个稀释度，每个稀释度作2个平皿，每个平皿抽取1mL样液，倒入已冷却至46℃的15mL培养基，混匀。同时，分别吸取1mL同一稀释度的空白稀释液到平皿中，同样倒入15mL培养基作空白对照。

5. 培养

置于37℃恒温培养箱中培养24h。

6. 计数

取出，数菌落，根据标准报告菌落数。

（七）大肠杆菌的检测

大肠杆菌总数小于等于450cfu/mL，具体方法参考GB/T 4789.3—2010。

（八）致病菌的检测

致病菌不得检出，具体方法参考GB/T 4789.4—2010，GB/T 4789.5—2012，GB/T 4789.10—2010。

项目九 乳制品库管、物流与营销

学习目标

1. 了解乳制品不同成品管理技术控制点的区别。
2. 掌握库存盘点的流程。
3. 掌握巴氏杀菌乳冷链物流的渠道和策略。
4. 能够根据乳制品的消费特点选择适宜的营销渠道。
5. 能够根据乳制品市场竞争的对象选择适宜的促销手段。

学习任务描述

作为库管员，负责公司所有物料的收发管理工作；清点库存数量，收发货物；编制仓库报表，做好产品盘点工作；及时调整仓位，确保产品先进先出。

作为乳制品物流管理者，根据客户订单，确定配送方案，并监督实施，包括：提货、送货、发货等；跟踪发运货物在途状态及实际抵达时间，确认相关收货情况并及时反馈相关信息；控制物流配送成本；负责处理物流配送过程中的各类问题及纠纷；管理配送车辆，包括：调度、保养、维修等。

作为乳制品营销人员，能在上级的领导和监督下定期完成量化的工作要求，并能独立处理和解决所负责的任务，其隶属销售部经理；开发客户资源，寻找潜在客户，完成销售目标；签订销售合同，指导、协调、审核与销售服务有关的账目和记录，协调运输等事务；解决客户就销售和服务提出的投诉；从销售和客户需求的角度出发，能对产品的研发提供指导性建议。

关键技能点：库存盘点、配送方案制订、乳制品营销方案制订。

对应工种：库管员、业务员。

拓展项目：乳制品的促销方案制订。

案例分析

某大型连锁超市乳制品区，其冷藏柜里摆满了各种品牌的酸乳。冷藏柜的温度显示为1℃，但在离冷藏柜2m之外的地方，几个促销台被并列摆放在一起，有些品牌的牛乳堆放在桌子上，促销员用小杯子装上酸乳，热情地招呼大家品尝。仔细看着这种红枣酸乳，包装上清楚地写着2~6℃保存，于是询问促销员酸乳摆在外面是否会变质。促销员不以为然地说："当然不会。"此促销员表示，包装上写的2~6℃是说酸乳在2~6℃能保存21d，但酸乳也可以不冷藏，只是在常温下放的天数短一点而已。而且这是当天新到的货，要是担心变质，可以选择冷藏柜里的。而当追问为什么有的放在冷柜里而有的放在外面时，售货员说，里面放不下了，放在外面为了促销方便，晚上他们就把放在外面的酸乳放回去。

问 题

1. 贮藏条件对质量有何影响?
2. 冷藏库管理技术有何要求?
3. 成品库管理技术有何要求?
4. 产品移库或出库注意事项有哪些?

6月20日早晨5点30分，一弯月牙还挂在天边，只有启明星孤寂地陪伴着，人们还沉睡在梦中，而送奶员付子英已经来到金昌居家乳业公司的储奶室。她快速地拿出奶箱和奶包，再挂到自行车上，然后骑车到金建里社区送奶去了。付子英有150多个订奶户，总共要送400多袋奶，一个下午没有办法送完，只好把40多户的奶放到第二天早晨再送。到了目的地，付子英停好自行车，熟练地拿出鲜乳和酸乳，迅速向楼上爬去，再打开奶箱，把奶放进去。她说，真正意义上的上班是从下午才开始的，早晨送奶仅仅是个小插曲。下午2点30分，天气火辣辣的热，10多名着装整齐的送奶员齐聚公司院内，等着值班的送奶员把奶领出来。奶被领出来后，她们拿过放奶的大箱子，一边清点数量，一边检查种类和质量，看种类是否齐全，鲜乳和酸乳袋是否有破损，再用双手轻轻一捏，放到自己的奶箱中。3点10分，送奶员们才装好各自的奶箱和奶包。自行车后座的两边挂着奶箱，后座上架着高高的奶包，前把的两边也挂着奶包，直到下午7点30分，付子英才送完了奶。

问 题

1. 不同品种乳制品的特点对其流通有何影响?

2. 冷链物流在乳业中如何应用?
3. 巴氏杀菌乳产品冷链运输技术有何要求?
4. 简述巴氏杀菌乳产品在冷链中的接收和存放。

进口乳粉已成为香饽饽，国内乳企重新洗牌。据海关统计，仅2011年1~3月，中国进口乳粉16.43万t，同比增加45.99%，进口额5.70亿美元，同比增加67.71%；进口平均价格为3468.35美元/t，同比上涨14.87%。目前乳粉市场洋乳粉的销量已经占到市场总销量的七成左右，进口乳粉再次提价10%左右，桶装进口乳粉均价已超过了200元。为扭转这一局面，国家质检总局要求现行所有乳企都要重新申请生产许可证，如黑龙江省138家乳企仅有75家获得准入，约有半数乳企退市。

问 题

1. 乳制品消费特点是什么?
2. 乳制品的消费趋势是什么?
3. 试述乳品的营销渠道。
4. 试述乳品的营销策略。

任务一 乳制品仓储管理

一、乳制品仓储管理的工作内容

（1）负责库房材料、工具、设备的发放、使用管理工作及出入库登记手续。

（2）负责公司采购进场物资的数量清点、验收、入库工作。

（3）库房物资定期进行盘点、核实。做到账、物清楚、准确、不弄虚作假，工具、材料必须日清月结。

（4）对领料单进行核实后发放领用物品、材料，及时登记上账。

（5）对库中存放物品进行分类码放、建立物品标识以便查找。

（6）保存好相关票据，做好出入库记录、库存账目。

（7）做好库房的消防、安全工作。发现问题及时汇报办公室。

（8）熟悉材料性能、用途及保管办法，必须十分熟练地掌握库房材料、工具情况，及时补充库存购入施工材料。

（9）盘点库存，及时上报所需材料，在不影响生产的情况下降低库存量。

（10）认真做好防鼠、防蟑螂、防虫、防蝇等卫生工作。

二、库存概念和类型

库存是指处于贮存状态的物品。通俗地说，库存是指商品流通企业在生产经营过程中为现在和将来的耗用或者销售而储备的商品。广义的库存还包括处于制造加工状态和运输状态的物品。

库存的类型：

（1）按在社会再生产过程中所处的领域不同可将库存分为：生产库存、流通库存和国家储备。

其中，国家储备是流通库存的一种形式。

（2）按用途不同可将库存分为：原材料库存、在制品库存、维护/维修/作业用品库存、包装物和低值易耗品库存、产成品库存。

（3）按所处状态不同可将库存分为：周期库存、在途库存、安全或缓冲库存、战略库存、呆滞库存。

三、贮藏条件对质量的影响

1. 温度

乳及乳制品若在贮藏时温度过高不仅会加速一些成分的氧化变质，还会加速微生物的生长繁殖，因此在进行乳及乳制品贮藏时要掌握好所需的温度。消毒牛乳和硬质干酪的贮藏温度为2～10℃，酸牛乳的贮藏温度为2～8℃；乳粉和炼乳的贮藏温度在20℃以下；奶油的贮藏温度在－15℃以下。

2. 时间

乳及乳制品贮藏时间过长就容易发生质量的改变。因此乳及乳制品在销售时要注意贮新售旧，超过保存期的不得出售。消毒牛乳保存期为24h；酸牛乳的保存期为72h；全脂无糖炼乳保存期为1年，罐装的全脂加糖炼乳保存期为9个月，瓶装者为3个月；奶油在－15℃以下冷藏保存期为6个月，4～6℃存放时间不得超过7天；乳粉用罐装密封充氮包装时保存期为2年，罐装非充氮包装的保存期为1年，玻璃瓶装保存期为9个月，塑料袋装保存期为4个月。

3. 湿度

对于固体、半固体的乳制品，其贮藏环境湿度不能过大，因为这些乳制品受潮后易使微生物繁殖生长或发生结块现象等。如炼乳、乳粉的贮藏环境应通风良好，保持干燥。硬质干酪要求贮藏在相对湿度为80%～85%的环境里。

4. 光线

光线照射可加速乳及乳制品中一些成分的变质，如脂肪、维生素等的氧化。因此乳制品在加工、运输、贮藏、销售等过程中均应尽量避免光线照射。

四、冷藏库管理技术要求

1. 巴氏杀菌乳成品的冷藏温度

按不同保质期要求规定如下：

保质期为5～10d的，冷藏在7℃以下、冻结点以上的工厂成品库内；保质期为5d以下的，冷藏在10℃以下、冻结点以上的工厂成品库内。

2. 酸乳的冷却、后熟和贮藏技术

将灌装好的酸乳于冷库中0～7℃冷藏24h进行后熟，进一步促进芳香物质的产生和改善黏稠度。实验结果表明，贮藏早期市售发酵酸乳中乳酸菌含量较高，达10^9～10^{10}cfu/mL。贮藏8d后，由于酸乳中pH已降到较低水平，酸度较高，抑制了乳酸菌的生长，并导致部分死亡，因此菌落数明显下降。4℃贮藏条件下，酸乳中乳酸菌的数量在4～5d达到高峰，至第8天后数量明显减少且伴有轻微感官变化，所以新鲜酸乳出厂后冰箱保存一周内饮用最为合适。室温下在第3天酸乳中的乳酸菌数量明显下降，且物理状态发生改变，产生刺鼻酸味，所以最好在两天内饮用完。

3. 干酪的发酵成熟和贮藏

盐渍后的干酪，在一定温度和湿度下存放经发酵成熟，才能具有独特风味，组织状态细腻均匀。干酪发酵成熟要求的贮存温度为10～15℃，相对湿度为65%～80%，软质干酪高达90%。一般成熟时间为1～4个月，而硬质干酪长达6～8个月；降低成熟温度，会延长所需要的成熟时间，但产品风味较好。

成熟后的干酪经上色挂蜡，用塑料薄膜包装，再装入纸盒或铝箔中即为成品，在5℃及相对湿度80%～90%的条件下贮存。

4. 冰淇淋的贮存

冰淇淋销售前应贮藏在低温冷藏库中。一般情况下，软质冰淇淋在-15～-10℃下贮藏；硬质冰淇淋在-18℃条件下贮藏。贮藏中库温切忌忽高忽低，否则，冰淇淋中的冰溶化后再结晶，会使冰淇淋的质地变粗糙。

五、成品库管理技术要求

（1）存放在成品库内的产品一律为合格品，严禁堆放不合格产品。合格成品应按品种、批次分类存放，并有明显标志。成品库不得贮存其他有毒、有害物品或其他易腐、易燃品以及可能引起串味的物品。

（2）堆放在成品库内的产品，须距离墙壁20cm以上，以利于空气流通及产品的搬运。产品严禁直接堆放于地面，防止交叉污染。

（3）产品搭配应在成品库内进行，既为出库作前期准备，也能有效维持产品的冷藏温度，保证产品质量。

（4）成品库应定期进行清洗消毒，做好清洗消毒记录。清洗消毒的方法必须安全、卫生，防止人体和食品受到污染。使用的消毒剂必须经卫生行政部门批准。

（5）成品库应有温度计、温度测定器或温度自动记录仪。成品库的温度应作为乳品加工过程中的质量控制点，派专人定时进行检查、记录。偏离时及时纠正并对该时段内生产的产品重新进行检查确认。

（6）成品冷藏库中的温度计（表）应按计量器具要求定期进行检定。

六、产品移库或出库

（1）移库或出库产品的中心温度，按不同保质期要求规定如下：保质期为5～10d的，在7℃以下，冻结点以上；保质期为5d以下的，在10℃以下，冻结点以上。

（2）当室外温度≥25℃时，产品一次移库或出库到装车完毕的时间，不宜超过30min；当室外温度≤25℃时，产品一次移库或出库到装车完毕的时间，不宜超过1h。

（3）企业应建立移库单（列明移库时间、移库地点、移库品种、移库数量、产品温度和包装检查情况、执行人等）和出库单（列明出库时间、出库品种、出库数量、产品温度和包装检查情况、执行人等），承运者应随车携带。

（4）移库中所涉及的中转成品库应到上海奶业行业协会备案，以备查核。中转成品库的技术条件和操作要求，同四（二）中的产品冷藏。

（5）在运输工具为冷藏车，且冷藏车性能良好，产品出库温度也达标的情况下，建议产品出库时间为生产当日20点以后。

（6）当运输工具为保温车时，产品出库时间应根据不同季节的室外温度而定：当室外温度≤25℃时，建议产品出库时间为生产当日20点以后；当室外温度为≥25℃时，建议产品出库时间为生产当日22点以后。

七、产品盘点

（一）盘点的定义

所谓盘点，是指定期或临时对库存商品的实际数量进行清查、清点的作业，即为了掌握货物的流动情况（入库、在库、出库的流动状况），对仓库现有物品的实际数量与保管账上记录的数量进行核对，以便准确地掌握库存数量。

盘点方式通常有两种：一种是定期盘点，即仓库的全面盘点，是指在一定时间内，一般是每季度、每半年或年终财务结算前进行一次全面的盘点。由货主派人会同仓库保管员、商品会计一起进行盘点对账；另一种是临时盘点，即当仓库发生货物损失事故，或保管员更换，或仓库与货主认为有必要盘点对账时，组织一次局部或全面的盘点。

盘点主要包括以下几个方面：

（1）数量盘点。

（2）重量盘点。

（3）货与账核对。

（4）账与账核对。

（二）盘点内容

1. 货物数量

通过点数计数查明商品在库的实际数量，核对库存账面资料与实际库存数量是否一致。

2. 货物质量

检查在库商品质量有无变化，有无超过有效期和保质期，有无长期积压等现象，必要时还必须对商品进行技术检验。

3. 保管条件

检查保管条件是否与各种商品的保管要求相符合。如堆码是否合理稳固，库内温度是否符合要求，各类计量器具是否准确等。

4. 库存安全状况

检查各种安全措施和消防、器材是否符合安全要求，建筑物和设备是否处于安全状态。

（三）盘点目的

店铺在营运过程中存在各种损耗，有的损耗是可以看见和控制的，但有的损耗则是难以统计和计算的，如偷盗、账面错误等。因此需要通过年度盘点来得知店铺的盈亏状况。

通过盘点，一来可以控制存货，以指导日常经营业务；二来能够及时掌握损益情况，以便准确地把握经营绩效，并尽早采取防漏措施。

（四）盘点方式

盘点工作在制造型或流通型企业里随处可见，因为料账合一是企业进行管理工作的最基本条件。依照进行的目的及方式不同，盘点方式可分为以下几种：

1. 抽样盘点

由审查单位或其他管理单位所发起的突击性质的盘点，目的在于对仓储管理单位是否落实管理工作进行审核。抽样盘点可针对仓库、料件属性、仓库管理员等不同方向进行。

2. 临时盘点

因为特定目的对特定料件进行的盘点等。

3. 年终（中）盘点

定期举行大规模、全面性的盘点工作，根据相关的规定，一般企业每年年终应该实施全面的盘点，部分上市公司在年中还要实施一次全面的盘点。

4. 循环盘点

采用信息化管理的企业，为了确保料账随时一致，将料件依照重要性区分成不同等级后，赋予其不同循环盘点码，再运用信息工具进行周期性的循环盘点。

（五）仓库盘点流程

1. 盘点准备

仓库主管将还未有自编码的存货通知支援中心进行补编编码，并通知有关部门填制相关单据处理账外物资。

营销部通知厂家和客户在盘点期间停止送收货品。财务部将盘点日前已经审核生效的单据记账。

仓库主管组织仓库人员对货品进行分区摆放，存货以产品区、辅料区、产品待检区、次品区、台面辅料区、样板乳制品区进行分区，分成六大区域并分别得出存货实存情况。

2. 盘点进行

仓库主管组织仓库人员初盘存货，存货六大区域各指派 1 人担任组长，2 人配合。以盘点表记录初盘结果。仓库主管连同另外 4 名员工组成复盘小组，对初盘结果进行复盘，出现差异的仓库自查原因。

仓库主管将初盘数据输入电脑，将盘点单（表 9－1）打印出来提供给财务部，财务部组织公司人员组成抽盘小组，以 2 人为 1 组对各大区域进行抽盘工作。抽盘人员从实物中抽取 20% 复核初盘资料，从初盘资料中抽取 30% 对实物进行抽盘。抽盘量要求占总库存的 50%。发现差异的由仓库主管重新盘点更正初盘资料。差错率高于 1%，仓库主管对该区域货品进行重新全盘。经复盘通过的盘点单由财务部审核，并打印一式二份，分别由仓库主管、财务主管签字，各持 1 份。

表 9－1　　存货盘点单

盘点区号　　　　盘点日期　　年　　月　　日

组别

<table>
<tr><td colspan="2" rowspan="4">□原料
□在制品
□废料
□成品</td><td>编号</td></tr>
<tr><td>品名</td></tr>
<tr><td>规格</td></tr>
<tr><td>单位</td></tr>
<tr><td colspan="3">盘点时本物位置：</td></tr>
<tr><td>盘点数量：</td><td colspan="2">更正：</td></tr>
<tr><td colspan="2">存货状况
□良料
□呆料
□废料
□其他</td><td>备注</td></tr>
<tr><td>复核员</td><td>记录员</td><td>盘点员</td></tr>
<tr><td></td><td></td><td></td></tr>
<tr><td></td><td></td><td></td></tr>
</table>

第一联：会计科
第二联：主管物资科
第三联：贴于物资存放位置

注：本单应事先编号，以利控制。

3. 盘点后期工作

仓库主管将已审核的盘点单导出为进、出仓单，电脑自动生成盘盈单和盘亏单。仓库主管查找盘盈、盘亏的原因，并将库存盘点汇总表和差异原因查找报告交财务主管复核上交总经理审批后，财务部据审批结果审核盘盈单和盘亏单调整库存账。

4. 盘点其他规定

盘点工作规定每月进行一次，时间为月末最后2d。头天晚上8时开始至次日中午完成初盘和复盘工作，下午进行抽盘工作。

参加盘点工作的人员必须认真负责，货品磅码、单位必须规范统一；名称、货号、规格必须明确；数量一定要是实物数量，真实准确；绝对不允许重盘和漏盘。由于人为过失造成盘点数据不真实，责任人要负过失责任。

对于盘点结果发现属于实物责任人不按货品要求收发及保管财物造成损失的，实物责任人要承担经济赔偿责任。

仓库人员要求依“预盘明细表”“点”出应有数量，同时依新储位整顿存置定位，挂上盘点单，记录预盘有关字段，并把预盘结果（包括盘盈，盘亏的差异）呈报盘点主持人。

任务二　乳制品物流管理

一、乳制品物流经理工作内容

（1）负责制定本辖区的物流发展规划。

（2）负责制定区部的管理制度和运作规范设计、推行及改进区部物流管理制度及作业流程。

（3）负责区部日常物流运作的组织和调配，完善物流基础性管理工作。

（4）根据区部的经营情况和物流市场形势，组织编制年度区部财务预算并监督、审核本区费用成本。

（5）管理、培训下属，提高员工的工作绩效，提高劳动生产率。

（6）协调与其他事业部的合作关系，与之建立和谐的关系。

（7）保障物流运作安全，建立事故防范措施和危机紧急处理预案。

（8）根据事业部客户服务有关规定，建立客户服务档案，完善客户投诉处理程序，建立不定期客户拜访制度。

二、流通方式与流通渠道

流通渠道可以分为传统通路和现代通路两种。传统通路包括食品店和售货亭；现代通路则覆盖了大卖场、超市、小型超市和便利店。在超市出现之前，中国的乳制品市场（以液态奶为主）被分割成为各个相对独立的、以城市乳品企业为核心的地方市场。超市作为一种全新的零售业态，不仅能够兼容各种符合销售要求的乳制品品牌，还可以同时销售若干厂家的产品，打破了地方乳品企业对当地市场的垄断。

北京市作为大都市，现代通路占的比例超过60%。在超市成为主导业态的情况下，北京市场上的蒙牛和伊利的UHT乳大约占70%以上。酸乳的销售绝大多数是靠现代通路来实现的，因为传统通路很多没有冷藏设备，而酸乳的运输和储存必须要有冷链的支持。

三、乳制品的一般流通特征

乳制品与一般的农产品有很大的差别，在流通中表现为保鲜期短、供给滞后期长、生产分散、流通广阔、产品同质化程度高以及需求弹性大等特点。

1. 保鲜期短

生乳的营养价格很高，有利于增强人体营养和健康。但是，生乳本身含有一定数量的微生物，因此易腐败变质、不耐贮藏。在乳制品生产中，生乳要尽快灭菌加工。如果没能及时加工生乳，并且温度没有迅速下降到4℃，不良微生物就会快速繁殖，最终导致乳制品变质。巴氏杀菌乳是保质期最短的乳制品，由于其采用的是低温长时间杀菌，微生物杀灭不彻底，因此，在流通和销售过程中需要冷藏。此外，除了超高温灭菌的乳制品及乳粉外，其他种类的乳制品在流通和销售过程中均需要冷藏。

2. 生产的分散性与流通的广阔性

目前，我国生产乳制品所需的原料乳大部分来自分散的农村，并且还有相当大的一部分是由分散的小规模养殖户提供。乳制品的消费群体则主要分布在全国各城镇，而作为城镇居民日常生活消费品的乳制品，又必须常年不间断地供应，由此决定了乳制品的流通具有地域的广阔性。

3. 产品同质化程度高

不同乳品企业加工生产的乳制品的内在品质差异较小，而差异仅仅存在于外部包装的不同和消费者的品牌偏好。因此，大部分乳制品的同质性较高，产品替代性较强。

4. 需求弹性大

研究表明，城镇居民乳制品消费的收入弹性要显著大于一般食品消费的收入弹性。这说明随着国民收入的增加，我国国内消费需求市场存在着极大的空间，乳制品将逐渐成为居民的日常消费品。因而，乳制品受价格的影响极大，这也是乳制品企业在竞争中频繁展开价格战的原因之一。

四、不同品种乳制品的特点对其流通的影响

1. 巴氏杀菌乳

相对UHT乳而言，巴氏杀菌乳具有更新鲜、营养价值更高的优点，因此“新鲜”成为巴氏杀菌乳的最大优势。但巴氏杀菌乳的保质期一般只有几天，因

此要求配送及时、冷链配送，物流成本自然较高。由于受到保质期和冷链运输的制约，巴氏杀菌乳的销售范围有很大的局限性，一般都是当地生产，就近销售，在外界温度为25～32℃、冷藏车车厢温度设定为8℃的巴氏杀菌乳冷藏配送期间，由于车厢内各个部位乳温不同，造成车厢最内部牛乳的品质变化快于车厢门口和车厢中部的牛乳，因此配送时间以不超过12h为宜。

2. 酸乳

与巴氏杀菌乳相同，酸乳的保质期也相对较短，而且一定要冷链运输并且冷藏销售，一般也是就近销售。和巴氏杀菌乳相比，酸乳不仅具有巴氏杀菌乳的全部营养素，而且酸乳能使蛋白质结成细微的凝块；乳酸和钙结合生成的乳酸钙更容易被消化吸收；乳糖被降解，避免了乳糖不耐的发生，专家称它是“21世纪的食品”，是一种“功能独特的营养品”。正是由于酸乳的这些优点，酸乳市场逐年高速增长，发展潜力巨大，酸乳的流通也因此备受关注。

3. UHT乳

在灭菌过程中UHT乳的营养损失多于巴氏杀菌乳，但保质期比较长，且无需冷藏，因此运输成本较低，销售半径较大，甚至可以覆盖全国。UHT乳的出现，冲击了巴氏杀菌乳的市场。

4. 乳粉

乳粉的保质期在乳制品里是最长的，因此销售范围比较广，而且不需要冷链运输和冷藏。近年来，液态乳市场快速发展，影响到了乳粉的销量，并使乳粉行业竞争加剧，配方乳粉、婴幼儿乳粉逐渐成为竞争的焦点。

5. 冰淇淋

冰淇淋的保质期也比较长，一般可以达到几个月。冰淇淋的运输和储存需要低温，因此需要冷链运输和冷藏销售。

五、冷链物流的概念

1. 冷链和冷链物流概念

冷链是指易腐物品在加工制作、贮藏、运输、分配流通各个环节和过程中，始终处于规定的低温状态，以保证物品质量、减少物品损耗的一项系统工程。

冷链物流是随着科学技术的进步、制冷技术的发展而建立起来的，是以冷冻工艺学为基础，以制冷技术为手段，在低温条件下的物流现象，是需要特别装置，需要注意运送过程、时间掌控、运输形态、物流成本所占总成本比例非常高的特殊物流形式。产品最终质量取决于其在冷链中贮藏和流通的时间、温度和产品的耐藏性。由于冷藏食品在流通中因时间——温度的经历而引起的品质降低的累积性和不可逆性，对不同的产品品种和不同的品质，要求有相应的产品温度控制和贮藏时间。

2. 食品冷链的价值构成

食品冷链主要包括生产、加工、贮藏、运输、配送和销售等环节，最难控制的是配送和销售环节的温度变化。

巴氏杀菌乳、酸乳等乳制品需要冷藏运输及配送：包括冷藏食品中的中、长途运输及区域配送等。主要涉及铁路冷藏车、冷藏汽车、冷藏船、冷藏集装箱等低温运输工具。在冷藏运输过程中，温度的波动是引起食品质量下降的主要原因之一。因此，运输工具必须具有良好的性能，不但要保持规定的低温，更切忌大的温度波动，长距离运输尤其如此。

冷藏销售包括冷冻食品的批发及零售等，由生产厂家、批发商和零售商共同完成。早起，冷冻食品的销售主要由零售商的零售车及零售商店承担，近年来，城市中大量涌现的超市成为冷冻食品的主要销售渠道。

六、冷链物流在乳业中的应用

1. 冷链物流在乳业发展中所起的作用

乳业因其产品的时限性，对冷链物流有着较大的需求，同时对冷链服务水平的要求也较高。目前，冷链物流在乳业中的运用已经比较广泛，例如奶源运输和部分乳产品的流通都必须依托冷链物流技术。冷链物流对乳业的发展所起的作用可以概括为引领和保障，原因包括以下几个方面：一是所产的牛乳必须通过冷链运输才能安全抵达乳品厂进行工业化加工，不然，牛乳将全变质不能再加工；二是我国国土辽阔，奶源主产区远离牛乳消费市场，有了冷链物流才能连接和缩短产销两地的距离，牛乳入城的通道才能开启畅通；第三，牛乳是一种易腐食品，新鲜、口感和营养是牛乳的灵魂和精髓，新鲜牛乳、酸牛乳等产品如不将其处在低温下贮运或保存就会易变质；第四是酸牛乳、巴氏杀菌乳等这些保鲜乳品具有很强的市场消费拉动力。

2. 冷链物流在乳业发展中的具体运用

冷链物流在奶业中的运用，具体表现在如下几个方面：

（1）完成生鲜奶源的省际流通。冷链物流使得新鲜奶源得以从那些奶源重组省市往奶源不足地区的运送，从而保障奶源不足省市的乳制品生产，满足消费者需求。

（2）扩大酸牛乳的销售半径，实现产品的跨省销售。

（3）利用冷链对一些低温乳品实行送货上门服务。例如，在像广州、上海、北京、南京、天津等这些大城市，目前每天都有一支成千上万的牛乳派送队伍天天早晚将新鲜牛乳逐家挨户地送达家门。而这些最后一站的派奶工，他们送货的自行车也离不开存放牛乳的小保温箱，有人戏称此为单车牛乳冷链物流。

（4）冷链物流不仅可以接通家庭，还可连接商场。这一来为消费者提供了方便，二来为消费者提供了更多品种的消费选择。消费者可以随时随地按照自己的消费喜好来选购所需产品，实现乳制产品多元化消费。

七、巴氏杀菌乳产品冷链运输技术要求

（1）运输巴氏杀菌乳应采用冷藏车或保温车。

（2）在装车前，冷藏车司机负责将车厢进行预冷，直至车厢温度低于15℃以下，方可接货装车。车辆在运输过程中，产品中心温度不高于10℃。并同时做好运输途中的车厢温度记录。当发现制冷设备有异常，应停止使用，及时报修，保证在运输途中每辆冷藏车的制冷设备运转良好。

（3）冷藏车（保温车）应装设可正确指示车内温度的温度计、温度测定器或温度自动记录仪，记录车辆在运输途中的车厢温度。

（4）当室外温度≥25℃时，保温车内应有相应的降温措施，尽可能降低车厢内温度，确保产品冷链的不中断。

（5）在运输站点上，建议每辆运输车卸货站点应控制在40个以下，以减少开门次数，保存冷气（特别在高温时期）。

（6）在没有冷藏车的条件下，建议每辆运输车运输时间应控制在6h以内。

（7）每天运输结束，运输车应进行清洗消毒，保证车厢内、外清洁卫生。

八、巴氏杀菌乳产品冷链接收和存放

1. 商场或超市

（1）产品到达商场或超市的中心温度为10℃以下，冻结点以上。

（2）商场或超市应配置数量足够的冷藏库或冷风柜。如数量不足的，可安排多次配送，以确保产品接收后全部置于2～6℃的冷链下保存。

（3）冷藏库或冷风柜放置区域的墙壁、地面应当采用不透水、不吸潮、易冲洗的无毒、防霉材料建造。并有有效的防蚊蝇、防鼠、防尘、防腐、通风、照明等设施。

（4）商场或超市应派专人接收，并在1h以内将产品收入冷藏库或冷风柜，进行冷藏保存。销售产品顺序，应按“先进先出”的原则，且不得与非食品、有毒有害、易串味的物品混装混放，防止污染乳品。搬运、上柜、理货人员作业时应避免强烈振荡、撞击，轻拿轻放，防止损伤成品外形。已过期或有严重污垢、已变形或已漏包的产品，不得入库及上柜销售。

（5）直接与乳品内包装物接触人员，必须按照相关规定进行健康检查及食品卫生知识培训合格后，方可上岗。作业时手部应保持清洁，不得涂指甲油，不得喷洒香水，手接触脏物、上厕所、吸烟、用餐后，都必须洗手才能作业，防止污染乳品。

（6）商场或超市冷藏库、冷风柜温度应控制在2～6℃，冷风柜内外层温差

不应超过4℃。并作为质量控制点，商超应设专人定时检查记录，保证产品中心温度在8℃以下。

（7）商场或超市应建立冷藏库或冷风柜的操作规程和管理制度，定期清洗消毒，保持清洁卫生，定期维护保养，确保设备正常运行。其配备的温度测量仪器应按照计量器具检定要求定期鉴定，确保显示温度与实测温度相一致。既对生产厂家负责，也对消费者安全负责。

（8）商场或超市应配备安全卫生质量检测设施和专职质量员，并建立相应的检测工作规程和管理制度。对每批进货产品的内外包装、保质期、标识等进行抽检，检查不合格不得上柜。严禁在无冷藏条件下销售或促销巴氏杀菌乳。

（9）商场或超市在乳品销售区域应有明确的冷藏标识或冷链保护指示性标识，引导消费者正确采购、存放巴氏杀菌乳。或向消费者免费提供卖场内专用周转型购物冷藏袋（筐）和冷藏冰块，并向消费者积极宣传产品冷链常识，尽量缩短产品脱离冷链的时间。

2. 社区

（1）对于送奶上门的饮户，送奶小车应清洁卫生，具有保温条件，在高温期间有降温措施。送奶员保证产品在早上6:30以前送到饮户奶箱（有特殊要求的饮户除外）；对于零卖经销商，厂家应指导他们做好产品的保存工作。特别在夏季高温期间，应采取放置冰袋等有效的冷藏措施。

（2）饮户奶箱应安装在通风、阴凉处，由送奶员负责进行清洗消毒，保持奶箱整洁、卫生，避免交叉污染。

（3）在高温期间，生产厂家应采取各种有效措施向饮户及消费者宣传牛乳的冷藏保存常识，尽量避免不必要的投诉发生。

（4）对于社区经销商，生产厂家应督促他们加强送奶员工的卫生管理。

（5）对于零售商，企业应配合政府部门加强市场监督，杜绝一切不利于巴氏杀菌乳零售的因素产生，保证食品安全。

（6）对于订奶户，应在每天7点以前按时取奶、饮用，或立即放入冰箱内冷藏，尽量在当天饮完。

（7）对于进入商场或超市购买乳品的消费者，应尽量缩短购买巴氏杀菌乳后，在冷链外的停留时间；或将购买巴氏杀菌乳的顺序，放在购物的最后，以缩短冷链的中断时间。

（8）屋顶形包装的巴氏杀菌乳，因其保质期较长，消费者在购买后，应在保质期内尽量提前饮完。在启封后不能一次饮完的，也应在冷藏条件下两天内饮完。

任务三 乳制品营销

一、乳制品营销的工作内容

（1）销售人员职位，在上级的领导和监督下定期完成量化的工作要求，并能独立处理和解决所负责的任务，隶属销售部经理。

（2）开发客户资源，寻找潜在客户，完成销售目标。

（3）签订销售合同，指导、协调、审核与销售服务有关的账目和记录，协调运输等事务。

（4）解决客户就销售和服务提出的投诉。

（5）从销售和客户需求的角度，对产品的研发提供指导性建议。

二、乳制品消费特点

21 世纪以来，随着我国国民经济的不断发展，人民生活水平日益提高，家庭的膳食结构得到普遍改善，对乳制品的消费量呈明显上升趋势，但受“三聚氰胺”事件影响，2008 年后快速下降。但由于中西部地区经济不发达，人均收入低，习惯于传统食品等原因，鲜乳相对消费量偏低。目前西部除牧区自产自销以外，乳制品消费主要集中于大城市城镇居民。我国目前乳制品消费呈现如下特点：人均乳制品消费量很低。根据国家统计局数据分析，以“三聚氰胺”事件前2007 年数据分析，全国人均消费乳类 10. 56kg，城镇居民的人均消费达到17. 53kg，农村居民人均消费 3. 36kg。远远低于世界人均消费乳 92. 67kg、发达国家人均消费奶 310kg 水平。农村居民的乳制品消费趋势呈现绝对量较低，而增长速度较快。考虑到中国农村的巨大人口数量，只要能够有效地提高农村居民收入，中部地区未来的消费潜力很大（图 9－1）。

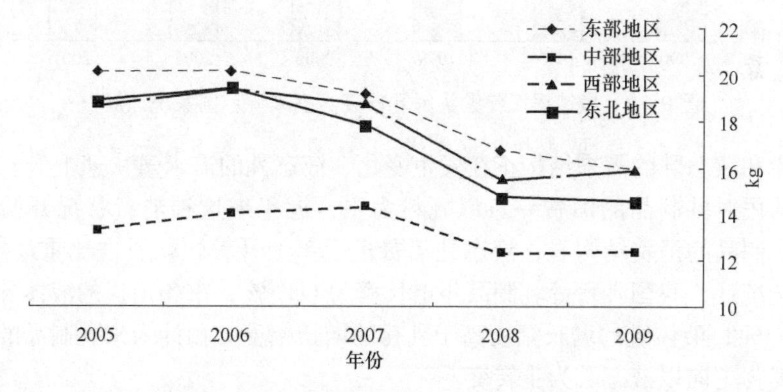

图 9－1 东、中、西部及东北地区城镇居民家庭平均每人全年购买的鲜奶数量变化

（数据来源：国家统计局 2006～2010 年）

我国乳类生产量由“十五”时期的1921万t到“十一五”期间的3639.6万t，增加了189%，但是目前乳制品消费结构比较单一，主要消费品种为液体乳、乳粉和酸乳，对于干酪、黄油和炼乳的消费量很少。这种现象一方面与人们的饮食习惯有关，另一方面是人们缺乏有关干酪、黄油和炼乳的知识。如果加以宣传和指导，对这些产品的消费需求就会显著增长。

三、乳制品消费现状

乳制品的消费群体逐年扩大，人们已将乳制品作为日常生活中的重要营养食品。过去由于人们收入较低，以及消费习惯的原因，乳制品被人们作为一种营养品，仅供一些特殊的人群使用，如婴儿、病人、体弱者。近年来．由于人们生活水平的提高和健康意识的增强，人们对乳制品消费的认识正发生改变，乳制品已由特殊的营养品转化为大众化的营养食品，城镇居民每人年购买量由1990年的4.63kg快速上升到2007年的17.75kg。

市场调查结果显示，近年来我国城市居民中使用乳制品的消费者人数逐年增加。1995年城市居民食用乳制品的普及率为36%左右，1998年为78%左右，目前城市居民食用乳制品的普及率已达95%以上。说明随着城市居民收入的增加和对乳制品消费观念的转变，越来越多的人已开始将乳制品作为日常生活中一种重要的营养食品（图9－2）。

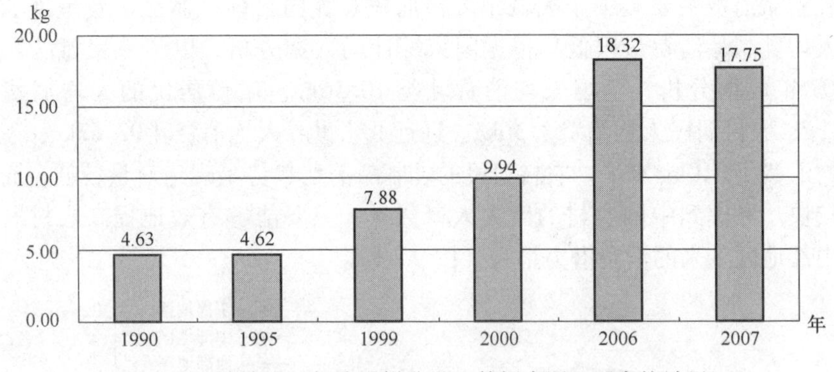

图9－2　城镇居民年购买鲜乳量（数据来源：国家统计局）

乳粉和液态乳的需求结构正在发生变化，液态乳的需求量快速上升。长期以来我国居民对乳制品的消费一直以乳粉为主，近年来这种消费状况开始发生变化。从乳制品的消费结构看，液态乳消费量近年上升较快，所占比重逐年增大。据不完全统计，我国乳粉等乳制品年增长率为11.5%；市场销售的液体乳年增长率为47.3%；液体乳的增长幅度高于乳粉的增长幅度。预计未来乳制品的消费将由以乳粉为主向以液态乳为主转变。

对液态乳的品种需求呈多样化趋势。由于液态乳属奶类饮品，具有饮品的消费特征，并且人们对液态乳营养成分的需要存在差异，人们对液态乳的需求也将呈多样化的发展趋势，各种类型、规格、包装、口味的液态乳制品将不断出现，以满足不同消费群体的多样化的需求。

对乳制品的质量要求提高，购买趋向于名牌产品。人们购买乳制品不仅注重“口感、口味”，更加关心其营养成分及功能性、安全性，对品质的要求不断提高，具有优质、安全、风味、便捷等特点的产品成为消费热点。因此，消费者总是对所有品牌进行综合打分（包括口味、营养价值、生产日期、优惠条件、广告影响），综合选择，人们更愿意购买信誉好、知名度高的大企业产品。

四、乳制品的消费趋势

1996 年中国牛乳产量为 629.4 万 t，乳类产量为 735.8 万 t，2007 年牛乳产量和乳类产量分别上升到 3525.2 万 t 和 3633.4 万 t，年复合增长率分别达到 12.78% 和 12.19%。尤其是 2000 年以后乳制品产量增长加速，2000～2007 年牛乳产量年均增速达到 23%。2007 年中国乳量增长占世界奶量增长一半以上，成为世界第三大产奶国。2008 年上半年中国牛乳产量达到 1860 万 t，同比增长 12.1%（图 9－3，数据来源：国家统计局，2008—2009 年中国牛乳行业研究报告）。

液态乳中，巴氏乳的增速慢于高温消毒乳，目前二者的市场份额约为 3∶7；酸乳是中国乳制品中增长最快的品种，2001—2006 年间年均增速超过 23%；乳粉中婴幼儿乳粉和中老年乳粉将成热点；而干酪仍不能适应中国人的口味需求。

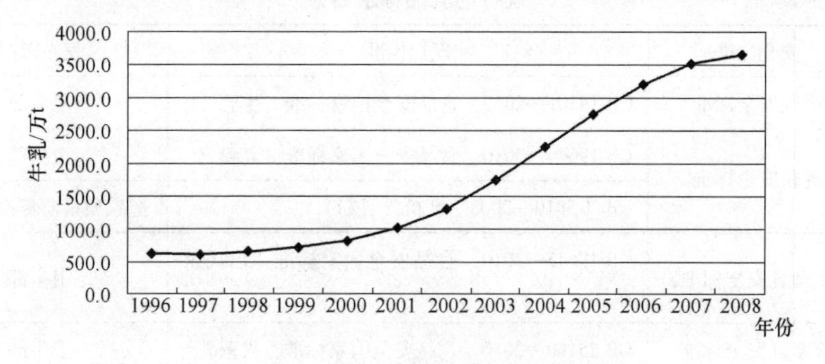

图 9－3　1996—2008 年中国牛乳产量
（数据来源：国家统计局）

据中国农业部制订的中国乳业中长期发展目标，到 2030 年，中国奶类人均占有量将达到 25kg，总产量达到 4250 万 t。按每增产 1 万 t 乳的生产能力约需投入 2116 万元估算，截至 2030 年，中国乳业发展资金需求量将超过 130 亿元。其中用于养殖业的资金约占 75%，用于加工业的资金约占 15%，用于收集分发系统的资金约占 5%，其余用于机械制造、服务体系建设及人员培训等资金占 5%。这些资金的来源应由多渠道产生，政府将鼓励和引导集体、私营、个体经济增加投资，吸引外商投资举办乳业。

五、政府在乳品发展方面的法律法规

中国法规体系框架及目前存在的一些问题：

我国现在的产品标准体系框架如图9－4所示。从图9－4和表9－2可以看出，中国目前的食品法规、标准体系比较庞大，复杂。在具体执行中也存在着一些问题。这些问题很多是由于食品法规的不完善，不健全或不合理造成的。其主要问题可归纳为“多、杂、乱、变”等几条。

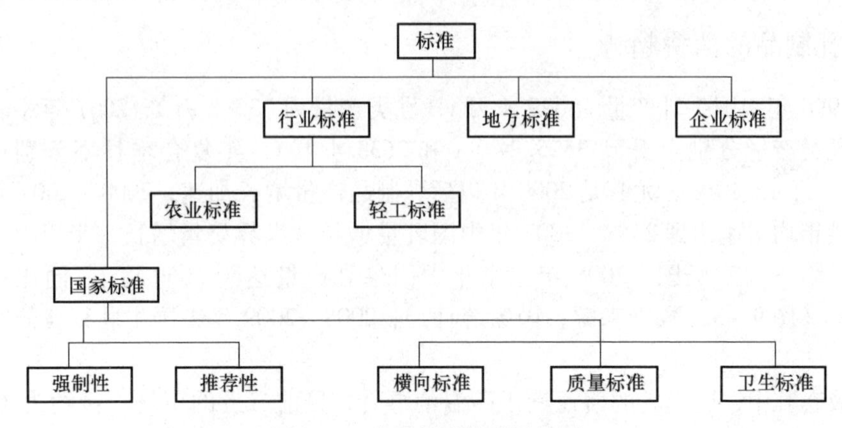

图9－4　我国标准体系框架图

表9－2　现行的乳品标准目录

	安全标准	现行标准	发布部门
1	生乳安全标准	GB 19301—2010　食品安全国家标准　生乳	卫生部
2	乳粉安全标准	GB 19644—2010　食品安全国家标准　乳粉	卫生部
		GB/T 5410—2008　乳粉（乳粉）	国家质量监督检验检疫
3	杀菌乳安全标准	GB 19645—2010　食品安全国家标准　巴氏杀菌乳	卫生部
4	灭菌乳安全标准	GB 25190—2010　食品安全国家标准　灭菌乳	卫生部
5	炼乳安全标准	GB 13102—2010　食品安全国家标准　炼乳	卫生部
6	奶油安全标准	GB 19646—2010　食品安全国家标准　稀奶油、奶油和无水奶油	卫生部
		GB 15196—2003　人造奶油卫生标准	国家质量监督检验检疫
		GB/T 5415—2008　奶油	国家质量监督检验检疫
		NY 479—2002　人造奶油	农业部
		SB/T 10419—2007　植脂奶油	商务部

续表

	安全标准	现行标准	发布部门
7	乳清粉安全标准	GB 11674—2010 食品安全国家标准　乳清粉和乳清蛋白粉	卫生部
		QB/T 3782—1999　脱盐乳清粉	国家轻工业局
8	酸乳安全标准	GB 19302—2010　食品安全国家标准　发酵乳	卫生部
9	干酪安全标准	GB 5420—2010　食品安全国家标准　干酪	卫生部
		GB 25192—2010　食品安全国家标准　再制干酪	卫生部
		GB/T 21375—2008　干酪（干酪）	国家质量监督检验检疫
		NY 478—2002　软质干酪	农业部
10	乳糖安全标准	GB 25595—2010　乳糖	卫生部
		QB/T 3778—1999　粗制乳糖	国家轻工业局

1. 多

目前我国与食品相关的标准中，有1000多个强制性标准、1000多个推荐性标准、2000多个行业标准、几百个部门规章、30多部基本法律，体系十分庞大，数量十分繁多。

2. 杂

目前我国的标准体系中包括了国家标准、行业标准、地方标准、企业标准等，其中国家标准又包含强制性标准、推荐性标准、卫生标准、质量标准等，行业标准中又分为农业标准和轻工标准，标准体系错综复杂，难以把握（见图9－4）。

3. 乱

同样的产品，其标准可能由多个部门颁布制定，管理困难，体系混乱。

4. 变

很多标准不断地修订、更改，规则不断变化（表9－2）。

六、乳品的营销渠道

目前国际、国内乳品生产消费势头良好。中国近年来乳业发展迅速，液体乳制品是将来的主要发展趋势。我国乳品市场竞争日趋激烈，销售渠道在乳品市场营销中占据重要地位，建立和选择合适的销售渠道，是企业产品抢占市场、树立竞争优势的有效手段。

（一）液态乳销售渠道

液态乳是指保鲜乳和常温乳，液态乳按风味方面又可分为纯鲜、果味、果粒、可可味、甜牛乳、蔬菜汁等，从功能方面又可分为营养强化乳、免疫乳等。液态乳不包括含乳饮料、乳酸饮料等，它具有营养成分保持好、饮用方便、加工费用低、能耗少等优点。随着乳制品结构调整，其增长速度超过了其他乳类，目前液态乳市场仍然是一个零散性市场。

中国地域广阔，城乡经济差别大，商业结构不平衡的特性也决定了液态乳的营销渠道错综复杂性。液态乳产品客户众多，分布面广，如何有效地缩短与终端客户、最终消费者的距离以及更多更好地控制各类终端客户与消费者是液态乳企业取得成功的关键。至今国内还未有占绝对优势的乳业厂家，只是一些凭借地理、奶源优势的区域品牌在区域内稍领风骚。

1. 分销渠道模式

分销渠道模式是指液态乳生产企业通过经销商、批发商、零售商等商业渠道把液态乳传递给消费者的通路网络。常见表现形式为厂家直销、平台式销售、网络销售和农贸市场辐射式。四种模式的比较列表如表 9－3 所示。

表 9－3　液态乳分销渠道模式比较

	厂家直销	平台式销售	网络销售	农贸市场辐射式
优点	渠道最短，反应最迅速，服务最及时，价格最稳定，促销最到位，控制最有效	责任区域明确而严格，服务半径小，送货及时，服务周到，网络稳定，基础扎实受低价窜货影响小，精耕细作，深度分销	节省人力物力，销售面广、渗透力强，各级权利义务分明	无规则自由流通，不受行政区域限制，经营灵活，薄利多销，品种繁多，配货方便，辐射力强
缺点	局限于交通便利、消费集中的城市。会出现很多盲区，或人力、物力投入大，费用高，管理难度大	受区域市场的条件限制性较强，需要有较多的人员配合	易价格混乱与冲货，在竞争激烈时反应迟缓	以松散形式关系为主体，没有固定网络和客户，易相互压价、冲货，服务意识差，是“坐商”

从四种渠道模式可看出，经销商、批发商主要起商品的传递作用，而终端客户是以上四种模式必须经历的阶段，它起着联结消费者的作用。目前很多液态乳厂家已逐渐开始重视终端客户的管理，“决胜终端”已成为愈来愈多企业的共识。终端客户又可分为零售终端与餐饮终端（表 9－4）。

零售终端又可习惯分为四类：超市、卖场、便利店、食杂店。其中超市、卖场、便利店属于现代分销渠道，它们常配备冷风柜，是液态乳类冷链产品的主要销售通道，发展迅速。传统食杂店、餐饮、面包房、茶室等归类为传统分销渠道。

表 9-4 液态乳主要零售终端类型

终端类型	渠道类型	主要特点	举例
零售终端	超市	低成本、低毛利、高销量、敞开式自助服务，主要经营日常生活用品	现代分销渠道
	卖场	一般营业面积在 $5000m^2$ 以上，产品品种多，除日用品以外还有电器服装等，经常批零兼营	现代分销渠道
	便利店	一般营业面积在 $200m^2$ 以下，营业时间长，主要经营生活必需品，常分布于住宅区旁，相对零售价格较高	现代分销渠道
	食杂店	小型的杂货商店，一般都是个体经营，方式灵活，分布数量巨大	传统分销渠道
餐饮终端	餐饮	酒楼、宾馆、娱乐场所	现代分销渠道

餐饮渠道也属于现代分销渠道，可分为：酒楼、宾馆、娱乐场所等，近年来，随着喝奶意识的增强，液态奶在餐饮渠道销售增长迅速，该渠道的特点是不注重价格，而更注重产品的品牌、质量等。

2. 直销渠道模式——订奶渠道

订奶渠道是指制造厂家通过奶站向消费者征订牛乳的通路。表现形式为：生产厂家→奶站→消费者，或生产厂家—送奶上门—消费者。

奶站的作用是征订牛乳、就地发放牛乳。奶站的工作往往由居委会或靠近生活区的小店或个人担任，它往往不配送牛乳。征订的品种主要是低价的玻璃瓶装或塑料袋装牛乳，它的特点是新鲜。在订奶渠道的销售活动中，厂家是经常先收牛乳款，再按日配送给奶站发送，财务风险小。

3. 网络渠道模式——电子商务渠道

应用互联网提供可利用的产品和服务，以便使用计算机或其他能够使用技术手段的目标市场，通过电子手段进行和完成交易活动。表现形式为：生产厂家→互联网→消费者。

消费者通过互联网向液态乳生产厂家订奶，液态乳生产厂家通过互联网获得消费者的订单信息，并通过互联网反馈消费者订单信息。使企业与顾客之间建立起了一条最直接的通道。营销成本降低，周期缩短。电子商务订奶模式随着网络的发展而发展，并且目前有客户群体窄、配送不经济等缺点。但是对于非液态乳制品具有广阔的空间。

（二）非液态乳制品的营销

对于非液态乳制品，如乳粉、黄油等，除可采用液态乳的销售渠道外，还可以采用传统的销售渠道。

七、乳品的营销策略

（一）众多促销活动效果不佳

面对激烈的市场竞争，各个乳品厂家和商家纷纷采取不同的市场策略，期望扩大市场份额、提高企业收益。其中促销就是非常普遍的手段。据调查，乳品促销范围涉及全国31个省、直辖市、自治区；涉及绝大多数乳品企业；涉及各种销售渠道，其中大卖场和大型超市采取乳品促销行为比例最高；涉及各类乳制品，尤其是超高温灭菌乳、酸乳等常规乳制品。乳品市场上目前存在的促销手段多达10多种，主要有捆绑销售、特价销售、买赠礼品、抽奖销售、返券促销等。但促销活动并不一定能达到厂商预期的目的。

（二）企业促销不力的原因分析

1. 多个企业的促销活动

现今乳品市场存在成百上千的乳品企业，单个企业的促销活动经常会引起其他企业改变销售策略。

（1）企业促销的博弈论分析　利用博弈论的方法，我们假定在乳品行业中有两个参与者，他们生产具有同性质的乳产品，两竞争者选择决策有二：促销或不促销，在不同策略情况下他们得益不一样，在一次性博弈中，促销对两厂商来说都是最优的选择。

（2）多个企业时的促销效果理论分析　如果考虑了企业间的互相反应，单个企业的促销活动就会大打折扣。其他企业也会进行促销活动，由此产生的后果是将一部分消费者吸引过去，对于该企业而言，相对于未促销前销售量增加了，但相对于没有其他企业参与时销售量有所减少。该企业的促销目的仍然可以部分的实现。

2. 考虑市场容量时的促销活动

（1）市场饱和时促销难以起效　进一步放开约束条件，在市场容量极为有限的情况下，企业的促销活动可能就难以产生效果，即无论怎么样的促销活动，面对已经饱和的市场，都难以吸引新的消费者加入进来。对于整个行业来说，众多品牌的促销活动，消费量确实没有明显变化。

（2）市场饱和的原因探讨　针对上述厂商促销前后销售量没有明显改变，主要存在以下几方面的原因：

①传统饮食习惯。我国是一个农耕文明的国家，数千年来一直以五谷为主要的饮食，牛乳、奶油、干酪等从来没有成为国人餐桌上的主食。即使采取了有效的促销方式后，人们的传统习惯很难一下子改变过来。

②市场容量有限。当前一线城市乳品市场的竞争日趋激烈。众多的厂商、众多的品牌主要集中在大城市里，各种促销活动此起彼伏，市场容量相对而言已经趋于饱和，城市居民人均乳品消费量的提升主要靠国人传统生活习惯的改变和生

活水平的进一步提高，而这绝非一朝之功。在这个有限的市场中，A 厂商市场容量的扩大可能就意味着 B 厂商市场容量的减少，对于整个行业而言在促销活动结束后销售量并没有出现大的改变，促销导致的结果无非是销售量在行业内的再分配。

③竞争方式单一。在竞争方式上，产品质量和销售策略是至关重要的。然而国内大多数乳品企业在竞争上缺乏灵活性和多样性，既没有产品创新，也缺少营销策略。有关资料显示，只有不到 10% 的企业在开展产品自主创新，其余 90% 的乳品企业在跟风。乳制品同质化严重，真正拥有自主知识产权的产品少之又少。由于缺少了在消费者中享有口碑的特色产品，很多乳品厂商只能靠低价策略来吸引消费者，价格战成为乳品市场异常刺眼的促销方式。没有自主产品，消费者就很难产生品牌忠诚度；此起彼伏的价格战，破坏的更是消费者的信心，基本上谁家便宜就买谁的。没有忠实的消费者，行业的发展就无从谈起。

④国民收入水平有待提高。根据有关研究，由于我国人均收入水平和生活习惯等因素的制约，乳品的消费具有奢侈品特征，提高国人的收入水平可促进乳品消费的结论是一致的。

（三）相应的建议

乳产品尤其是牛乳对维持人体的机能有极大的益处，无论从增强国人素质上还是中国乳品行业的发展上看，提高我国人均乳品消费量是利国利民之事。而人均消费量的提升不是单靠某个企业或消费者个人可以完成的，而是需要国家、企业和消费者个人共同配合才能实现。

1. 加强对乳品的宣传，建立乳品消费行为引导体系

无可否认，中华民族的传统膳食结构有相当多的可取之处，对中华民族的繁荣稳定做出了重大贡献，然而乳品应当成为，也必须成为国人膳食结构的有机组成部分。为此，国家应当加强乳品知识的宣传，建立乳品消费行为引导体系。首先，应当从教育抓起，在中小学生的教材中体现出来乳品对健康的巨大益处，使得孩子从小就意识到乳品是相当有益的日常消费品；其次，加大媒体的宣传力度，使得乳品知识方便快捷传入寻常百姓家，无论城市居民还是农村居民都可以很容易获得乳品知识的相关信息；第三，结合发达国家的例子和我们已经开展的学生奶等项目的经验，进一步推广全国居民的乳品食用计划；第四，要成立相应的部门，统一规划、制定并执行乳品消费引导体系的工作计划。

2. 企业加强乳品创新，积极开拓新的市场

创新是企业发展的关键，中国乳品企业要做大做强，参与国际竞争，为消费者提供高品质的乳产品，必须加强产品创新。拥有高品质的产品才可以赢得消费者信赖，有了忠诚的消费者在行业内才会有口碑，增加企业的无形价值、品牌价值。我国企业在这方面可以利用自己的本土优势和渠道，在乳产品的配方设计、生产加工、质量控制和产品品质上加强研发，同发达国家的乳品企业加强交流，

学习其先进经验。同时采取走出去的战略，同发展中国家乳品企业加强沟通，充分利用其资源，互惠互利，共同发展。

中国有广大的农村市场，随着国民经济的发展和国家乳品宣传力度的加大，越来越多的农村居民认识到了乳品对身体健康的巨大益处。众多的乳品企业应当调整自己的销售策略，不要将目光仅仅局限在大城市，率先在中小城市和经济条件许可的农村地区建立起自己的营销网络，抢占该领域的制高点。中国的农村市场前景广阔，将成为乳品消费的重要生力军。同时有能力的企业可以利用外国市场，特别是广大发展中国家的市场，针对其习惯和口味开发产品，扩大销售领域。

3. 消费者加强乳品知识学习，提高自身素质

随着生活水平的提高，国人对健康的重视程度日益提升。越来越多的人加强了对健康知识的学习，认识到乳品，尤其是牛乳对人体生理机能的重要作用。然而还应当清醒看到，很多人对乳品消费还存在不以为然的态度，这其中固然有很少一部分人是因为乳糖不耐等生理因素的影响，但更多的是心理因素的作用，使得传统的惰性很难一下子被打破。因此在国家加强乳品知识宣传、企业开发新市场的同时，消费者个人应积极学习相关的乳品知识，了解乳品中的营养物质对身体健康的重要作用，意识到乳品完全可以进入寻常百姓的膳食结构中，让乳品为消费者自身，为整个民族的健康素质提供物质支持。

消费者素质的提高是乳品企业进行产品创新的压力和动力，对整个乳品行业的发展也起到不可估量的作用。“挑剔”的消费者迫使企业提供高质量的乳产品，高质量的乳产品使得消费者对乳品的质量要求进一步提高。

八、乳品企业及其竞争

1. 市场竞争形势

以北京乳制品市场为例进行说明，北京因其特殊的区位优势，使该地区成为众多乳制品品牌竞争的首选市场。在 1999 年以前，三元品牌在北京市乳制品市场占有绝对主导地位，通过实施品牌战略，进行多角度、全方位、立体化的市场运作，塑造了健康、新鲜、营养、极具亲和力的品牌个性形象，使其品牌的知名度达到95%左右，市场占有率达到 72%。21 世纪开始，北京市政府积极普及牛乳知识使北京的牛乳消费得到空前提高，市场这块蛋糕不断做大，引来大量的外地品牌和国外的品牌，市场竞争愈演愈烈。

20 世纪 90 年代，北京乳制品市场竞争以乳粉为主；20 世纪 90 年代末，转为以鲜乳竞争为主；进入 21 世纪，以酸乳为主的竞争初现端倪。在北京乳制品市场，三元把“鲜”、“酸”作为北京市场的主导方向，光明、伊利也把北京定位为“鲜”、“酸”，并把北京作为其南下北上的跳板，它们分别在北京、天津、河北等地投资设厂，以保证在北京乳制品市场上的供应，并且不断提高竞争力。

从表 9－5 可以看出，除了光明在北京有 2 家工厂之外，其余 4 家乳品企业

在北京、天津、河北均有工厂，蒙牛、伊利在北京、天津、河北3地的工厂总数为5或6家。这样的战略布局反映了各大品牌对北京乳制品市场的高度重视，因此各大品牌在北京乳制品市场的竞争也是异常激烈的。

表9－5　　四大企业在北京、天津、河北的生产企业的分布状况

	北京	河北	天津	三地总数
蒙牛	北京通州（酸乳）	察北：UHT乳及乳饮料； 唐山：UHT乳及乳饮料； 滦南：UHT乳及乳饮料	天津（主要生产花色乳）	5
伊利	北京密云（酸乳）	定州、邢台沙河、保定、廊坊	天津（冰淇淋）	6
三元	北京：5个工厂，各种液态乳都有	迁安：液态乳	天津静海	7
光明	北京顺义：光明健能； 北京市石景山：光明健康	无	无	2

2. 市场集中度

市场集中度是衡量整个行业的市场结构集中程度的指标，是量化市场势力的重要指标，集中体现了市场的竞争和垄断程度，用它来衡量企业的数目和相对规模的差异。从2002年中国液态乳的市场集中度来看（表9－6），那时市场结构已属于垄断竞争的格局，前4位乳品企业分别为蒙牛、伊利、光明和三元，并且竞争将越来越集中在这4家乳品企业之间，行业进入壁垒将越来越高。根据AC尼尔森最新调研数据，在北京市场上，基本形成了乳品企业寡头割据的局面，蒙牛、伊利、三元和光明占有94% UHT乳的市场份额（表9－7），而三元独占90%以上巴氏杀菌乳的市场份额。

表9－6　　液态乳市场集中度

时间	2001.10	2001.11	2001.12	2002.01	2002.02	2002.03
市场集中度/%	48.2	48.8	46.6	48.1	48.4	48.4
时间	2002.04	2002.05	2002.06	2002.07	2002.08	2002.09
市场集中度/%	49.5	48.8	48.9	51.6	52.4	53.5

资料来源：《奶制品行业研究报告》，中央电视台广告部、央视市场研究公司，2002。

表9－7　　蒙牛、伊利、三元、光明北京市UHT乳市场份额

企业	蒙牛	伊利	光明	三元
市场占有率/%	45	22	15	12

项目实施

先进先出法在乳制品库存管理上的应用

一、原料、工具、设备

1. 本工作所需的酸乳生产原料、设备（表9－8）

表9－8 设备记录表

名称	型号	未准备	准备好	现状	会使用	不会使用

2. 工作安排（表9－9）

表9－9 工作安排记录表

姓名	组号	工作分工	完成时间

二、乳制品库存管理先进先出法步骤及注意事项

1. 掌握先进先出法的概念

先进先出法是指根据先入库先发出的原则，对于发出的存货以先入库存货的单价计算发出存货成本的方法。采用这种方法的具体做法是：先按存货的期初余额的单价计算发出的存货的成本，领发完毕后，再按第一批入库的存货的单价计算，依此从前向后类推，计算发出存货和结存货的成本。

先进先出法是存货的计价方法之一。它是根据先购入的商品先领用或发出的假定计价的。用先进先出法计算的期末存货额，比较接近市价。

2. 先进先出法的运用

先进先出法是指根据先购进的存货先发出的成本流转假设对存货的发出和结存进行计价的方法。以先进先出法计价的库存的商品存货则是最后购进的商品存货。市场经济环境下，各种商品的价格总是有所波动的，在物价上涨过快的前提下，由于物价快速上涨，先购进的存货其成本相对较低，而后购进的存货成本就偏高。这样发出存货的价值就低于市场价值，产品销售成本偏低，而期末存货成本偏高。但因商品的售价是按近期市价计算，因而收入较多，销售收入和销售成本不符合配比原则，以此计算出来的利润就偏高，形成虚增利润，实质为“存货利润”。

因为虚增了利润，就会加重企业所得税负担，以及向投资人分红增加，从而导致企业现金流出量增加。但是从筹资角度来看，较多的利润、较高的存货价

值、较高的流动比率意味着企业财务状况良好，这对博取社会公众对企业的信任，增强投资人的投资信心，而且利润的大小往往是评价一个企业负责人政绩的重要标尺。不少企业按利润水平的高低来评价企业管理人员的业绩，并根据评价结果来奖励管理人员。此时，管理人员往往乐于采用先进先出法，因为，这样做会高估任职期间的利润水平，从而多得眼前利益。

先进先出法是以先购入的存货先发出这样一种存货实物流转假设为前提，对发出存货进行计价的一种方法。采用这种方法，先购入的存货成本在后购入的存货成本之前转出，据此确定发出存货和期末存货的成本。

3. 运用先进先出法的注意事项

先进先出法，期末材料按照最接近的单位成本计算，比较接近目前的市场价格，因此资产负债表可以较为真实地反映财务状况；但是由于本期发出材料成本是按照较早购入材料的成本进行计算的，所以计入产品成本的直接材料费用因此可能被低估，等到这些产品销售出去就会使利润表的反映不够真实。

4. 先进先出法的适用性

根据谨慎性原则的要求，先进先出法适用于市场价格普遍处于下降趋势的商品。因为采用先进先出法，期末存货余额按最后的进价计算，使期末存货的价格接近于当时的价格，真实地反映了企业期末资产状况；期末存货的账面价格反映的是最后购进的较低的价格，对于市场价格处于下降趋势的产品，符合谨慎原则的要求，能抵御物价下降的影响，减少企业经营的风险，消除了潜亏隐患，从而避免了由于存货资金不实而虚增企业账面资产。这时如果采用后进先出法，在库存物资保持一定余额的条件下，账面的存货计价永远是最初购进的高价，这就造成了存货成本的流转与实物流转的不一致。

5. 先进先出法的优缺点

其优点是使企业不能随意挑选存货计价以调整当期利润，缺点是工作量比较烦琐，特别对于存货进出量频繁的企业更是如此。而且当物价上涨时，会高估企业当期利润和库存存货价值；反之，会低估企业存货价值和当期利润。

在通货膨胀情况下，先进先出法会虚增利润，增加企业的税收负担，不利于企业资本保全。而且，先进先出法对发出的材料要逐笔进行计价并登记明细账的发出与结存，核算手续比较烦琐。

三、按照先进先出完成实例计算

1. 实例

假设库存为零，1 日购入 A 产品 100 个单价 2 元；3 日购入 A 产品 50 个单价 3 元；5 日销售发出 A 产品 50 个，则发出单价为 2 元，成本为 100 元。

先进先出法假设先入库的材料先耗用，期末库存材料就是最近入库的材料，因此发出材料按先入库的材料的单位成本计算。

2. 实例计算

对销售而言，先获得的存货先销售出去，使留下存货的日期离现在越近，存货价值越接近现在的重置价值。在物价上涨时，此法会导致较低的销货成本，较多的盈余。

例如存货情形如下；

(1) 1月1日进货10个每个5元，小计50元。

(2) 4月1日进货10个每个6元，小计60元。

(3) 8月1日进货10个每个7元，小计70元。

(4) 12月1日进货10个每个8元，小计80元。

假设在12月31日存货数量为15个，则期末存货价值为12月1日10个每个8元小计（　　）元，8月1日5个每个7元小计（　　）元，总计存货价值为（　　）元。

对电脑数据结构而言，称为排序的数据进出方式，从一端进，从另一端出，就好像排队一样。

四、评价与反馈

小组意见：

教师评价：

课后思考

1. 所谓盘点，是指定期或临时对库存商品的__________的作业，即为了掌握货物的流动情况（入库、在库、出库的流动状况），对仓库现有物品的__________与__________的数量相核对，以便准确地掌握库存数量。

2. 盘点方式通常有两种：一种是__________二是__________，依照进行的目的及方式不同，它被分为__________、__________、__________、__________。

3. 酸乳的销售绝大部分是靠__________来实现的，因为传统通路很多没有冷藏设备，而酸乳的运输和储存必须要有冷链的支持。

4. 乳制品与一般的农产品有很大的差别，在流通中表现为__________、__________、__________、__________、__________以及__________等特点。

5. 巴氏杀菌乳、酸乳在外界温度为25~32℃、冷藏车车厢温度设定为8℃的巴氏杀菌乳冷藏配送期间，配送时间以不超过＿＿＿＿＿h为宜。

6. 目前乳制品消费结构比较单一，主要消费品种为＿＿＿＿＿、＿＿＿＿＿和＿＿＿＿＿，对于＿＿＿＿＿、＿＿＿＿＿和＿＿＿＿＿的消费量很少。

7. 分销渠道模式是指液态乳生产企业通过＿＿＿＿＿、＿＿＿＿＿、＿＿＿＿＿等商业渠道把液态乳传递给＿＿＿＿＿的通路网络。常见表现形式为＿＿＿＿＿、＿＿＿＿＿、＿＿＿＿＿和＿＿＿＿＿。

8. 举例说明冷链物流在乳业发展中的具体运用?

9. 简述巴氏杀菌乳冷链运输技术控制点?

10. 液态乳销售渠道有哪些?

拓展学习

乳制品流通特点调查分析

针对流通渠道多样化、品牌结构特征、品种结构等方面，根据当地市场调查报告完成本年度当地乳制品调查报告，完成表9-10内容。

表9-10　液态乳市场终端热卖排序

排序	1月	2月	4月	5月	6月	7月	8月	10月	11月	12月
1										
2										
3										
4										

项目十　乳制品企业中HACCP体系建立

学习目标

1. 掌握HACCP原理。
2. 掌握酸乳的危害分析。
3. 能够制定酸乳的HACCP计划。
4. 能够建立酸乳的危害监控体系。

学习任务描述

通过酸乳HACCP体系的建立，保障酸乳质量安全。
关键技能点：HACCP计划的建立。
对应工种：HACCP内审员。
拓展项目：HACCP计划在其他行业的应用。

案例分析

一个乳制品企业正在接收HACCP第三方认证审核，但是公司未建立HACCP计划，请问如何建立HACCP计划？

任务　乳制品企业HACCP体系建立

一、HACCP体系概述

1. HACCP体系的概念

HACCP是Hazard Analysis Critical Control Point英文的首字母缩写，即危害分

析与关键控制点。这是一种保证食品安全与卫生的预防性管理体系。

2. HACCP体系的产生

HACCP诞生于20世纪60年代的美国。1959年，美国皮尔斯柏利（Pillsbury）公司与美国航空航天局（NASA）纳蒂克（Natick）实验室为了保证航空食品的安全首次建立了HACCP体系，保证了航天计划的完成。

3. HACCP体系的发展

20世纪60年代末始于美国宇航食品；

1993年EU委员会颁布HACCP决议/指令；

1995年美国相继颁布HACCP法规；

1997年FDA水产品法规生效、CAC颁布HACCP指南；

2000年美国禽肉HACCP法规生效（416、417）；

2001年颁布饮料HACCP法规和零售业指南（120）；

美国州际乳制品运输HACCP法规（131）；

2005年9月1日ISO22000标准出台。

我国是最早进行食品安全管理体系推广的国家之一，截至2007年8月，我国已有2675家食品生产企业获得了中国国家认证认可监督管理委员会的HACCP认证。

二、HACCP体系基本原理

1. HACCP体系的基本术语

FAO/WHO食品法典委员会（CAC）在法典指南，即《HACCP体系及其应用准则》中规定的基本术语及其定义有：

（1）危害（Hazard） 指食品中可能影响人体健康的生物性、化学性和物理性的因素。

常见的危害包括：

①生物性危害指致病性微生物及其毒素、寄生虫、有毒动植物。

②化学性危害指杀虫剂、洗涤剂、抗生素、重金属、滥用添加剂等。

③物理性危害指金属碎片、玻璃碴、石头、木屑和放射性物质等。

（2）危害分析（Hazard Analysis，HA） 指收集有关的危害及导致这些危害产生和存在的条件；评估危害的严重性和危险性以判定危害的性质、程度和对人体健康的潜在影响，以确定哪些危害对于食品安全是重要的。

（3）显著危害 是指极有可能发生或一旦发生就可能导致消费者不可接受的健康或安全风险的危害。

（4）严重性（Severity） 指某个危害的大小或存在某种危害时所致后果的严重程度。需要强调的是，严重性随剂量和个体的不同而各异，通常剂量越高，疾病发生的严重程度就越高。高危人群（如婴幼儿、病人、老年人）对微生物危害的敏感性比健康成人高，这些人患病的后果较严重。

（5）危险性（Risk） 对危害发生的可能性的估计。危险性可分为高（H）、中（M）、低（L）和忽略不计（N）。

（6）关键控制点（Critical Control Point，CCP） 指一个操作环节，通过在该步骤实施预防或控制措施，能消除或最大程度地降低一个或几个危害。

（7）控制措施（Control Measure） 指判定控制措施是否有效实行的指标。标准可以是感官指标，如色、香、味；物理性指标，如时间、温度；也可以是化学性指标，如含盐量、pH；微生物学特性指标，如菌落总数、致病菌数量。

（8）监视（Monitor） 指对于控制指标进行有计划的连续检测，从而评估某个 CCP 是否得到控制的工作。

（9）偏差（Deviation） 指达不到关键指标限量。

（10）步骤（Step） 指食品从初级产品到最终食用的整个食物链中的某个点、步骤、操作或阶段。

（11）验证（Verfication） 应用不同方法、程序、试验等评估手段，以确定食品生产是否符合 HACCP 计划的要求。

（12）危险性分析（Risk Analysis） 危险性分析由三部分组成：危险性评估、危险性管理和危险性信息交流。

（13）危险性评估（Risk Assessment） 对人体因接触食源性危害而产生的已知或潜在危险性进行科学评价。

危险性评估由四个步骤组成：危害的识别；危害特征的研究与描述；摄入量评估；危险性特征的描述。该定义包括危险性的定量表示（以数量表示危险性）、危险性的定性表示及指出不确定性的存在。

（14）危险性管理（Risk Management） 根据危险性评估的结果权衡对策，并在必要时实施相应的控制措施（包括管理手段）。

（15）危险性信息交流（Risk Communication） 危险性评估人员、危险性管理人员、消费者以及其他有关部门就“危险性”问题所进行的信息和意见的相互交流。

（16）暴露评估（Exposure Assessment） 对可能摄入的生物、化学或物理危害进行定性和定量评估。

2. HACCP 体系的七项基本原理

原理一：进行危害分析和确定预防控制措施。

拟定工艺中各工序的流程图，确定与食品生产各阶段（从原料生产到消费）有关的潜在危害及其危害程度，确定显著危害，并对这些危害制定具体有效的控制措施。

预防措施分为如下几个方面：

(1) 生物危害

细菌：加热、冷冻、发酵或调节 pH、加入防腐剂、干燥及来源控制。

病毒：蒸煮方法。

寄生虫：动物饮食控制、环境控制、失活、人工剔除、加热、干燥、冷冻等。

(2) 化学危害

来源控制：产地证明、供应商证明、原料检测。

生产控制：添加剂的合理使用。

标识控制：正确标识产品和原料，标明产品的正确食用方法。

(3) 物理危害

来源控制：供应商证明、原料检测。

生产控制：利用磁铁、金属探测器、筛网、分选机、空气干燥机、X 射线设备和感官控制。

原理二：确定关键控制点。

确定能够实施控制且可以通过正确的控制措施达到预防危害、消除危害或将危害降低到可接受水平的 CCP，例如，加热、冷藏、特定的消毒程序等。应该注意的是，虽然对每个显著危害都必须加以控制，但所有引入或产生显著危害的点、步骤或工序未必都是 CCP。CCP 的确定可以借助于 CCP 判断树来进行。

原理三：建立关键限值（CL）。

指出与 CCP 相应的预防措施必须满足的要求，例如温度的高低、时间的长短、pH 的范围及盐浓度等。CL 是确保食品安全的界限，每个 CCP 都必须有一个或多个 CL，一旦操作偏离了 CL，必须采取相应的纠偏措施才能确保食品的安全性。

原理四：建立监控体系。

通过有计划的测试或观察，以确保 CCP 处于被控制状态，其中的测试或观察要有记录。监控应尽可能采用连续的理化方法，如无法连续监控，也要求有足够的间隙频率次数来观察测定每一个 CCP 的变化规律，以保证监控的有效性。凡是与 CCP 有关的记录和文件都应该有监控员的签字。

原理五：建立纠偏行动。

因为任何 HACCP 方案要完全避免偏差是几乎不可能的。因此，需要预先确定纠偏行为计划。如果监控结果表明加工过程失控，应立即采取适当的纠偏措施，减少或消除失控所导致的潜在危害，使加工过程重新处于控制之中。纠偏措施的功能包括：决定是否销毁失控状态下生产的食品；纠正或消除导致失控的原因；保留纠偏措施的执行记录。

原理六：建立验证程序。

验证程序即除监控方法外，用来确定 HACCP 体系是否按 HACCP 计划执行或 HACCP 计划是否需要修改及再确认生效所使用的方法、程序或检测及评审手段。

虽然经过了危害分析，实施了 CCP 的监控、纠偏措施并保持了有效的记录，但并不等于 HACCP 体系的建立和运行能确保食品的安全性，关键在于：①验证各个 CCP 是否都按照 HACCP 计划严格执行；②确认整个 HACCP 计划的全面性和有效性；③验证 HACCP 体系是否处于正常、有效的运行状态。这三项内容构成了 HACCP 的验证程序。验证的方法包括生物学的、物理学的、化学的或感官评定方法。

原理七：建立有效的记录保存与管理体系。

HACCP 具体方案在具体实施中，都要求做例行的、规定的各种记录，同时还要求建立有关适用于这些原理及应用的所有操作程序和记录的档案制度，包括计划准备、执行、监控、记录及相关的信息与数据文件等都要准确和完整地保存。以文件形式证明 HACCP 体系的有效运行，良好的记录是 HACCP 体系的重要部分。

三、HACCP 计划的制定和实施

HACCP 计划是将进行 HACCP 研究的所有关键资料集中于一体的正式文件，HACCP 计划由 HACCP 小组确定，主要由两部分组成：生产流程图和 HACCP 控制图，同时还包括其他必需的支持文件。

（一）实施 HACCP 计划的必备程序和条件

1. 必备程序

实施 HACCP 体系的目的是预防和控制所有与食品有关的安全危害。因此，HACCP 不是一个独立的程序，而是全面质量控制体系的一部分。

一个完整的食品安全预防控制体系即 HACCP 体系，它包括 HACCP 计划、良好卫生操作规范（GMP）和卫生标准操作程序（SSOP）三个部分。GMP 和 SSOP 是企业建立以及有效实施 HACCP 计划的基础条件。

2. 管理层的支持

制定和实施 HACCP 体系必须得到管理层的理解和支持，特别是公司（或企业）最高管理层的重视。只有管理层的大力支持，HACCP 小组才能得到必要的资源，HACCP 体系才能发挥作用。

3. 人员的素质要求和培训

人员是 HACCP 体系成功实施的重要条件。HACCP 体系对人员在食品安全控制过程中的地位和要求十分明确。主要体现在以下几个方面：人是生产要素，产品安全与卫生取决于全体人员的共同努力；各级人员必须经过良好的培训，以胜任各自的工作；所有人员必须严格“照章办事”，不得擅自更改 HACCP 规定的操作规程；如实报告工作中的差错，不得隐瞒，对 HACCP 小组成员进行重点培训。

（二）制定和实施 HACCP 计划的步骤

根据食品法典委员会《HACCP 体系及其应用准则》详细阐述 HACCP 计划的

研究过程，此过程由12个步骤组成，涵盖了HACCP的七项基本原理，12个步骤如图10－1所示。

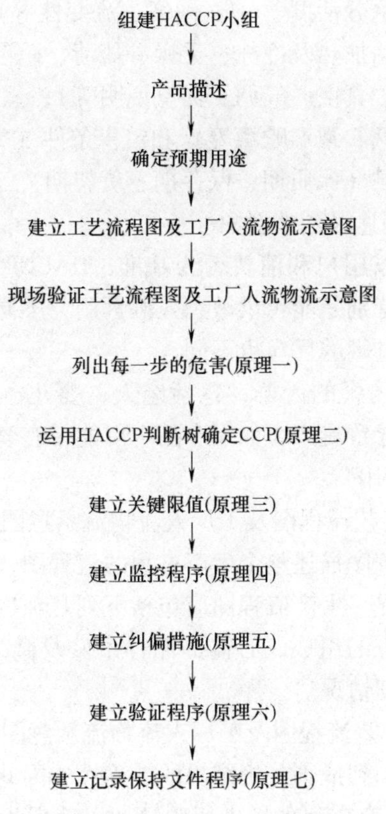

图10－1　制定HACCP计划的12个步骤

步骤1：组建HACCP小组。

HACCP体系必须由HACCP小组共同努力才能完成。HACCP小组的职责是制定HACCP计划；修改、验证HACCP计划；监督实施HACCP计划；书写SSOP；对全体人员进行培训等。因此，组建一个能力强、水平高的HACCP小组是有效实施HACCP计划的先决条件之一。

HACCP小组所需要的知识包括：内部知识，如原料质量保证、生产与工艺研究、运输控制、原料采购；外部知识，如微生物专家、毒理学家、统计过程控制、HACCP专家。HACCP小组应由不同部门的专家组成（专家必须具备一定的知识和经验），HACCP小组组长最好是HACCP方面的专家。HACCP小组的人数可以根据企业工作的需要确定。

步骤2：产品描述。

对产品（包括原料与半成品）及其特性、规格与安全性等进行全面的描述，尤其要对以下内容作具体的定义和说明：

①原辅料（商品名称、学名和特点）；
②成分（如蛋白质、氨基酸、可溶性固形物等）；
③理化性质（包括水分活度、pH、硬度、流变性等）；
④加工方式（如产品加热及冷冻、干燥、盐渍、杀菌程度等）；
⑤包装系统（密封、真空、气调、标签说明等）；
⑥储运（冻藏、冷藏、常温贮藏等）和销售条件（如干湿与温度要求等）；
⑦所要求的储存期限（保质期、保存期、货架期）。

步骤3：确定预期用途及消费对象。

产品的预期用途应以用户和消费者为基准，HACCP 小组应详细说明产品的销售地点、目标群体，特别是能否供敏感人群食用。不同用途和不同消费者对食品安全的要求不同，对过敏的反应也不同。

有五种敏感或易受伤害的人群，包括老人、婴儿、孕妇、病人及免疫缺陷者。例如，李斯特菌可导致流产，如果产品中可能带有李斯特菌，就应在产品标签上注明："孕妇不宜食用"。

步骤4：建立生产工艺流程图及工厂人流物流示意图。

生产流程图是一张按序描述整个生产过程的流程图，它描述了从原料到终产品的整个过程的详细情况。生产流程图应包括下列几项内容：所有原料、产品包装的详细资料，包括配方的组成、必需的储存条件及微生物、化学和物理数据，返工或再循环产品的详细情况。

步骤5：现场验证工艺流程图及工厂人流物流示意图。

流程图的精确性影响到危害分析结果的准确性。因此，生产流程图绘制完毕后，必须由 HACCP 小组亲自到现场进行验证，以确保生产流程图准确无误地反映实际生产过程。

步骤6：危害分析及危害程度评估（原理一）。

HACCP 小组应根据 HACCP 原理的要求，对加工过程中每一步骤（从流程图开始）进行危害分析，确定危害的种类，找出危害的来源，建立预防措施。

1. HACCP 体系应控制的危害

在 HACCP 体系中，"危害"是指食物中可能引起疾病或伤害的情况或污染。这些危害主要分为三大类：生物的、化学的和物理的危害。值得注意的是，在食品中发现的令人厌恶的昆虫、毛发、脏物或腐败等不作为食品安全危害。

危害的分类与控制如图 10－2 所示。

（1）生物危害包括致病菌、病毒和寄生虫

在生物危害中，有害细菌引起的食品危害又占到 90%。细菌危害是指某些有害细菌在食品中存活时，可以通过活菌的摄入引起人体（通常是肠道）感染或预先在食品中产生的细菌毒素导致人类中毒。前者称为食品感染，后者称为食品中毒。由于细菌是活的生命体，其生存需要营养、水、适宜的温度以及空气条

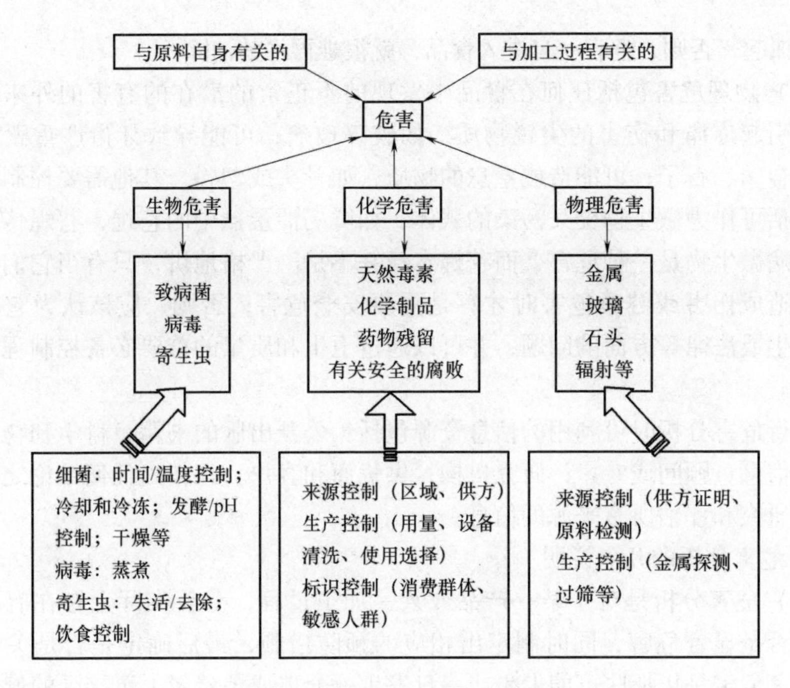

图 10－2 危害的分类与控制

件（需氧、厌氧或兼性），因此通过控制这些因素，就能有效地抑制、杀灭致病菌，从而把细菌危害预防、消除或减少到可接受水平。例如，控制温度和时间是常用且可行的预防措施，低温可抑制微生物生长，加热可以杀灭微生物。

与食品安全有关的病毒主要有肝炎A型病毒（HAV）和诺瓦克病毒。病毒传递给食品通常与不良的卫生状况有关。

控制病毒危害的有效途径有以下几点：①对食品原料进行有效的消毒处理。②屠宰场对原料动物进行严格的宰前和宰后检验；肉品加工厂对原料肉的来源进行控制。③严格执行卫生标准操作规程，确保加工人员健康和加工过程中各环节的消毒效果。④不同清洁度要求的区域进行严格隔离。

通过食品感染人类的寄生虫大约有100种，它们主要是线虫、绦虫、吸虫和原生动物等。通过彻底加热食品可以杀死食品所带的所有寄生虫。

（2）化学危害也有三类，一类是天然的化学物质，如霉菌毒素、组胺、鱼肉毒素和贝类毒素等，它们主要存在于植物、动物和微生物中；第二类是有意添加的化学药品，如食品添加剂，防腐剂、营养添加剂和色素添加剂等。这些化学物质并不总是有危害的，只有当它们的用量超过了规定的使用量时，才会对消费者造成潜在的危害；第三类化学危害是无意或偶然加入的化合物。如农用杀虫剂、除草剂、抗菌素和生长激素等的残留、有毒元素超标、消毒剂和清洁剂等污染食品都有可能造成化学危害，这种危害最难控制，也是我国目前遭受贸易壁垒最多的一种危害。化学污染可以发生在食品生产和加工的任何阶段。要消除这种危害，必须从种养殖的源头抓起，否则，危害一旦进入食品，就很难再将其消除。

（3）物理危害包括任何在食品中发现的不正常的潜在的有害的外来物，包括可能引起疼痛和伤害的尖锐物质，如破碎玻璃；可能导致牙齿严重毁坏的物质，如金属、石子；可能造成窒息的物质，如骨头或塑料。其他需要控制的外来物还包括可作为微生物交叉污染的载体，如鲜奶油蛋糕中的苍蝇，苍蝇传播给蛋糕的致病微生物是一种危害，而苍蝇本身并不是。严格地讲，只有当它们可能对消费者造成伤害或健康危害时才算是重要安全危害，否则，应该认为它们是质量、卫生或法律等方面的问题，并可以通过卫生和质量的首要必备控制程序来进行管理。

进行危害分析时可利用的信息资源包括：公开出版的书籍、科学刊物和互联网上的信息；顾问或专家；研究机构；供货商和客户。在作出任何结论之前，必须仔细研究和评估所有来源的信息。

2. 危害分析的几点说明

（1）危害分析是对于某一产品或某一加工过程，分析实际上存在有哪些危害，是否是显著危害，同时制定出相应的预防措施，最后确定是否是关键控制点。显著危害是指那些可能发生或一旦发生就会造成消费者不可接受的健康风险的危害。HACCP 只把重点放到那些显著危害上，否则试图控制太多，就会导致看不到真正的危害。

“危害分析与预防控制措施”是 HACCP 七个原理的基础。其余几个原理都是针对分析出的显著危害进行制定和控制的。

（2）在危害分析期间，要把对安全的关注同对质量的关注分开。

（3）危害分析是一个反复的过程，需要 HACCP 小组（必要时请外部专家）广泛参与，以确保食品中所有潜在的危害都被识别以便实施控制。

（4）危害分析是针对特定产品的特定过程进行的，因为不同的产品或同一产品的加工过程不同，其危害分析都会有所不同。

（5）危害分析必须考虑所有的显著危害。

3. 危险性评价

为了建立一个适当的控制机制，在危害分析过程中有必要评价提出的每一种危害的特征及意义，即危险性评价。这是 HACCP 小组成员必须了解的一个过程。

危险性的一般定义为危害可能发生的几率或可能性。危害程度可分为：高（H）、中（M）、低（L）和忽略不计（N）。

4. 建立预防措施

当所有潜在危害被确定和分析后，接着需要列出有关每种危害的控制机制、某些能消除危害或将危害的发生率减少到可接受水平的预防控制措施。可具体从以下方面加以考虑：

①设施与设备的卫生。

②机械、器具的卫生。

③从业人员的个人卫生。

④控制微生物的繁殖。

⑤日常微生物检测与监控。

5. 危害分析工作单的填写

美国 FDA 推荐的“危害分析工作单”是一份较为适用的危害分析记录表格，通过填写这份工作单能顺利进行危害分析，确定 CCP，危害分析工作单如表 10－1。

表 10－1 危害分析单

企业名称：××乳业公司　　产品名称：全脂酸乳

企业地址：××省××市××路××号　　贮藏和销售方法：0－4℃以下贮藏

计划用途和消费者：公众，即食

加工工序	可能存在的潜在危害	潜在危害是否显著	危害显著的理由	控制危害的措施	是否为 CCP
生乳验收	生物危害：致病菌	是	牛乳在挤奶时会受到致病菌的污染	随后的杀菌工序可杀灭致病菌	否
	化学危害：抗生素	是	奶牛在养殖过程中可能会注射抗生素	凭原料虾安全区域产地证明书收货	是
	物理危害：牛毛、饲料	是	在挤奶时牛毛和饲料可能会混入	随后的过滤能将其过滤掉	否

企业负责人签名：××　　日期：××年××月××日

步骤 7：运用 HACCP 判断树确定 CCP（原理二）。

（1）如何发现 CCP　CCP 是食品生产中的某个点、步骤或过程，通过对其实施控制，能预防、消除或最大程度地降低一个或几个危害。CCP 也可理解为在某个特定的食品生产过程中，任何一个 CCP 失去控制都会导致不可接受的健康危险的环节或步骤。CCP 判断树是进行 CCP 判断的工具，CCP 判断树如图 10－3 所示。

（2）有关 CCP 的几点说明

①关键控制点（CCP）控制的是影响食品安全的显著危害，但显著危害的引入点不一定是关键控制点（CCP）。

②一个关键控制点能用于控制一种以上的危害。例如：冷冻贮藏可能是控制病原体和组胺形成的一个关键点。

③一个以上的关键控制点可以共同用来控制一种危害，如在杀菌工序时可去

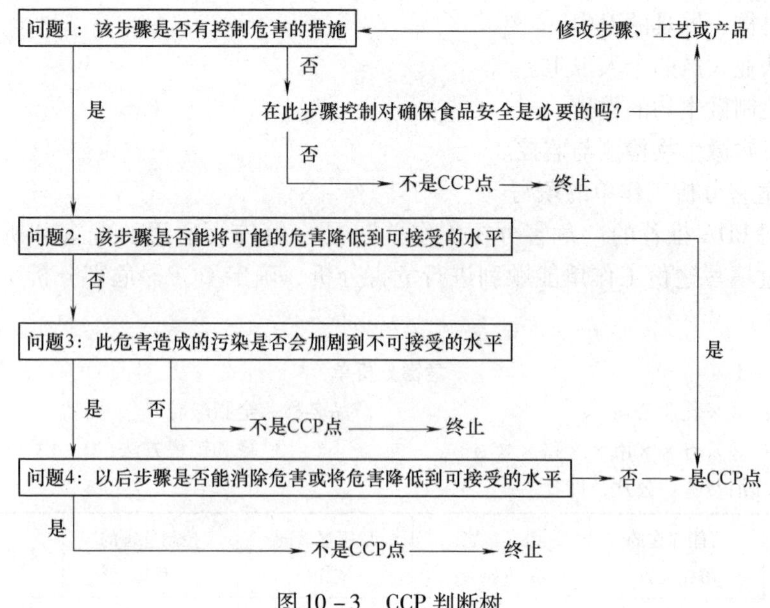

图 10-3 CCP 判断树

除致病菌。

④应避免设点太多，否则就会失去控制的重点。

⑤生产和加工的特殊性决定了关键控制点具有特异性。在一条加工线上确立的某一产品的关键控制点，可以与在另一条加工线上的同样的产品的关键控制点不同，这是因为危害及其控制的最佳点可以随厂区、产品配方、加工工艺、设备和配料选择等因素的不同而变化。

步骤 8：建立关键限值（原理三）。

在确定了工艺过程中所有 CCP 后，就应确定各 CCP 的控制措施要求达到的关键限值（CL），即 CCP 的绝对允许极限，作为用来区分食品是否是安全的分界点。如果超过了关键限值，就意味着这个 CCP 失控了，产品可能存在潜在的危害。

关键限值的确定，可参考有关法规、标准、文献、专家建议、实验结果及数学模型。

关键限值的确定或选择原则是：可控制且直观、快速、准确、方便和可连续监测。

关键限值可以是化学指标、物理指标或微生物指标。

常见的化学指标有真菌毒素、pH、盐浓度和水分活度的最高允许水平，或是否存在致过敏物质等。

常见的物理指标有金属、筛子、温度和时间。物理指标也可能与其他因素有关，如在需要采取预防措施以确保无特殊危害时，物理指标可确定成一种持续的安全状态。

常见的微生物指标有大肠杆菌是否检出等。但由于微生物指标传统的检测方法耗时久，不能满足关键限值选择快速的要求，因此选择微生物指标作为限值需要慎重。随着科技的发展，目前已有先进的方法缩短了微生物指标检测的时间，如 ATP 生物发光，它既能显示清洁过程的有效性，又能用于估计原料中微生物的水平，因此使微生物指标作为关键限值进行应用变成了现实。

案例：以鱼馅油炸关键控制点为例，其目的是用油炸来消除致病菌又能保证良好的色香味，其关键限值可以有 3 种方案：①无致病菌检出；②最低中心温度 66℃，最少时间 1min；③最低油温 177℃，最大饼厚 0.6cm，最少时间 1min。3 种方案都能确保产品质量与安全，但其中选择①是不实际的，费时且要大量测定，不能及时监控；选择②，测定中心温度难度大，不好连续监控；选择③则检测方便，可连续监控，是最快速方便且准确的方案，可保证无致病菌和中心温度达 66℃以上。因此，在确定限值内容及取值范围时，要做充分全面的考虑，研究出最佳的监控方案。

步骤 9：建立监控程序（原理四）。

监控程序是一个有计划的连续检测或观察过程，用以评估一个 CCP 是否受控，并为将来验证时使用。监控过程应做精确的运行记录（填入 HACCP 计划表中）。

监控的目的包括：跟踪加工过程中的各项操作，及时发现可能偏离关键限值的趋势并迅速采取措施进行调整；查明何时失控；提供加工控制系统的书面文件。

监控程序通常包括以下 4 项内容：

①监控对象。监控对象通常是针对 CCP 而确定的加工过程或产品的某个可以测量的特性。如时间、温度等。

②监控方法。对每个 CCP 的具体监控过程取决于关键限值及监控设备和检测方法。一般采用两种基本监控方法：一种方法为在线检测系统，即在加工过程中测量各临界因素，另一种为终端检测系统，即不在生产过程中而是在其他地方抽样测定各临界因素。最好的监控过程是连续在线检测系统，它能及时检测加工过程中的 CCP 的状态，防止 CCP 发生失控现象。

③监控频率。监控的频率取决于 CCP 的性质及监测过程的类型。

④监控人员。进行 CCP 监控的人员可以是：流水线上的人员、设备操作者、监督员、维修人员、质量保证人员。

负责监控 CCP 的人员必须具备一定的知识和能力，必须接受有关 CCP 监控技术的培训，必须充分理解 CCP 监控的重要性。

步骤 10：建立纠偏措施（原理五）。

当监控结果表明某一 CCP 发生偏离关键限值时，必须立即采取纠偏措施。纠偏措施通常要解决两类问题：①制定使工艺重新处于控制之中的措施；②拟好 CCP 失控时期生产的食品的处理办法。纠偏行动过程应作的记录内容包括：①产品描述、隔离和扣留产品数量；②偏离描述；③所采取的纠偏行动（包括失控产品的处理）；④纠偏行动的负责人姓名；⑤必要时提供评估的结果。

步骤11：建立验证程序（原理六）。

只有“验证才足以置信”，验证的目的是通过严谨、科学、系统的方法确认所规定的 HACCP 系统是否处于准确的工作状态中，确定 HACCP 计划是否需要修改和再确认，能否做到确保食品的安全。验证是 HACCP 计划实施过程中最复杂、最必不可少的程序之一。

验证活动包括：

（1）确认　确认的目的是确保 HACCP 计划的所有要素（危害分析、CCP 确定、CL 建立、监控程序、纠偏措施、记录等）都有科学依据的客观证明，从而有根据地证明只要有效实施 HACCP 计划，就可控制影响食品安全的潜在危害。

任何一项 HACCP 计划在开始实施前都必须经过确认；HACCP 计划实施后，各要素如发生变化，需要再次采取确认行动。

（2）验证 CCP　必须对 CCP 制定相应的验证程序，才能保证所有控制措施的有效性及 HACCP 计划的实际实施过程与 HACCP 计划的一致性。CCP 验证包括对 CCP 的校准、监控和纠偏措施记录的监督复查，以及针对性的取样和检测。

（3）验证 HACCP 体系　目的是确定企业 HACCP 体系的符合性和有效性。验证内容包括：

①检查工艺过程是否按照 HACCP 计划被监控。

②检查工艺参数是否在关键限值内。

③检查记录是否准确、是否按要求进行记录。

④审核记录的复查活动。

⑤监控活动是否按 HACCP 计划规定的频率执行。

⑥监控表明对发生了关键界限的偏差是否采取了纠正措施。

⑦设备是否按 HACCP 计划进行了校准。

⑧最终产品的微生物试验是否可以保证食品安全指标达到相关法律法规及顾客的要求。

（4）执法机构执法验证　执法机构执法验证内容包括：①对 HACCP 计划及其修改的复查；②对 CCP 监控记录的复查；③对纠正记录的复查；④对验证记录的复查；⑤检查操作现场，HACCP 计划执行情况及记录保存情况；⑥抽样分析。

验证活动一般分为两类：一类是内部验证，由企业内部的 HACCP 小组进行，可视为内审；另一类是外部验证，由政府检验机构或有资格的第三方进行，可视为外审。

步骤 12：建立记录保持文件程序（原理七）。

完整准确的过程记录，有助于及时发现问题和准确分析及解决问题，使 HACCP 原理得到正确的应用。因此，认真及时和精确的记录及资料保存是不可缺少的。

保存的文件包括：①HACCP 计划和支持性文件，包括 HACCP 计划的研究目的和范围；②产品描述；③生产流程图；④危害分析；⑤HACCP 审核表；⑥确定关键限值的偏离；⑦验证关键限值的依据；⑧监控记录，包括关键限值的偏离；⑨纠偏措施；⑩验证活动的结果；⑪校准记录；⑫清洁记录；⑬产品的标识和可追溯记录；⑭害虫控制记录；⑮培训记录；⑯供应商认可记录；⑰产品回收记录；⑱审核记录；⑲HACCP 体系的修改记录。

项目实施

凝固型酸乳生产中 HACCP 的应用

一、学习准备

凝固型酸乳的生产工艺

酸乳基本工艺流程：原料乳→预处理→标准化→均质→杀菌→冷却→接种→装罐→发酵→冷却后熟

二、计划与实施

教学实施：每位同学根据资料回答以下问题。

1. HACCP 的英文全称是________，中文全称是________。
2. HACCP 的七个原理是________。
3. HACCP 起源于________国家，被首先应用于________方面。
4. 凝固型酸乳的生产工艺是什么？
5. 如何在凝固型酸乳生产中应用 HACCP 体系保证其安全？

三、评价与反馈

小组意见：小组之间互相评价《危害分析工作单》和《HACCP 计划表》。

教师评价：教师根据每组汇报的酸乳 HACCP 体系的建立进行系统评价。

四、自我总结与反思

拿出一张白纸，回顾学习的知识点。

拓展学习

HACCP在乳粉加工中的应用

乳粉的工艺流程如下

牛乳验收→预处理→标准化→冷却→杀菌→浓缩→喷雾干燥→流化床二次干燥→细粉附聚→喷涂卵磷脂→出粉、凉粉、精粉、包装→检验→入库→出厂（→运输→销售）

（1）牛乳验收　严格按标准收购鲜乳、拒收不符合加工要求的乳，如酒精阳性乳、酸败乳、美蓝试验不合格乳等异常乳。并定期到养牛现场了解牛的饲养管理，检查牛的健康状态。搞好牛的免疫工作，该环节为关键控制点。

（2）冷却　牛乳应冷却到5℃左右并在24h内加工完毕。

（3）杀菌　以杀死所有的病原微生物和大部分非病原微生物为目的，来确定杀菌工艺参数。该环节为关键控制点。

（4）浓缩、干燥 浓缩锅、喷塔、流化床、料泵等设备必须达到卫生要求，杜绝设备对物料的二次污染。干燥所用的介质—空气必须经充分过渡和高温杀菌方可作为干燥介质。

（5）出粉、晾粉、精粉、包装　应控制出粉、贮粉、包装的环境温度在≤25℃，空气湿度＜60%，生产前用三氧杀菌机充分杀菌，并保证整个环境无粉尘、无乳垢、无水分。

（6）检验　严格按国家标准进行检验，尤以乳粉的安全卫生指标为重点检测。如铅、汞、硝酸盐、亚硝酸盐、霉菌、酵母、黄曲霉毒素等。

（7）贮存　贮存时离地、离墙。不同品种乳粉、不同日期、分开存放、仓库通风良好，有相应的除湿、降温、排风等设施。严禁与非食品混贮。

术 语 表

A.

Acidified milk drinks 酸性乳饮料
Acidified milk 发酵乳
Alcohol positive milk 酒精阳性乳
Anhydrous Milk Fat 无水奶油

B.

Baby milk powder 婴幼儿乳粉
Butter - fat content 乳脂率

C.

Casein 干酪素
Casein 酪蛋白
Cheese 干酪
Colostrum 初乳
Composition of abnormal breast 成分异常乳
Composition of low milk 低成分乳
Concentrated Whey Protein 浓缩乳清蛋白
Condensed milk 炼乳
Continuous mechanism cream 连续式机制奶油
Cottage cheese 农家干酪
Cream powder 脱水奶油
Cream tablets 奶油粒
Cream 奶油

D.

Dairy ice cream 乳冰淇淋
Dairy product 乳制品
Dried skim milk 脱脂乳粉
Drinking yoghurt 饮用型酸乳

E.

Edam Cheese 荷兰干酪
End milk 末乳
Extra - hard cheese 特硬干酪

F.

Fat globule membrane 脂肪球膜
Fermented milk 发酵乳
Flavored fermented milk 风味发酵乳
Flavored yoghurt 风味酸乳
Fresh（goat）milk 鲜牛（羊）乳
Fresh cream 鲜制奶油
Frozen milk 冻结乳
Frozen yoghurt 冷冻型酸乳

H.

Hard cheese 硬质干酪
High acidity milk 高酸度乳

J.

Jill Bunnell degrees 吉尔涅尔度

L.

Lactalbumin 乳白蛋白
Lactic acid degree 乳酸度
Lactoglobulin 乳球蛋白
Lactose 乳糖
LiquitMilk 液体乳

M.

Milk beverage 乳饮料
Milk fat 乳脂肪
Milk ice 乳冰
Milk powder 乳粉
Modified milk 调制乳

P.

Pasteurized milk 巴氏杀菌乳
Pathologic abnormalities milk 病理异常乳
Phosphoprotein 磷蛋白
Physiological abnormal breast 生理异常乳
Processed cheese 再制干酪

Q.

Quark 夸克干酪

R.

Reconstituted milk 复原乳
Reproduce cream 重制奶油

S.

Seasoning condensed milk 调味炼乳
Seasoning milk powder 调味乳粉
Set yoghurt 凝固型酸乳
Soft cheese 软质干酪
Sour cream 酸制奶油
Sterilized milk 灭菌乳
Stirred Yoghurt 搅拌型酸乳

T.

Tyrogenous 原干酪

U.

Ultra high temperature aseptic milk 超高温无菌乳

W.

Watery cream 稀奶油
Whey powder 乳清粉
Whey protein 乳清蛋白
Whole Milk Powder 全脂乳粉
Whole Milk Powder 脱脂乳粉
Whole pasteurized milk 全脂巴氏杀菌乳
Whole sugar milk powder 全脂加糖乳粉

Y.

Yoghurt 酸乳

参考文献

[1] 李慧东、严佩峰. 畜产品加工技术. 北京：化学工业出版社，2008. 6.

[2] 谷雪莲，华泽钊. 冷藏时间对牛乳品质影响的实验研究 [J]. 制冷学报，2005，26 (4)：48 ~ 50.

[3] 邹毅峰，林朝朋，傅伟. 巴氏杀菌乳冷藏配送期间的温度及品质变化. 食品工业科技，2009，30 (02)：97 ~ 101.

[4] 刘向蕾. 酸奶贮藏期间乳酸菌含量及 pH 变化的测定分析. 职教与成教，2009 (26)：184，186.

[5] 王可山，洪岚. 北京市乳制品流通的基本情况和特点. 中国乳业，2008 (12)：28 ~ 30.

[6] 宋辉，肖艳，余望梅. 乳业冷链物流的发展现状与对策研究. 物流工程与管理，2009，(31) 4：65 ~ 67.

[7] 王可山，洪岚. 北京市乳制品流通的基本情况和特点. 中国乳业，2008 (12)：28 ~ 30.

[8] 许世卫，李志强等. 中国乳品市场促销分析. 中国乳业，2007 (7)：12 ~ 17.

[9] 张莉侠等. 中国城镇居民乳品消费的影响因素分析. 工业技术经济，2007 (2)：125 ~ 128.

[10] 洪阳. 北京市奶业现状调查与发展对策. 中国食物与营养，2007 (3)：38 ~ 39.

[11] 王利. 四大原因促使乳品企业纷纷推出新产品. 中国乳业，2007 (3)：5.

[12] (美) 保罗. A. 萨缪尔森，威廉. D. 诺德豪斯著. 经济学 (第 17 版). 萧琛等译. 北京：人民邮电出版社，2005.

[13] 王志洪. 乳品企业还能承受多久的价格战. 中国乳业，2007 (4)：19 ~ 20.

[14] 姚爱军. 婴幼儿饮食与健康. 中国食物与营养，2007 (7)：61 ~ 62.